国家社科基金
后期资助项目
GUOJIA SHEKE JIJIN HOUQI ZIZHU XIANGMU

黄河流域生态保护与高质量发展研究

Ecological Protection and High Quality
Development on the Yellow River Basin

赵爱武　关洪军　孙珍珍　著

中国财经出版传媒集团

经济科学出版社
Economic Science Press

国家社科基金后期资助项目
出版说明

后期资助项目是国家社科基金设立的一类重要项目，旨在鼓励广大社科研究者潜心治学，支持基础研究多出优秀成果。它是经过严格评审，从接近完成的科研成果中遴选立项的。为扩大后期资助项目的影响，更好地推动学术发展，促进成果转化，全国哲学社会科学工作办公室按照"统一设计、统一标识、统一版式、形成系列"的总体要求，组织出版国家社科基金后期资助项目成果。

全国哲学社会科学工作办公室

前　言

本书是在国家社会科学基金 2020 年后期资助项目"黄河流域生态保护与高质量发展研究"（项目批准号：20FYJB001）资助下完成的初稿，根据评审专家的意见，进一步修订而成。

生态保护与经济增长协调发展是一道世界难题，国内外学术界从未停止对它的研究。早在 20 世纪 30～60 年代，随着发达国家发生的一系列环境污染事件，世界各国认识到经济增长必须在环境容量的可承受范围之内，生态环境保护与经济发展并重逐渐成为世界各国的共识并日益得到重视。我国自古就有"天人合一"的思想，但真正将生态保护列入经济社会发展的战略布局，始于党的十五大提出的可持续发展战略。此后，科学发展观、五大发展理念等相继提出。其根本目标在于探寻一条生态环境保护与经济发展的协调之道，以真正实现人与自然的和谐发展。

黄河流域生态保护与高质量发展研究，是在国家顶层设计和战略规划的指引下，借鉴国内外生态保护与经济增长已有理论与实践研究成果，基于黄河流域经济社会发展现状，系统辨识"生态保护—高质量发展"复合系统的递阶结构与内在联系，利用云平台数据库、系统动力学、计量经济学、社会科学计算实验等方法和技术，开展黄河流域生态保护与高质量发展的理论逻辑、系统仿真、指标设计、水平测度、演化模拟和政策评估等系列研究，以科学把握黄河流域生态保护与高质量发展水平、方向和趋势，对比、检验和评估黄河流域生态保护与高质量发展政策的实施效果，提高宏观调控决策的科学性、前瞻性和有效性。本书立足于中国国情，聚焦国家重大发展战略需求，从系统论出发优化经济治理方式，具有重要的理论意义、现实意义和科学实用价值。

黄河流域生态保护与高质量发展研究，是深入贯彻落实习近平总书记重要讲话精神，落实黄河流域生态保护和高质量发展重大国家战略，科学规划黄河流域长短期目标的现实需要；也是积极践行"绿水青山就是金山银山"的发展理念，实现"人与自然和谐共生"可持续发展新格局的题中应有之义。随着黄河流域生态保护与高质量发展战略的逐步实施，关于黄河流域生态保护与高质量发展的相关研究必将日臻完善。从某种程度上说，本书的研究只是黄河流域生态保护与高质量发展全面系统研究的"冰山一角"，诸多不足或局限之处，还望各位学者提出宝贵意见。

在本书的撰写过程中，大量参考文献为我们拓展研究思路提供了很大的帮助。在此对参考和引用文献的作者，以及一些无法在书中列出的作者表示由衷的感谢。由于我们团队的研究水平有限，书中不妥和错误之处恳请读者批评指正。

赵爱武

2021 年 10 月 24 日于济南

目　录

第一章 绪　　论

人类文明诞生于江河岸边。河流生态系统为人类提供发电、交通、休憩和旅游服务，提供旱涝调节、养分和沉积物持留功能，以及提供多样性的动植物生境。千百年来，这种关系非常融洽。然而，在过去的几十年里，人类比历史上其他任何时期都更为迅速和广泛地改变着生态系统。人口的迅速增长、经济发展和工业化导致了淡水生态系统前所未有的变化和相应生物多样性的丧失。自然变化、生境丧失和退化、水抽取、过度开发、污染和外来物种入侵威胁到地球上的淡水生态系统及其相关生物资源。虽然人们越来越关注如何维持淡水生物多样性及其提供的产品与服务，但对水的需求也在迅速增加。时至今日，世界上近半数的人口生活在承受着水压力的江河流域，流域的完整性、饮水水源、经济基础、社会结构等方面都面临各种严重的威胁。

生态与经济协调发展是世界性的未解难题，国内外学术界从没有停止对它的研究。早在 20 世纪 30~60 年代，经济发达国家发生的一系列环境污染事件，已被各国认识到经济增长必须在环境容量可承受范围之内，生态环境保护与经济发展并重逐渐成为世界各国的共识并日益得到重视。我国自古就有"天人合一"的思想，但真正将生态保护列入经济社会发展的战略布局，始于党的十五大提出的可持续发展战略。此后，科学发展观、五大发展理念等相继提出，其根本目标在于探寻一条生态环境保护与经济发展的协调之道，以真正实现人与自然的和谐发展。

世界自然基金会（WWF）从影响 225 条河流的诸多已知因素中，评出了世界河流面临的 6 个最严重的威胁：水利等基础设施、过度取水、气候变化、外来物种、过度捕捞和环境污染。[①] 黄河流域生态保护与经济高质量发展研究，是在国家顶层设计和战略规划的指引下，借鉴国内外生态

---

① 曲建升，张志强，李延梅，曾静静，王雪梅. 生态环境领域国家科技发展趋势分析［R］. 兰州：中国科学院规划与战略研究项目重要科技领域发展趋势分析研究项目组，2009.

保护与经济增长已有理论与实践研究成果,基于黄河流域经济社会发展现状,系统辨识"生态保护—高质量发展"复合系统的递阶结构与内在联系,利用云平台数据库、系统动力学、计量经济学、社会科学计算实验等技术与方法,开展黄河流域生态保护与高质量发展的理论逻辑、系统仿真、指标设计、水平测度、演化模拟和政策评估等系列研究,以科学把握黄河流域生态保护与高质量发展水平、方向和趋势,对比、检验和评估黄河流域生态保护与高质量发展政策的实施效果,提高宏观调控决策的科学性、前瞻性和有效性。本书立足我国国情,聚焦国家重大发展战略需求,从系统论出发优化经济治理方式,具有重要的理论意义、现实意义和科学实用价值。

第一节　研究背景与研究目标

黄河作为中华文明的摇篮,流经青海、四川、甘肃、宁夏、内蒙古、陕西、山西、河南、山东 9 个省份,流域面积达 752443 平方千米,被誉为中华民族的"母亲河"。① 黄河流域作为我国重要的生态屏障和重要的经济地带,是打赢脱贫攻坚战的重点区域,在我国经济高质量发展、社会可持续发展和生态全方位发展方面具有举足轻重的地位。因此,黄河流域生态保护和高质量发展,与京津冀协同发展、长江经济带发展、粤港澳大湾区建设、长三角一体化发展,同为重大国家发展战略。目前,黄河流域面临的生态环境脆弱、水资源保障形势严峻、传统产业转型升级步伐滞后、经济社会发展不平衡、不充分等一系列问题,已成为阻碍黄河流域高质量发展的突出短板。

一、研究背景

2017 年 10 月 18 日,习近平总书记在党的十九大报告中首次提出:"我国经济已由高速增长阶段转向高质量发展阶段。"② "高质量发展阶段"的提出,是对我国现阶段所处经济发展形势的规律总结,意味着我国的经济基本实现了量的积累、速度的追赶,速度粗放型的发展模式已经不适应

①　水利部黄河水利委员会. 流域范围及相关地区 [EB/OL]. http://yrcc. gov. cn/ hhyl/hh-gk/hd/lyfw/201108/t20110814_103452. html. 2011 – 8 – 14.

②　习近平. 决胜全面建成小康社会夺取新时代中国特色社会主义伟大胜利——在中国共产党第十九次全国代表大会上的报告 [EB/OL]. 新华网,2017 – 10 – 18.

现阶段经济社会发展的需要。随着传统发展模式中不均衡、不协调、不充分问题的日益突出，这种高速度低质量发展模式的弊端已日益显露，严重阻碍了我国经济的长期、可持续发展。因此，由高速度转向高质量发展，以提质增效为经济发展的重心，已成为历史发展的必然。

黄河流域是我国重要的生态屏障和重要的经济地带，是生态保护和高质量发展的主战场。黄河流域连通西北、华北和渤海，是一条连接了三江源、祁连山、汾渭平原、华北平原等一系列"生态高地"的巨型生态廊道，水资源和生态功能极为重要；黄河流域拥有丰富的自然资源，稀土、石膏、铝土矿等矿物资源储量占全国总储量的32%以上，煤炭资源更是占全国总数的46.5%①，是我国重要的能源、化工、原材料和基础工业基地，被称为"能源流域"。黄河流域还是我国的农产品主产区，黄淮海平原、汾渭平原、河套灌区、河南、山东等粮食核心产区担负着我国粮食生产安全的重任。然而，由于历史、自然条件等原因，黄河流域经济社会发展相对滞后，水患频繁、洪水风险威胁较大、生态环境脆弱、水资源保障形势严峻、发展质量有待提高等是黄河流域存在的突出问题。2019年9月19日，习近平总书记在主持召开黄河流域生态保护和高质量发展座谈会时强调："黄河流域生态保护和高质量发展，同京津冀协同发展、长江经济带发展、粤港澳大湾区建设、长三角一体化发展一样，是重大国家战略。"② 作为我国重要的生态屏障和重要的经济地带，黄河流域是打赢脱贫攻坚战的重要区域，在我国经济社会发展和生态安全方面具有十分重要的地位。

黄河流域是一个自然水文系统，更是一个自然资源—生态环境—人类社会的复合空间系统。黄河流域生态保护和高质量发展过程由人参与并主导，涉及要素众多，关系复杂，功能多样，具有复杂的时空结构和层次结构。黄河水少沙多、水沙异源，流域生态环境脆弱，以农业生产、能源开发为主的开发利用方式与流域资源环境承载能力不相适应，经济社会发展滞后、局部环境污染、潜在风险突出三大问题重叠交织等难题，使得黄河流域称为世界上最复杂难治的河流。黄河流域生态保护与高质量发展既是沿线9个省份的空间协同发展，也是经济、社会、科技、文化、生态"五维一体"的复合系统协同发展。对黄河流域生态保护与高质量发展的研究

① 水利部黄河水利委员会．综述 ［EB/OL］．http：//yrcc.gov.cn/hhyl/hhgk/zs/201108/t2011-0814_103443.html.2011-8-14.
② 习近平在黄河流域生态保护和高质量发展座谈会上的讲话 ［EB/OL］．www.qstheory.cn/olukan/9s/2019-10/15/c_1125102357.htm.

必须以生态安全和经济社会协调发展为目标导向和问题导向，以严格保护黄河流域生态环境、协调经济发展与生态环境保护的关系为核心，坚持"绿水青山就是金山银山"的理念，统筹黄河流域生态环境高水平保护和经济社会高质量发展，共同抓好大保护，协同推进大治理，着力加强黄河流域的生态治理保护，促进全流域科学、绿色、可持续发展。

二、研究意义

黄河流域生态保护与高质量发展研究，通过对黄河流域"生态保护—高质量发展"复合系统的深入剖析，辨析黄河流域"五维一体"系统发展的时空演变特征，测算其生态保护与高质量发展趋势水平，明确系统发展的低效环节和"瓶颈"问题，模拟不同政策情景下的演化路径，揭示其内在机理与规律趋势。这对于科学测度、实时监测、动态分析黄河流域生态保护与高质量发展态势，提升保护与治理政策体系的系统性、整体性及协同性具有重要的理论与现实意义。

黄河流域生态保护与高质量发展研究，是深入贯彻落实习近平总书记重要讲话精神，落实黄河流域生态保护和高质量发展重大国家战略，科学规划黄河流域长短期目标的现实需要；也是积极践行"绿水青山就是金山银山"发展理念，实现"人与自然和谐共生"可持续发展新格局的题中应有之义。

黄河流域生态保护与高质量发展研究，对于推进黄河流域生态保护与高质量发展的定量化研究，实时反映、验证和评价政策实施效果，系统优化生态保护与高质量发展治理体系，提升治理能力，提高宏观调控决策的科学性、前瞻性和有效性，丰富并完善黄河流域生态保护与高质量发展的理论体系、方法体系和实证体系，具有重要的理论意义、现实意义和科学实用价值。

三、研究目标

黄河流域生态保护与经济高质量发展研究，核心任务是揭示黄河流域生态保护与高质量发展的规律，为黄河流域治理体系和治理能力现代化建设提供理论支撑。具体来说有五大目标：

1. 摸清黄河流域生态与经济的"家底"，构建黄河流域生态保护与经济高质量发展专用数据库，进行黄河流域生态保护与经济高质量发展云平台设计，以期大规模处理、存储黄河流域生态保护与经济高质量发展的相关数据资料，为个人、企业、政府以及相关研究机构提供系统科学、安全稳定、持续及时、准确可靠的黄河流域生态保护与经济高质量发展基础数据。

2. 揭示黄河流域生态保护与经济高质量发展复合系统的结构维度与内在机理，探明黄河流域生态保护与经济高质量发展关键变量的联动关系。设计黄河流域生态保护与经济高质量发展复合系统的系统动力学模型，将关键要素及其作用路径纳入系统分析框架，分析要素及要素间的互动反馈关系，设计环境—系统—要素之间的因果关系回路与系统动力学流图，揭示影响黄河流域生态保护与经济高质量发展的内部机制与作用机理。

3. 厘清黄河流域绿色全要素生产率时空演化特征，探究影响黄河流域生态保护与经济发展质量效率的内外部要素。设计黄河流域生态保护与高质量发展的计量经济测度模型，测算黄河流域绿色全要素生产率水平、技术效率分解水平及其时空演变规律，分析环境规制、科技创新以及绿色全要素生产率之间的联动关系，揭示环境规制、科技创新对黄河流域生态保护与高质量发展的作用机理。

4. 精准测度黄河流域生态保护与经济高质量发展的综合水平和创新生态系统适宜度水平。设计黄河流域生态保护与高质量发展指标体系，测算黄河流域各省份生态保护与高质量发展水平，全面诊断黄河流域生态保护与高质量发展的低效环节和"瓶颈"问题；从创新驱动高质量发展的现实需求出发，对黄河流域各地区创新生态系统的适宜度及进化动量进行实证分析，提出优势互补建议。

5. 科学把握黄河流域生态保护与经济高质量发展的可行路径与治理策略。明确黄河流域生态保护与高质量发展路径的优化策略，构建政府、市场、社会多主体参与的全流域空间治理体系，完善多中心协同治理结构与多利益冲突的治理机制，实时反映、验证和评价黄河流域生态保护与经济高质量发展政策实施的效果，提高宏观调控决策的科学性、前瞻性和时效性，完善黄河流域生态保护与高质量发展的理论体系、方法体系和实证体系，推进黄河流域生态保护与高质量发展的数量化研究进程。

第二节　研究内容与研究方法

黄河流域生态保护与高质量发展是动态均衡的复杂系统过程，既涉及沿线 9 个省份的空间均衡发展，也涉及经济、社会、科技、文化、生态

"五维一体"的复合系统协调发展，亟须在系统性研究的基础上，完善保护与治理并重的整体性、协同性政策体系。本书在对黄河流域经济社会统计数据进行科学、系统与规范整理的基础上，通过跨学科的协同创新，以数理统计与计量经济学方法、数学建模与系统动力学方法、数据库与社会科学计算实验方法等为技术支撑，以"系统辨识→时空演化→因素分析→综合评价→治理体系→政策设计"的链条式研究为主线，探究黄河流域生态保护与高质量发展系统的结构特征、关联关系和时空演变过程，辨析沿线各省份"五维一体"系统的协同机制，构建多维度—多尺度—多层次的评价指标体系，测度黄河流域高质量发展的空间分异特征及时序演化规律，明确各地区高质量发展短板，科学把握其关键节点和核心难点，设计优化"五维一体"协同发展的有效路径，并通过治理体系构建和政策优化设计，实现"科学判断、智能规划、精准治理"，为黄河流域生态保护与高质量发展提供重要支撑。

一、研究范围

黄河干流全长 5464 千米，流经青海、四川、甘肃、宁夏、内蒙古、山西、陕西、河南、山东 9 个省份，分别以河口镇、桃花峪作为上、中、下游之间的分界点。黄河流域总面积 79.5 平方千米（含内流区面积 4.2 万平方千米），下游面积仅为 2.3 万平方千米。① 考虑到研究的尺度性、下游的特殊性及下游沿黄地区社会经济联系的密切性，以地市级行政区为单元，将黄河干、支流所流经的地市及下游的河南、山东全省作为本书的黄河（沿黄）流域范围，共计 85 个（包括济源市）地市研究单元。

二、研究框架与思路

黄河流域"生态保护—高质量发展"复合系统，在借鉴国内外宏观生态保护与经济增长研究成熟理论与方法体系的基础上，结合已有的前期研究成果，咨询国内外相关专家学者，通过实地调研考察和数据资料收集整理，以"数据库—系统仿真—计量模型—评价指标—计算实验—治理机制—政策评估"为研究脉络，围绕黄河流域生态保护与高质量发展的系统仿真、量化测度、综合评价、演化模拟等，系统揭示了黄河流域生态保护和高质量发展的规律、趋势、治理策略与政策效果。研究框架如图 1-1 所示。

---

① 水利部黄河水利委员会. 黄河概况［EB/OL］. http://yrcc.gov.cn/hhyl/hhgk/. 2011 - 8 - 14.

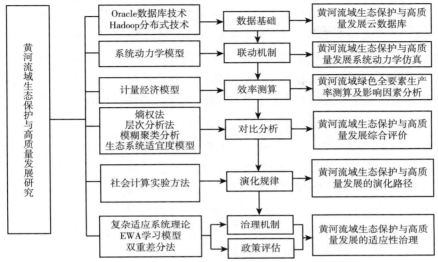

图 1-1 黄河流域生态保护与高质量发展研究框架

本书在系统梳理黄河流域生态保护与高质量发展理论基础、概念内涵、结构维度、本质特征等的基础上，将其构造为经济、科技、社会、生态、文化"五维一体"的复合系统，并运用系统动力学的理论和方法，系统仿真"五维一体"的系统演化过程，深入辨析黄河流域生态保护与高质量发展的系统特性和"五维一体"协同发展的内在机理。在此基础上，首先，通过绿色全要素生产率的时空演化特征分析和影响因素分析，从生态环境保护效率和经济发展效率方面全面了解黄河流域各地区的发展水平、发展条件和影响因素。其次，从创新能力、对外开放、经济发展质量效率、民生改善、环境保护和生态保护六个维度构建黄河流域高质量发展评价指标体系，全面诊断黄河流域各地区生态保护与高质量发展中的低效环节和"瓶颈"问题，提出黄河流域重点区域创新生态系统优势互补、协同合作的策略建议。最后，以实证分析结果为依据，设置无政策干预情景、绿色创新经济政策情景、绿色创新与全流域无差异生态环境约束、绿色创新与上中下游差异化生态环境约束组合政策情景等多种情景，采用社会科学计算实验方法，模拟不同情景下黄河流域各省份生态保护与高质量发展的演化过程，对比分析复杂内外部环境下的演化规律，为构建黄河流域治理体系和政策体系提供理论依据和数据参考。

三、主要研究内容

黄河流域生态保护与高质量发展研究主要包含八项具体研究内容。

1. 黄河流域生态保护与高质量发展的内涵特征解析。基于生态保护理论、经济增长理论、生态与经济协调发展理论，对黄河流域生态保护与高质量发展相关理论进行系统性归纳梳理；界定黄河流域生态保护与高质量发展相关概念，辨析其内涵、本质特征及演化趋势，重点分析黄河流域生态保护与高质量发展的影响因素、关联关系、内在机理等。

2. 黄河流域生态保护与高质量发展数据库及平台框架。借鉴国内外生态保护与经济增长理论与实践经验，结合研究需要，利用 Oracle 数据库技术构建黄河流域生态保护与高质量发展数据库系统，并进一步基于 Hadoop 分布式技术，设计了黄河流域生态保护与高质量发展云平台框架。

3. 黄河流域生态保护与高质量发展系统动力学仿真。基于复杂适应系统理论、自组织理论、演化博弈理论与方法等，将黄河流域生态保护与高质量发展系统构造为产业、科技、文化、社会、生态"五维一体"的复合系统，通过分析子系统结构特征、选择关键变量、梳理因果关系、设计系统流图及变量数学模型，构建黄河流域"五维一体"复合系统的系统动力学模型，进而运用 Vensim PLE 软件，进行黄河流域"五维一体"复合系统内在传导机制及协同演化机制的系统动力学仿真研究。

4. 黄河流域绿色全要素生产率时空演化分析。基于黄河流域 9 个省份 2003～2019 年的面板数据，使用 DEA-Malmquist 指数模型测算黄河流域绿色全要素生产率，并分析其时空演化特征及影响要素。在此基础上，运用 PVAR 模型分析黄河流域环境规制、科技创新以及绿色全要素生产率之间的联动关系，揭示环境规制、科技创新对黄河流域生态保护与高质量发展的作用机理。

5. 黄河流域生态保护与高质量发展综合评价。从创新能力、对外开放、经济发展质量效率、民生改善、环境保护和生态保护 6 个维度构建黄河流域高质量发展评价指标体系，对黄河流域进行多尺度、多层次的经济社会发展情况测度，全面诊断黄河流域生态保护与高质量发展的低效环节和"瓶颈"问题；从创新驱动高质量发展的现实需求出发，对黄河流域各地区创新生态系统的适宜度及进化动量进行实证分析，提出优势互补建议。

6. 黄河流域生态保护与高质量发展演化路径。以资源与生态环境承载力为约束，采用多智能体建模技术，构建黄河流域"五维一体"复合系统的多智能体计算实验模型，采用社会科学计算实验方法，模拟绿色创新、上中下游差异化生态环境约束、生态补偿等不同政策及上中下游联动情景下黄河流域各省份经济发展、资源消耗、生态环境的发展趋势与演化规律，明确黄河流域生态保护与高质量发展路径的优化策略。

7. 黄河流域生态保护与高质量发展适应性治理。以黄河流域"五维一体"协同发展为目标，基于适应性治理理论与方法，构建政府、市场、社会多主体参与的全流域空间治理体系，完善多中心协同治理结构与多利益冲突的治理机制，明确多目标均衡的实现路径，提升黄河流域生态保护与高质量发展的适应性能力。

8. 黄河流域生态保护与高质量发展的政策评估。系统梳理黄河流域生态保护与经济发展的相关政策，分阶段评估"十一五"（2006～2010年）、"十二五"（2011～2015年）、"十三五"（2016～2020年）时期黄河流域生态保护与经济发展相关政策的综合效应，并结合上、中、下游的功能定位，深入解析不同时期政策对绿色全要素生产率指数产生影响的机理，提出推动黄河流域生态保护和高质量发展的政策策略。

四、主要研究方法

本书属于多学科交叉的协同创新研究，综合运用了经济学、管理学、系统科学、统计学、计算机科学等的理论、方法和技术。

1. 文献调查与实地调研方法。通过文献调查方法，系统梳理黄河流域生态保护与高质量发展已有研究的理论脉络，为整体框架设计和理论模型构建提供基础。通过梳理已有文献，厘清黄河流域生态保护与高质量发展的历史脉络、演变过程及属性特征等基本内容，归纳总结已有黄河流域生态保护与高质量发展研究的不足，为本书提供经验依据和理论基础。根据研究需要，对黄河流域经济民生、科技水平、生态资源、文化教育等现状展开社会调查，走访政府部门、企业单位、沿黄居民、社会中介组织等机构，组织进行问卷调查和现场访谈，调查分析黄河流域经济社会发展统计和调查工作中存在的问题，了解和掌握相关主体黄河流域生态保护与高质量发展的观点和策略，为本书提供第一手的资料和数据。广泛运用专家座谈与咨询、论坛与研讨会等方式征求各方面专家意见，完善研究内容，并结合相关基础数据的搜集整理，建立专题数据库。

2. 比较分析与案例研究方法。围绕主要研究问题，系统搜集和整理发达国家流域生态保护与经济发展的研究文献和管理实践，重点梳理美国田纳西河、英国泰晤士河、欧洲莱茵河等流域在生态保护和经济发展中的实践做法。总结、比对、借鉴美国、欧洲等发达国家在生态保护、经济发展、可持续发展等方面的政策理论，梳理黄河流域生态保护与高质量发展的政策措施，辨析其存在的问题与挑战。采用多案例研究方法总结、提炼黄河流域生态保护与高质量发展的内涵、本质特征及政策路径。资料来源包括生态保护和经济发展的有关文件（报告和报道）、数据（网站、数据库）、人员访谈、现场观察等，并采用多数据源进行三角验证。通过案例内分析和案例间比较，为构建黄河流域生态保护与高质量发展治理机制和政策设计提供支撑。

3. 数理统计分析方法。综合利用 Delphi 法、正交设计、解释结构模型、因子分析、相关系数检验、解释结构模型、聚类分析等方法，以及 Granger 因果检验、协整检验和多元逐步回归检验等，对黄河流域生态保护与高质量发展指标体系进行指标筛选、分层和检验。基于计量经济学方法，明晰黄河流域生态保护与高质量发展系统的时空演化特征等；运用双重差分法（DID）、随机前沿分析法（SFA）和倾向匹配法（PSM）等对政策效应进行评价分析。

4. 数学建模与博弈论等优化分析方法。运用系统动力学理论与方法，构建黄河流域"五维一体"系统的动力学模型，设计变量之间的因果关系和数学模型，通过系统仿真剖析"五维一体"系统的内在机理。采用多智能体建模技术构建黄河流域生态保护与高质量发展计算实验模型，根据实证研究结果设置初始参数，利用数理模型描述主体属性特征及主体间交互规则，运用计算实验方法模拟不同政策情景下黄河流域生态保护与高质量发展的演化路径。

第三节　研究结论与创新性贡献

本书在借鉴国内外理论与实践研究成果的基础上，结合黄河流域经济社会发展现状及生态保护和高质量发展现实需求，揭示了黄河流域生态保护与高质量发展的内涵、本质特征与结构维度，运用 Oracle 数据库和数据挖掘等技术，建立了我国黄河流域生态保护与高质量发展专业数据库，提出并基于 Hadoop 技术搭建了黄河流域生态保护与高质量发展云平台架构。设计了黄河流域生态保护与高质量发展复杂系统的系统动力学模型，分析了要素的互动反馈关系，并通过系统仿真识别了关键动力要素，揭示了生态保护与高质量发展的约束条件和实现路径。构建了黄河流域高质量发展评价指标体系，多尺度、多层次测度了黄河流域进行的经济社会发展情况，全面诊断了黄河流域各地区高质量发展中的低效环节和"瓶颈"问题。实证分析了黄河流域生态保护与高质量发展创新生态系统的适宜度及进化动量，提出了黄河流域重点区域创新生态系统的规划建议。利用社会科学计算实验方法，模拟了不同情景下黄河流域9个省份经济发展、资源消耗和生态环境的演化情况，明晰了不同发展模式影响黄河流域整体高质量发展的趋势和方向。基于适应性治理理论与方法，构建了多主体参与治理体系，完善了多中心协同治理机构、构筑了多利益冲突治理机制，明晰了多目标均衡实现路径。对黄河流域生态保护与高质量发展的政策进行了评估，测算并检验了政策的有效性，总结形成了可借鉴、可复制、可推广的经验模式。

一、主要创新性贡献

（一）学术方面的创新

1. 将黄河流域生态保护与高质量发展系统视为经济、社会、科技、文化、生态"五维一体"的复合系统，基于自组织演化理论与协同理论解析复合系统结构维度、内在机理与联动机制，揭示黄河流域"生态保护—高质量发展"的耦合因素与制约关系。同时，黄河流域又被视为9个省份上下联动的空间复合系统，研究中既重视宏观整体性，又关注微观异质性，多尺度、系统性解析黄河流域生态保护与高质量发展问题的表象、本质、成因与对策。

2. 运用复杂适应系统理论深入剖析黄河流域生态资源"公地悲剧"的成因及利益相关主体参与治理的本质。基于适应性治理理论探究协调经济社会与生态环境可持续发展的韧性治理策略，通过自适应学习化解多主体利益冲突，优化治理结构与合作规则，破解黄河流域生态保护与高质量发展跨地区空间保护与治理的系统性、整体性及协同性难题。

3. 将定性研究、定量研究、数理建模与实验仿真手段相结合，层层递进，互为因果，相互印证，全面把握黄河流域生态保护与高质量发展的历史演变、现状短板与未来趋势，科学预判不同政策情景的系统演化路径，系统优化黄河流域生态保护与高质量发展治理体系，精准提升治理能力。

（二）实际应用方面的创新

1. 运用Oracle数据库和数据挖掘等技术，建立了我国黄河流域生态保护与高质量发展经济数据库、生态数据库、社会数据库、资源数据库和若干个专题数据库，提出并基于Hadoop技术搭建了黄河流域生态保护与高质量发展云平台架构，对黄河流域生态保护与高质量发展资源数据进行统一规范管理，实现云数据库共建、信息共享。

2. 面向国家重大战略需求，科学把握黄河流域生态保护与高质量发展的内涵特征与关联关系，深层解析"五维一体"复合系统协同发展的内在机理，全面测算绿色全要素生产率演变的时空特征，创新设计黄河流域生态保护与高质量发展评价体系与创新生态系统的适宜度指数，明确黄河流域生态保护与高质量发展的空间差异与时序演化趋势。

3. 基于情景建模与计算模拟，对比分析不同政策下黄河流域生态保护与高质量发展的演化路径，揭示其复杂适应系统的本质特征与多主体协同空间治理的内在需求，系统构建多中心协同的治理结构与多利益冲突的适应性治理机制，探究多目标均衡发展的治理策略，并通过政策效应评估检验与优化政策体系，丰富并完善系统论视角下该领域研究的理论体系、方法体系和实证体系。

二、主要研究结论

本书将理论研究、实证研究、数理建模、实验仿真等多重方法相结合，系统研究黄河流域生态保护与高质量发展的结构、特征、演化规律与治理策略，主要研究结论如下：

1. 黄河流域生态保护与高质量发展是经济、生态、科技、社会、文化"五维一体"的复合系统，子系统之间存在复杂的交互关系和联动关系。同时，黄河流域生态保护与高质量发展又是上中下游 9 个省份联动协同的空间复合系统，具有优势互补、合理分工、高质量协同发展的资源条件与先天禀赋。

2. 黄河流域绿色全要素生产率具有阶段性波动的特点，整体呈现增长趋势，各省份之间的发展差异正在逐步缩小。从目前发展趋势来看，科技创新对绿色全要素生产率的贡献仍处于低位，未能充分发挥其应有的引领作用。环境规制虽然在绿色全要素生产率提升过程中起到了正向促进作用，但其正向作用存在一定的地区差异性和局限性。在未来 15 年内，环境规制与科技创新对绿色全要素生产率的贡献程度呈现逐年上升的趋势，环境规制贡献程度最高，科技创新次之；从流域上看，黄河流域上游环境规制和科技创新的贡献率最高；下游环境规制的贡献率最低；中游科技创新的贡献率最低。为此，在推动黄河流域生态保护与高质量发展进程中，应科学把握各种政策工具对生态保护和经济发展的影响机理，全面了解黄河流域各地区的发展水平和发展条件，探寻系统性、整体性、协同性的高质量发展优化方案。

3. 黄河流域各省份高质量发展水平存在较大差异，空间分布呈现两边高、中间低的"W"型。各省份高质量发展各有短板，主要集中在创新能力、对外开放和生态保护三个方面。各省份创新生态系统适宜度水平呈现出较大的差异性，且总体水平不高。总体来看，黄河流域中、下游地区拥有较高的创新生态系统适宜度，有利于创新主体开展创新活动，而中、上游地区拥有较高的进化动量，创新生态系统适宜度的提升空间较大。从黄河流域各省份创新生态因子的协同发展水平来看，毗邻省份之间存在优势互补的基础，可以充分发挥各自在技术、装备、人才、资源等方面的优势，通过信息共享及协同创新，补齐短板，提高区域创新生态系统的整体适宜度水平。

4. 在现有的发展模式下，黄河流域所有省份的经济发展均将受到不同程度的资源与生态环境制约，而不同的政策情景显著影响黄河流域各省份经济发展、资源消耗、环境污染等的演化趋势，在突破资源与生态环境约束瓶颈方面表现出不同的作用机制，且同一政策情景在不同省份产生的效果也各不相同。其中，绿色创新经济激励政策对降低资源消耗、优化生态环境、降低本地区环境污染对下游的影响等具有显著效果；严格的生态环境约束并不总是对经济产生负面影响，而绿色创新与生态环境保护双重组合的情景在推动经济发展和降低资源消耗方面效果更优；实施上下游联动、优势互补、合理分工的协同发展模式不仅能够实现可持续的经济增长，且能够更高效地降低资源消耗、减少环境污染，长期来看，能够更好地推动黄河流域全域的高质量发展。

5. 适应性治理理念为黄河流域生态保护与高质量发展"转型治理"与"协作治理"提供了建构基础。为此，应以黄河流域承载力为基石，构建流域内各级政府、企业、社会组织、沿岸居民共同参与的政府、市场、社会"三位一体"全流域空间治理体系，设计多中心协同的治理结构，明晰治理主体间相互制约、相互支撑的多元化合作治理框架；进而通过整合多元主体价值共识体系及多元主体学习机制，实现"个体决策—合作规则—制度安排"双向反馈迭代的多层次、立体化、系统性、多元利益冲突协商机制，通过治理体系框架内多主体的适应性协同和多元手段的灵活运用，建立跨区域的生态修复与环境保护补偿机制，探究精准提升区际生态保护与高质量发展协同联动效率的治理策略。

三、主要研究成果

（一）黄河流域生态保护与高质量发展数据库及云平台

利用 Oracle 数据库工具设计了黄河流域生态保护与高质量发展数据

库，围绕地区基础指标、居民生活指标、产业发展指标、创新能力指标、对外开放指标、经济发展指标、民生改善指标、环境保护指标、生态保护指标等核心指标体系，设计构建13个基本数据表，收集数据资料1560条，数据信息24328项；基于Hadoop技术构建了黄河流域生态保护与高质量发展云平台架构，针对数据资源分布特征以及现有平台缺乏互动、效率偏低、信息孤岛等问题，以多源数据融合的云资源池为依托，面向云平台各主体功能需求，完善资源接入动力机制、平台运行控制机制及应用服务市场机制等多层次多主体协同联动运行机制，为黄河流域生态保护与高质量发展全过程数据监测、分析与预测提供数据保障。

（二）黄河流域生态保护与高质量发展复合系统动力学模型

运用系统动力学原理与方法，将黄河流域生态保护与高质量发展系统视为经济、科技、生态、社会、文化"五维一体"的复合系统，基于复合系统的结构特征、要素构成及子系统之间的因果关系，构建其系统动力学流图及各子系统变量之间的定量关系模型；基于模型的仿真模拟揭示了子系统间的协同联动过程以及复合系统的演化趋势与规律，为系统把握黄河流域生态保护与高质量发展的时空特征差异及内在机理奠定了理论与实证基础。

（三）黄河流域生态保护与高质量发展计量经济模型

采用DEA-Malmquist指数模型，依据2003～2019年黄河流域9个省份的面板数据，测算得出黄河流域绿色全要素生产率，并运用PVAR模型分析黄河流域环境规制、黄河流域科技创新以及黄河流域绿色全要素生产率之间的动态关系；研究发现，2003～2019年，黄河流域各省份的绿色全要素生产率、绿色技术进步效率以及绿色技术效率均呈现波动演化态势，且区域间差异明显；进一步的影响因素分析揭示了环境规制、科技创新与绿色全要素生产率之间的关系，解释了差异形成的原因。

（四）黄河流域生态保护与高质量发展综合评价指标体系

构建了包含创新能力、对外开放、经济发展质量效率、民生改善、环境保护和生态状况6个二级指标、16个三级指标、38个四级指标的黄河流域高质量发展评价指标体系，并运用AHP法和熵权法测算了黄河流域各区域2003～2019年高质量发展指数；评价结果显示，黄河流域2003～2019年高质量发展水平的空间分布呈现明显的两边高、中间低的"W"型，高位区域位于四川、内蒙古、陕西和山东4个省份，而青海、甘肃、宁夏、山西、河南5个省份位于高质量发展指数空间分布的低位点，反映了黄河流域各省份高质量发展水平具有高度的不均衡性，且不均衡的分布与地区所处的流域区位特性（上游、中游、下游）不相关。

（五）基于情景的黄河流域生态保护与高质量发展演化路径对比分析

基于多主体系统（MAS）构建了黄河流域生态保护与高质量发展计算实验模型，描述了黄河流域社会—经济—生态系统的结构要素及其联动耦合关系，揭示了绿色创新激励政策、环境规制、生态补偿等政策情景对黄河流域各省区生态保护和高质量发展的影响机理，量化比较了不同情景下黄河流域经济发展、资源消耗、生态环境等的演化趋势，明晰了黄河流域生态保护与高质量发展的机制、路径与规律；研究发现，绿色创新在降低资源消耗、优化生态环境、降低本地区环境污染对下游的影响等方面具有显著效果，而加入严格的生态环境约束并不总是对经济产生负面影响，实施分段控制的黄河流域全域生态环境保护策略，能够更好地保障经济的长期增长；但在现有的技术水平和绿色创新条件下，大部分省份的可持续发展将受限于资源承载能力。

第二章 生态保护与经济发展关系辨析

黄河流域是我国重要的农业、工业基地，土地、水能、矿产等资源丰富，在全国经济社会发展和生态文明建设格局中具有举足轻重的战略地位。正确认识黄河流域生态环境保护与经济发展的关系，是实现黄河流域可持续发展、高质量发展的重要前提。生态保护与经济发展的关系，归根结底是人与自然的关系。经济发展是人类社会存在和发展的基础，但经济发展必须充分考虑生态环境的承载能力，必须建立和维护生态环境与经济发展的平衡关系，实现人与自然和谐相处，这是保持经济可持续发展的必要条件。

第一节 生态保护理论

自从 18 世纪 60 年代工业革命开始以来，全球经济进入了前所未有的快速发展阶段，经济的发展和技术的进步提高了人们的生活水平。但与此同时，各种生态环境问题随之出现。黄河流域在经济高速发展的过程中，自然资源开采过度，使生态体系遭到严重破坏；森林草场破坏严重，导致水土流失加剧。黄河流域生态环境愈加脆弱，水资源保障形势严峻。面对这些生态环境恶化的现实情况，生态保护变得异常重要。

一、生态保护概述

有学者认为，生态是指环境和生物的生存共同体，是一种在自然环境中有结构功能的，由环境和生物、生物和生物所组成的综合体。生态保护是指人类对生态有意识地采取各种保护行动以解决已经出现的各种环境问题。

基于以上理解，生态保护可以定义为：人类针对生态环境中已经出现的以及预期可能的环境问题采取科学的解决和防护措施。开展生态保护需要以科学方法为指导，采取生态保护措施需遵循生态自身的发展规律。

生态保护有利于解决人类与生态环境彼此影响而产生的一系列问题，可以推动人与地球生物圈的和谐共存，有利于实现人与自然和谐相处的目标，从而更好地促进人类经济社会的可持续发展。

二、生态保护相关理论

在开展黄河流域生态保护的过程中，需要以生态学的相关理论和方法作为理论基础。国内外学者针对生态保护在不同具体领域的特点运用了不同的理论基础，主要涉及大地共同体理论、系统生态学理论等六个理论。

（一）大地共同体理论

大地共同体理论是在群落概念的基础上提出的。利奥波德（Leopold，1949）指出，大地共同体理论的科学内涵为：一切事情向保持生命共同体的完整、稳定和美丽发展。大地不应作为人类的所有品存在于人的意识和行动中，人类应该把自己看作是大地共同体的一分子，进而对生态进行保护。马提塔（Martietta，1988）认为，我们必须在科学和良知的引导下做出行为选择，既要从道德上关心生物共同体的稳定和发展，又要考虑社会的正义、自由以及人的潜能的实现。沈清基（2013）探讨了大地共同体理论、生态现代化和智慧城镇化对中国特色新型城镇化的若干启示。

（二）系统生态学理论

系统生态学理论强调发展个体嵌套于相互影响的一系列环境系统之中，系统与个体相互作用并影响个体发展。部分学者对系统生态学的理论进行了研究，如韦达等（Vayda et al.，1969）最早对系统生态学的概念进行论述，他们指出系统生态学理论是考虑生态系统与生物环境之间相关关系的研究方法；帕夫利卡基斯等（Pavlikakis et al.，2000）在研究中指出，系统生态学理论主要强调人与生态环境的交互作用；邦达瓦利等（Bon-davalli et al.，2006）通过研究发现，生态系统具有开放性与环境交互性的特性；费斯等（Faith et al.，2010）在研究中将人类角色引入生态系统中，提出了基于人类角度的"生态服务"概念，并强调指出系统生态对于人类的贡献；陈雨枫（2019）表示应该从系统的角度对系统生态学进行研究，这样才能反映生态系统的本质。也有一部分学者对系统生态学在研究中的应用进行了阐述，丰富了系统生态学的实践意义，如陈利顶等（2013）立足于中国国情，应用系统生态理论来探讨了海河流域的生态环境治理问题；黄翅勤等（2014）以湖南省衡阳市东洲岛为例，依据系统生态学的理论，对城市河流岛屿游憩生态安全问题进行了探索研究；姬翠梅

（2019）以系统生态理论为基础，对山西省农业生态安全进行了评价分析。

（三）景观生态学理论

景观生态学理论是系统生态学理论的新发展。它的新颖之处主要在于，景观生态学理论强调系统的等级结构、空间异质性、时间和空间尺度效应、干扰作用、人类对景观的影响以及景观管理。部分学者对景观生态学的理论进行了研究，如特洛伊（Troll，1971）最早提出了景观生态学的概念，并将地理学中的水平结构途径和生态学中占据着优势地位的垂直功能途径相互结合起来；杨德伟等（2006）探讨了与生物多样性相关的，包括斑块—廊道—基质模式、异质性理论、干扰理论、稳定性理论、生态交错带等多种理论在内的景观生态学理论。也有一部分学者对景观生态学在研究中的应用进行阐述，丰富了系统生态学的实践意义，如麦卡瑟等（Macarthur et al.，1996）主要研究了景观生态学相关理论的应用，并将其应用于生物多样性保护等方面；汪爱华等（2003）以景观生态学为基础，通过研究区域景观破碎化、斑块间隙、空间变化、形状变化来进行景观空间格局变化研究；宋豫秦和曹明兰（2010）、张静等（2010）基于景观生态学理论，利用 RS 和 GIS 技术手段，从景观格局、活力、压力、生态敏感性、生态服务价值等多个角度进行景观生态安全进行评价，提出生态功能指标来表征景观生态功能，丰富了景观生态学的理论；刘云慧等（2012）以景观生态学为理论基础，从景观规划设计与建设方面提出了生态农业建设的侧重点，使其有助于保护生物多样性；刘兴坡等（2019）在景观生态学的指导下，研究上海城市生态网络结构，并据此提出提升上海城市生态品质的途径。

（四）生态系统稳定性理论

生态系统稳定性理论是指生态系统在面对各类不同外界干扰时，自身发生变化的同时进行重组以及维持其自身功能的基本能力。生态系统的抵抗和恢复能力共同决定着生态系统的稳定性，其中抵抗能力指的是生态系统结构抗干扰的能力，恢复能力指的是生态系统恢复最初结构的能力。如今，生态系统稳定性理论已经成为生态保护相关理论的核心理论之一。

（五）生态安全理论

生态安全理论是一种新的安全观，阐述了一种由自然生态安全、经济生态安全和社会生态安全组成的一个复合人工生态系统。20 世纪 70 年代，美国著名学者莱斯特·R. 布朗（Lester R. Brown，1984）首次提出将生态安全纳入国家安全的观点。他认为国家安全的内涵必须扩展，不能再局限于传统军事安全，环境问题对一个国家的威胁要远远大于敌军入侵带来的威胁。90年代后期，陈星和周成虎（2005）提出了我国生态安全的概念。王春益（2014）根据生态环境的要素与功能将生态安全划分为"要素安全"和"功能安全"。蔡俊煌（2015）在对生态安全的研究内容进行综述时，按照不同的标准对生态安全进行了分类。徐卫华等（2017）认为，生态承载力是指生态系统提供服务功能、预防生态问题、保障区域生态安全的能力。刘俊霞（2019）从问题、原因、对策等方面讨论了新时代我国生态安全维护问题。

（六）生态系统服务理论

生态系统服务指的是生态系统提供的服务和产品等。人类通过生态系统直接或间接地得到利益，而生态系统服务则正是人类和生态系统的重要纽带，主要包括供给服务、调节服务、文化服务和支持服务4种类型。其中，供给服务主要指食物、水，以及其他生物资源等从生态系统中取得的各种产品；调节服务指的是如气候调节、空气净化等生态系统自身的调节作用；文化服务指的是如精神生活、休闲娱乐等从生态系统中所得的非物质利益；支持服务指的是如养分循环等其他生态系统服务不可或缺的服务。

第二节　经济增长理论

黄河流域是我国贫困人口众多的典型区域，经济增长对于黄河流域打赢脱贫攻坚战、实现长治久安具有特殊的重要意义和紧迫性。同时，黄河流域整体上处于工业化中期阶段，亟待加快推动工业化进程，加快产业结构调整和转型升级，进一步缩小东西部区域发展差距，实现上中下游区域经济一体化。保持一定的经济增长速度，是满足黄河流域沿岸人民群众日益增长的美好生活需求的迫切需求，对于经济社会平稳发展具有重要意义。

一、经济增长概述

狭义的经济增长通常是指国内生产总值的增长，国内生产总值是指按照市场价格来计算的，在一定的时期内，一个国家（或地区）所有常住单位生产活动的最终产品与服务；从西方经济学的角度来看，经济增长是指一个国家（或地区），在一个给定的时期跨度内，总产值水平的持续增加，主要用国内生产总值增长率来衡量；在马克思经济增长理论的角度来看，经济增长是产出物质财富增加的过程，是指所有常住企业生产产品数量的增加或生产产品价值总量的增加，影响产出的因素包括社会总资本、劳动力的结构和数量以及科学技术等。

基于以上理解，经济增长可以定义为，在受到各种类别生产要素的综合影响下，在一定的时期内，一个国家（或地区）所有常住单位最终所生产的或提供的、以市场价格计算的、有形产品与无形服务的价值总和，代表了一个国家（或地区）的整体经济实力，用国内生产总值增长率来衡量。

通过经济增长的定义可知，经济增长代表着国家财富的增加，也会通过带来更多的就业机会，促使人民增加收入，提升人民的生活质量，从而有利于社会的安定团结。因此，研究经济增长，对于改善民生、促进社会稳定和谐，具有重要意义。

二、经济增长相关理论

从古至今，国内外众多学者对经济增长的相关理论进行探讨，观点多样，流派众多。根据经济增长理论发展的不同时期，对不同学者关于经济增长的不同观点进行分析，可以大致将其归纳为四种理论，即古典经济增长理论、新古典经济增长理论、新经济增长理论和高质量发展理论。

（一）古典经济增长理论

古典经济增长理论的核心思想是经济增长产生于资本积累和劳动分工相互作用，即资本积累推动了生产专业化以及劳动分工的发展，与之相对应的，劳动分工通过提高总产出促进资本积累的增加。史密斯（Smith，1776）提出，土地、劳动力以及资本作为三种基本的生产要素，能够促进物质财富的增加。此外，分工会使劳动力得到有效的利用，而劳动生产率的提高是驱动经济增长的主要因素。理查德（Ricardo，1955）指出，不合理的收入分配制度会阻碍经济发展，应当注重收入分配在经济运行中的作用；马尔萨斯（Malthus，1959）将经济增长与人口原理紧密联系起来，他认为，在没有任何限制条件时，人口将以几何级数增长，而生存资料的增加速度则较为缓慢，因此，人口的增长即使可以增加经济总量，但更趋于降低人均生产量。

（二）新古典经济增长理论

新古典经济增长理论的主要观点，是作为外生变量的相关技术的变动会带来全要素生产率的提升，从而推动经济增长。它重视农业的发展和人力资本投资，强调经济私有化，强调对外贸易。索罗（Solow，1957）和斯旺（Swan，1956）阐述了他们不同于以往学者将投资资本当作是决定经济增长的要素。他们认为，在长期看来，投资或者储蓄并不是经济增长的源泉，技术进步才是推动经济持续增长的动力，并将资本积累定义为包含人力资本和物质资本在内的广义资本的概念，提出了基于柯布－道格拉斯生产函数的索洛增长模型。

（三）新经济增长理论

相较于之前的经济理论，新经济增长理论开始关注之前并未关注的其他影响因素，并试图将其内化为内生变量，并以此为理论基础，研究新经济增长理论在经济中的应用，丰富了新经济增长理论的实践意义。制度决定理论认为，制度因素对经济增长起促进作用，基于这一理论，贝茨等（Bates et al.，2012）运用面板数据进行分析，研究得出民主制度与经济增长存在正向促进作用的结论；都阳等（2014）探讨了户籍制度因素对经济增长的影响，用实证分析探究并证实了制度因素与经济增长之间存在的正向相关关系；但贾瓦齐等（Giavazzi et al.，2005）运用同样的数据，却得出制度因素与经济增长之间没有正向相关关系的结论，这与部分学者的研究结论截然相反。结构转变理论认为，结构因素与经济增长之间存在较为密切的相互关联关系，基于这一理论，阿西莫格鲁等（Acemoglu et al.，2008）通过实证分析，认为产业结构的调整优化与经济增长之间的联系十分紧密；易信和刘凤良（2015）基于熊彼特内生增长模型，通过数值模拟对金融发展、产业结构升级与经济增长进行定量分析，解释了产业结构转型对经济增长率的抑制作用。人口过渡理论认为，人口结构的变动与经济增长之间存在相关关系，基于这一理论，高卢等（Galor et al.，2000）通过探究人口发展过程与经济转型过程，发现人口增长的方式有利于经济增长模式的发展，并依据人口增长阶段将经济发展划分为三个典型的阶段；钱颖一（Qian，2017）、王维国等（2019）、王金营和刘艳华（2020）通过搜集相关数据，探究了我国人口结构变动与经济增长之间的关系，证实两者之间的互动关系明显。

（四）高质量发展理论

"高质量发展"是2017年党的十九大首次提出的新表述。其根本在于经济的活力、创新力和竞争力。在微观上，高质量发展要建立在生产要素、生产力、全要素效率的提高之上；在中观上，要重视国民经济结构包括产业结构、市场结构、区域结构等的升级，把宝贵资源配置到最需要的地方；在宏观上，则要求经济均衡发展。国外学者对高质量发展的研究多集中于经济增长质量、经济可持续发展，如：卡马耶夫等（Kamaeb et al.，1983）首次提出"经济增长质量"的概念，马克等（Mark et al.，

2014）、波菲里耶夫（Porfiryev，2018）分别从生态完整性、可持续水平、社会包容性、社会福利等方面对经济增长质量内涵进行解读；克拉巴尔蒂（Chakrabarti，2015）认为经济可持续发展的根本是韧性和经济适应性。国内学者多从经济新常态下结构优化、动力转换等视角解读其质量效益型增长内涵，如任保平（2018）从经济新常态下结构优化、动力转换等视角解读其质量效益型增长内涵；洪银兴（2019）揭示了经济由量变到质变的发展规律；吴婷和易明（2019）指出，经济高质量发展意味着人才资源的匹配和技术效率的互补；涂正革等（2019）指出，要想激发减排和增效的高质量发展，需要提高地方环境规制强度；高培勇（2019）认为，实现经济高质量发展需要突破惯性思维。

第三节　生态保护与经济增长协同理论

"绿水青山就是金山银山"是时任浙江省委书记习近平于 2005 年 8 月在浙江湖州安吉考察时提出的科学论断。这既阐明了生态保护和经济发展的关系，又揭示了保护生态环境就是保护生产力、改善生态环境就是发展生产力的道理。深入挖掘生态资源优势，找准"绿水青山"和"金山银山"之间的转化路径，就能够将生态资本转变为富民资本，将生态优势转变为经济发展优势，进一步激发生态经济创新发展的新动能，在国际绿色低碳竞争中赢得优势，不断增加我国绿色产业发展的韧性、持续性和竞争力，实现生态保护和经济增长的"双赢"。

一、生态系统与经济系统的协同性

有学者认为，协同是指"两个或者两个以上的不同资源或者个体，协同一致地完成某一目标的过程或能力"。生态系统与经济系统的协同，是指在经济发展过程中，将生态系统与经济系统要素有机结合，实现相互间的协作与配合，使之和谐统一、相辅相成、互为因果。

生态环境问题归根结底是经济发展方式问题，经济发展取得新成效和生态文明建设实现新进步，就是要正确处理经济发展与生态环境保护的关系。绿色、低碳、循环发展是一种节约资源、保护生态环境的经济发展模式，具体体现在绿色生产生活的方方面面。基于以上理解，生态与经济系统的协同性可以定义为：生态系统与经济系统内部各要素相互配合与协作而组成一个有机整体，并形成具有和谐关系的良性循环关系。生态系统与经济系统协同发展的本质，是在推动经济不断发展的同时，保证生态资源与生态环境得到保护或者不断改善，是经济与生态共同发展的双赢模式。

二、生态与经济协调发展的基础理论

随着生态环境问题的日益严峻，国内外学者对生态与经济协调发展的相关理论进行了广泛的讨论，主要涉及可持续发展理论、循环经济理论、协调发展理论等 6 个理论。

（一）可持续发展理论

可持续发展的概念最早于 1980 年《世界自然保护纲要》明确提出，定义为"既满足当代人的需求，又不对后代人满足其自身需求的能力构成危害的发展"。其本质是遵循自然发展规律，实现人与自然的和谐。部分学者对可持续发展理论进行了探讨，如古普塔等（Gupta et al.，2016）分析了可持续发展目标是否应优先考虑穷人和他们所面临的生态问题，并提出了包容性发展的概念。其中心论点是，如果没有对包容性发展的深入承诺，可持续发展目标就有可能无法实现实质性转变；斯特克等（Stock et al.，2018）讨论了工业 4.0 时代，工业组织应建立包括经济、社会和环境的基本目标，这些目标旨在实现全球经济向可持续发展转型，而转型过程应实现生态与经济的协调发展；李薇薇等（Li et al.，2020）认为生态与经济之间的协调发展指和谐一致的发展，这两个子系统共同构成了城市系统，社会经济发展应当考虑环境保护。也有一部分学者对可持续发展理论的应用进行了研究，丰富了可持续发展的实践意义，如魏伟等（2018）基于可持续发展理论，探究了我国陆地经济——生态协调发展的空间演变与发展路径；鹿红和王丹（2017）则基于可持续发展理论，针对海洋生态文明建设中存在的问题，给出了可持续发展战略与对策建议。

（二）循环经济理论

循环经济的思想萌芽诞生于 20 世纪 60 年代的美国，它要求经济发展遵循"资源—产品—再生资源"的循环流动式发展模式，不仅要求经济在数量上的增长，还要有质量上的增长追求资源的高效利用以及污染的低水平排放，即经济与生态的共同发展。部分学者对循环经济理论进行了探讨，如萨维德拉等（Saavedra et al.，2018）讨论了工业生态学对循环经济的理论贡献，从概念、技术和政策三个方面研究了工业生态学对循环经济的贡献，对各国的政策管理提供了启示。也有一部分学者对循环经济理论的应用进行了研究，丰富了循环经济理论的实践意义，如李英姿（2007）基于循环经济理论，探索循环经济在生态农业发展中的合理框架与典型模式；

张智光（2017）以循环经济理论为基础，探讨了我国造纸工业及其与林业和生态环境的相关关系；刁秀华和李宇（2019）基于循环经济理论，测度了区域工业生态的发展水平；朱建华等（2019）以贵州省为例，基于循环经济理论，对绿色发展、协调发展等进行了理论与路径研究；李勇进等（2008）分析了我国自20世纪70年代以来循环经济发展历程，梳理了循环经济理论对我国实现生态现代化的启示，并为我国构建环境友好型社会和节约型社会提供了相应的建议。

（三）协调发展理论

20世纪七八十年代初，匈牙利经济学家亚诺什·科尔奈（Yanosh Kear-ney，1980）首次提出，"只有和谐的增长才是健康增长"的协调发展思想。区域经济与生态环境协调发展是指在进行经济建设活动中，经济发展和生态环境是相互联系、相互作用的有机体，缺一不可。部分学者对协调发展理论进行了探讨，如陈甜甜等（Chen et al.，2017）随着可持续发展概念的扩展，研究实现可持续生态经济发展的手段变得越来越重要，利用生态系统服务价值和生态系统分析了中国横断山区经济与生态的协调关系，演化特征和聚集模式；谢明霞等（Xie et al.，2016）认为研究由资源、环境、生态、经济和社会子系统（CSR3ES）组成的复杂系统的协调的目的是实现可持续发展。也有一部分学者对协调发展理论的应用进行了研究，丰富了协调发展理论的实践意义，如张磊等（2019）、高静等（2020）基于协调发展理论，对生态文明与我国农业经济的协调发展进行了实证分析，并提出了相应的政策建议。马慧敏等（2019）、李兰冰（2020）以协调发展理论为基础，对我国区域生态文明与经济的协调发展进行深入研究，并提出了相应的政策建议。

（四）绿色发展理论

绿色发展本质是追求环保与和谐。国内外学者结合中国经济发展实际，批判传统发展模式的局限性，论述了有关绿色发展的战略意义。一部分学者对绿色发展理论的内涵进行了探讨，如邹巅和廖小平（2017）认为绿色发展是绿色和发展内在融合，其关键是发展，核心是将资源环境视为内生增长要素，通过转变发展方式，基于绿色的理念、资本、技术以及制度等方式来实现经济的高效率、高水平发展，反过来，还可以利用高质量的发展成效来提升绿色发展的能力，从而促进人类协调、公平、可持续发展。还有一部分学者对绿色发展理论的应用进行了研究，丰富了绿色发展理论的实践意义，如卢瓦索等（Loiseau et al.，2016）认为在过去的十年中，绿色经济的概念对决策者越来越有吸引力；李顺毅（2017）等基于绿色发展理论，运用 2010 年相关调查数据进行实证分析，发现绿色发展对居民幸福感的影响可以通过增长效应和绿色效应发挥作用；陈明艺和李娜（2020）基于绿色发展理念，对我国 30 个省份的碳排放与经济增长之间的关系进行实证分析，发现我国大部分省份经济增长与碳排放量处于弱脱钩状态、与碳排放强度处于强脱钩状态，经济增长并未造成大量的碳排放。

（五）环境库兹涅茨曲线理论

环境库兹涅茨曲线认为区域经济发展与区域生态环境质量呈倒"U"型的变化趋势，即随着经济不断发展，资源环境压力首先呈上升趋势，达到拐点后，转向下降趋势，最终二者的联系断开（或叫脱钩）。格罗斯曼和克鲁格（Grossman and Krueger，1991）对全球环境监测系统（global environmental monitoring system，GEMS）的城市大气质量数据做了分析，发现二氧化硫和烟尘符合倒"U"型曲线关系，这是关于环境库兹涅茨曲线假设的最早研究。环境库兹涅茨曲线提出后，一部分学者从多个视角对环境库兹涅茨曲线形成的动因进行了研究，丰富了环境库兹涅茨曲线形成机理的研究。如帕纳约托（Panayotou，1993）认为环境库兹涅茨曲线是经济结构自然演进以及经济规模效应共同作用的结果；迪肯（Deacon，1994）认为环境库兹涅茨曲线关系下降段的出现，与政府实施了正确的相关环境政策有关；奥松（O-Sung，2001）通过内生经济增长模型对环境库兹涅茨曲线进行分析，发现经济增长与环境压力之间的环境库兹涅茨曲线与经济个体效用中环境舒适度对物质消费的边际效用有关。还有一部分学者基于环境库兹涅茨曲线理论，进行了相关的应用研究，丰富了环境库兹涅茨曲线理论的实践意义。如李华和高强（2017）、李志伟（2020）、蔡玲和王昕（2020）等学者分别利用环境库兹涅茨曲线理论在海洋经济发展、海洋经济绿色发展、生态环境中的应用进行了实证分析，极大地拓展了环境库兹涅茨曲线理论的应用。

（六）适应性治理理论

适应性治理理论最初源于加勒特·哈丁（Hardin，1968）提出的"公地悲剧"问题。它被看作是建立弹性社会生态系统的重要工具。其优越性在于，为了弥合各个层次现有的多级管理结构，而在地方乃至更大的区域范围内发展和利用网络以确保科学知识和地方实际相结合以调动社会资本和鼓励地方治理多样性，并通过这些方式生成或增强灵活应对、学习和调整所需的适应能力。迪茨等（Dietz et al.，2003）在 *Science* 上首次提出适应性治理概念；克劳迪娅（Claudia，2009）、德雷塞尔等（Dressel et al.，2020）指出，社会网络、社会资本、尺度、知识与学习是该理论的共性研究课题。尽管国内早在 20 世纪 70 年代就有学者运用复杂系统自组织理论研究社会、经济领域协同发展问题，但对适应性治理的理论研究相对薄弱。如谭海波和王英伟（2018）、柴盈和曾云敏（2019）分别从分享经济治理、公共资源管理等方面关注多主体参与、协商、学习、反馈。任崇强（2019）认为适应性治理是经济可持续的核心，孙才志等（2019）利用适应机制解读经济系统脆弱性，毛征兵等（2018）通过自组织适应性治理提高稳定性和适应性，张福磊（2019）解析了粤港澳大湾区多主体协商实现跨区域良治的机制。

近年来，提出的基于自然的解决方案，着眼于长期可持续发展目标，提倡依靠自然的力量应对风险，为生态保护和经济增长提供了新的思路，也扩充了适应性治理的内涵。这一概念起源于 2008 年世界银行发布的官方报告，2009 年国际自然联盟在提交的应对气候变化的工作报告定义为"一种保护、可持续管理和修复生态系统的行动"，2015 年欧盟委员会将"基于自然的解决方案"纳入"地平线 2020"科研计划。至此，该方案从更广阔的视角得到了诠释，即一种受到自然启发、支撑并利用自然的解决方案，可以通过有效和适应性手段应对社会挑战，提高社会的韧性，带来经济、社会和环境效益。

第三章 生态保护与经济协调 发展的国际经验

目前，对于流域生态保护与经济可持续发展问题，全球都在探索当中。国外对于流域生态保护与经济可持续发展的研究早于我国，尽管主要发达国家的实践同样缺乏系统完善的生态保护与经济可持续发展体制和法律体系，也存在一些不足之处，但已经积累了大量的治理经验。借鉴主要发达国家的治理经验，对于建立黄河流域生态保护与高质量发展的现代化治理体系具有重要的意义。本章结合各地流域生态保护与经济可持续发展的特点，从理论研究和实践应用两方面比较研究国内外生态保护与经济可持续发展的实践，归纳出对黄河流域生态保护与高质量发展的启示和借鉴。

第一节 国外流域生态保护与经济可持续发展的实践

发达国家和地区在流域生态保护与经济可持续发展的长期治理实践中，形成了颇为丰富的经验。其中，最具有代表性的包括美国密西西比河、田纳西河流域，欧洲莱茵河、泰晤士河流域，澳大利亚墨累河流域以及日本琵琶湖流域生态环境治理为案例，总结不同流域开发治理和经济发展的进程，充分借鉴其成功经验，以为我国开展流域保护和经济发展工作提供参考。

一、美国流域开发治理和经济发展实践

美国在流域治理与保护方面主要采取"集中治理"模式，在国际上率先建立了比较完善的水环境保护政策框架体系。本节以密西西比河流域、田纳西流域的综合治理为例，来说明美国流域开发与治理实践。

（一）密西西比河流域

密西西比河是美国最大的河流，也是世界第四长河，全长达 6021 千

米，流域覆盖全美 31 个州和加拿大 2 个省的部分地区，仅干流就流经美国 10 个州，流域面积约 322 万平方千米。密西西比河曾经经历了防洪治洪、治洪和简单开发相结合、综合开发和治理并重、全面整治与开发并重、环境与生态综合治理五个发展阶段，并形成了一整套流域协同治理的有效经验：（1）顶层规划并设置集中统一的防洪管理机构，通过国土开发格局的变化和运输方式的多元化，不断降低密西西比河的水运组织功能，增强流域生态、旅游功能。（2）完善立法，依法治水，依法防洪。（3）央地协同，在流域治理中由联邦政府与地方政府共同分担有关费用，多渠道筹集资金。（4）体制机制和科技创新，实行防洪保险制度，通过科技手段实现生态保护与经济发展的协同等。上述举措在高效保护密西西比河自然生态资源的同时，有效利用了自然资源，改善了流域的经济发展状况，带动了流域经济的发展，河口三角洲地区等部分地区甚至凭借资源优势成为美国较为发达的地区之一。

密西西比河流域是流域"集中治理"模式的典型代表。流域在经过从简单治理到综合开发和整治的过程中，国家专门机构在开发和治理中发挥了主导作用。

（二）田纳西河流域

田纳西河流域跨越美国 7 个州，是密西西比河的二级支流，全长约1050 千米，流域总面积约 10.6 万平方千米。20 世纪 30 年代，田纳西河流域洪水为患，生态环境及水质恶化，是美国最贫穷落后的地区之一。田纳西河流域的治理始于公共基础设施建设，大致经历了水资源综合开发、沿岸陆地土地开发、全流域水污染治理、流域内生态保护和休闲娱乐管理等阶段。1933 年，田纳西河流域管理局（TVA）成立，这是一个既具有政府职能又具有私人企业主动性和灵活性的法人实体。其主要工作是改进基础设施和推进地区工业发展，通过水资源综合开发，制洪水，改善航运条件，推动流域经济增长。1945 年以后，TVA 的工作重点转入流域两岸的土地开发、流域水资源管理等领域。1972 年美国国会颁布《清洁水法》后，TVA 致力于全流域水污染治理。进入 90 年代，流域内生态保护和休闲娱乐管理成为 TVA 的工作重点。

TVA 是美国最早的流域治理机构，田纳西河流域治理也被公认为流域"集中治理"模式下取得优异治理效果的典范。

二、欧洲流域开发治理和经济发展实践

欧洲流域开发治理与经济发展经历了数百年漫长的艰难摸索和实

践，涌现了许多不同的治理模式，如莱茵河流域的"协作"治理模式，泰晤士河的"集中—分散"治理模式。

（一）莱茵河流域

莱茵河是欧洲重要的水上航道及沿岸国家的水源地，在欧洲经济、社会、政治发展中具有重要地位。莱茵河流域的生态环境问题源于19世纪下半叶以来的工农业高速发展，曾经一度被称为"欧洲下水道"和"欧洲公共厕所"。从20世纪50年代开始，流域沿线各国直面问题，总结教训，启动了莱茵河流域治理计划，历经多年努力，整个流域实现人与自然和谐相处。

莱茵河流域的治理大致划分为污水治理、水质恢复、生态修复和提高补充四个阶段。采取的措施主要包括：（1）加大水能资源开发和水电建设，各国在莱茵河干流兴建水电站，充分利用水能资源。（2）调整产业结构，推动产业升级发展。沿岸各国以科技进步为产业结构调整和升级的基本动力，逐步缩小科技水平差距，全面改造和提升传统产业。（3）全面开展河道整治工作。从18世纪开始，莱茵河流域沿岸各国加强河道工程改造力度，通过河道渠化有效引流。（4）推动河港建设和沿岸城市化建设。莱茵河流域水资源的开放利用为沿岸港口城市建设与发展提供了宝贵资源，而沿岸城市化也为水资源的高效利用和有效保护提供了有利条件，两者互为因果，进一步带动了流域沿岸人口和产业的集聚，推动了沿岸各国的工业化、城市化和现代化进程，并以此为基础，逐步形成了沿岸港口城市带和产业带。（5）完善流域治理的法治建设。沿河各国建立跨国管理和协调机构，独立、双边或多边制定水资源开发利用相关的法律法规或条约，共同推动流域生态、资源和环境保护的规范化。

莱茵河是"协作治理"模式的典型代表。莱茵河的治理成果得益于多国各司其职、密切配合的沟通与协作。由于莱茵河流经欧洲9个国家，基于共同目标进行协商沟通并同享利益与共担风险，成为破解莱茵河流域开发和治理难题的关键。

（二）泰晤士河流域

泰晤士河也称泰姆河，发源于英格兰西南部的科茨沃尔德希尔斯，被称作英国的"母亲"河。全长346千米，流域面积13000平方千米。泰晤士河水质的迅速恶化开始于19世纪英国工业革命后，曾经被认为是世界上污染最早、污染危害最严重的城市河流之一。泰晤士河的治理工作始于19世纪50年代，历经150多年综合治理，如今的泰晤士河已经被公认为是世界上最干净的河流之一。英国对泰晤士的综合治理大致经历了分散管理、协调管理、综合管理三个阶段，在治理实践中摸索出了宝贵的经验。（1）分散管理阶段。主要在1963年《水资源法》颁布之前，此阶段用水不需要许可证，在河流被污染的情况下，用水单位可以自行开采地下水，开辟新水源。（2）协调管理阶段。成立河流管理局，实施地表水和地下水取用的许可证制度，持有许可证的用水单位可以在指定地区采用许可水量。（3）综合管理阶段。颁布新的《水资源法》，采用流域一体化管理模式，统筹水资源分配管理和水污染防治。

泰晤士河治理模式经历了从"分散治理到集中治理"再到"集中—分散治理"的过程。20世纪60年代之前，由于治污不力，英国成立了河流管理局，合并了先前200多个管理部门，组建泰晤士河管理局，承担全流域统一规划、水处理、航运和防洪等全方位工作，实现了由"分散治理"模式到"集中治理"模式的转变。90年代，伦敦政府为解决泰晤士河流域城市公共服务不足和沿河建筑、景观和设施陈旧问题，实施以社区为主体的合作治理模式，实现了从"集中治理"到"集中—分散"治理的转变。

三、澳大利亚流域开发治理和经济发展实践

墨累河全长2500千米，是澳大利亚最大的河流。其中的达令河占墨累河总流量的20%，流域面积约占大洋洲陆地面积的14%，流经澳大利亚的多个州，是墨累河最大的一级支流。墨累—达令河流域水资源稀缺，在联邦制的制度框架下，如何协调州际关系，成为流域一体化环境保护与资源开发的核心难题。在州际关系协调方面，澳大利亚主要采取了两项举措：一是沿岸各州成立墨累河委员会，共同缔结墨累—达令河流域协定；二是设立部级理事会、流域委员会和社区咨询委员会共三级墨累—达令河流域管理机构，流域内的自然资源管理政策和方针由部级理事会负责制定，流域委员会在部级理事会与社区咨询委员会之间搭建桥梁，专注于就自然资源管理问题提供咨询，并将关注问题的观点和意见上报部级理事会。

澳大利亚墨累—达令河流域的治理是"集中—分散"治理模式的典型代表。澳大利亚流域的统筹规划由联邦政府水利委员会负责统筹，流域治理的政策导向和指导方针由流域部长理事会负责，各州的水权分配由流域委员会负责，社区咨询委员会则负责调研和收集流域治理中遇到的实际问题和公众的意见建议。在联邦政府水利委员会的统一协调调度下，各层管理机构各司其职，构建了集中—分散参与治理流域的格局。

四、日本流域开发治理和经济发展实践

琵琶湖是日本境内的第一大淡水湖，也是京畿地区两府四县居民的生产生活用水来源。琵琶湖集水区域内生活的人口众多，但仍然保持着较好的生态，主要归功于成功的管理。琵琶湖治理的显著特点是以流域为单元，构建了政府主导与全民参与的共治管理模式：一是以组织机构为支撑。琵琶湖的综合治理涉及中央政府水管理部门、地方政府专管部门、省厅专门机构多个管理机构，协调各方关系成为提高治理效率的关键。为此，琵琶湖建立了完善的县、市、镇、村多层级联络会议制度，形成中央政府与地方行政协作体制和中央省厅协作体制。二是公众积极参与琵琶湖流域管理与实践。流域被分成 7 个小流域，每个小流域都设立了流域研究会并选出一位协调人，负责组织居民、生产单位等代表参与综合规划的实施。流域研究会主要职责主要包括小流域内部不同区域之间的交流，方便上、中、下游居民到其他区域亲身感受湖泊综合治理的成效，体会加强环境保护对居民日常生活的影响，以及流域间治理经验的交流等。在治理机构的设置方面，中央政府层面涉及流域治理工作部级机构共有六个，包括环境厅、国土厅、厚生省、农林水产省、通商产业省、建设省，六部各自负责职责范围内的工作，构建了六部共治的典型的流域"分散治理"模式。

第二节　国外流域生态保护与经济发展的主要经验

各国在流域生态保护和经济可持续发展方面经历了漫长的探索，在政策、制度建设和组织机构等方面积累了大量经验：一是注重发挥政府的统筹规划和引导作用，多主体参与治理河流和流域污染问题；二是在流域治理过程中形成了四种典型治理模式，包括以"集中治理"模式、"协同治理"模式、"集中—分散治理"模式以及"分散治理"模式；三是从水资源保护与利用立法、城市和水系综合规划、成立合作组织等方面开展流域资源保护和利用工作；四是从加快产业转型升级、提升流域生态功能和旅游功能，以及发展有机农业几个方面优化流域产业结构和布局。总结这些制度、政策和模式、方法等相关经验能够为我国黄河生态保护和经济可持续发展提供参考和借鉴。

一、流域治理主体方面

国外对于河流流域污染治理主要采取两种方式：第一种方式是遵循"谁污染谁治理"原则。英国早期对于泰晤士河污染治理问题采取这种方式。该模式首先将污染界定为地方事务，认为污染治理是地方自治权力的一部分，理应交由污染地解决，中央政府不得擅自干预，也不需要未产生污染地区的参与。同时，该模式认为，污染治理费用也理应由污染地负责。以英国为例，泰晤士河流域各地区污染程度有较大差异，工业城市比农村地区污染严重，而伦敦段污染最为严重。按照"谁污染谁治理"的逻辑，伦敦地区的污染治理费用只能由伦敦来承担。第二种方式是政府主导，多主体协同治理。20 世纪 50 年代，在荷兰的倡议下，沿岸开始认真思考莱茵河污染的管理问题，并为此搭建国际交流对话平台，广泛开展国际交流合作并成立保护莱茵河国际委员会（ICPR），各国签订了合作公约，构建了沿岸各国在保护莱茵河中进行合作的工作框架。除 ICPR 外，合作框架中还包括莱茵河流域水文委员会、自来水厂国际协会、航运中央委员会等国际组织。虽然不同组织的目标和任务不同，但组织间通过交流互通信息，具有稳定的联络机制和信息共享机制，均在莱茵河水资源的保护和开发利用方面发挥了重要作用。时至今日，莱茵河流域跨国协作治理模式的成功经验，已经成为跨国界流域污染治理的成功典范。

二、流域治理模式方面

国外流域的治理模式主要包括集中治理、协同治理、分散治理和集中分散组合治理四种模式。美国 1933 年成立的田纳西河流域管理局（TVA）是集中治理模式的典型代表，其主要特征是由国家设置或指定专门机构进行流域的整体治理。该机构主要负责制定出台各种水质标准、发放排污许可证以及为各州分配生态补偿的资金投入等。欧洲莱茵河流域为流域协同治理模式提供了实践样板。跨国流域的协同治理建立在多个国家平等互惠的基础上，并以协商沟通、利益共享、风险共担为原则，明确各自的职责，实现协同分工，从而保证了流域治理的高效性和可持续性。日本分散治理模式与集中治理和协同治理模式的主要区别在于各部门各司其职，按照各自的职责负责职责范围内的工作。澳大利亚则将集中治理和分散治理相结合，实行了"集中—分散"式的治理模式。该模式由负责流域治理的部门协调相关机构与地区，体现了集中治理的思路，但负责具体开发利用的各个机构与地区自主制定相关政策法规和标准，并按照各自的分工职责完成流域治理工作，各机构或地区拥有自主权，又体现了分散治理的思想。

三、资源保护与利用方面

在资源保护与利用方面，不同国家的方式方法有相似之处，但也体现了各自的特点，主要体现在立法、综合规划、空间布局和跨区合作等方面。（1）加强立法工作。譬如，1987 年欧洲的《莱茵河行动计划》和 2015 年美国的《美国最大河流修复计划》等，均通过立法关注河流整体生态系统，提升流域栖息地数量、质量和多样性，恢复自然水文及其连通性。（2）制定综合规划，统筹资源利用。流域的综合规划主要是从战略层面制定资源保护与利用的总体框架。譬如，2011 年，美国田纳西河流域管理局编制《自然资源规划》，指导未来 20 年的资源生态管理工作，从生物、文化、娱乐、水、公众参与、水库与土地规划六个方面制定发展目标和实施策略；2011 年，欧盟制定《多瑙河区域欧盟战略》，为协调各国的治理职责提供综合框架和跨国协作方案，制定了流域区际联通、环境保护、繁荣发展和协同治理的宏观发展战略，并提出了多式联运、可再生能源、环境风险等 12 个优先发展领域。（3）统筹空间规划与水治理。譬如，荷兰通过划分次区域对水资源进行管控治理，并将水资源作为空间规划的重要内容，以水系统作为空间选择的依据。（4）建立合作组织，重视跨区协作。建立流域协调管理机构，并通过完善流域合作治理机制，完成流域规划编制，加强区域间流域治理。譬如，莱茵河—多瑙河流域通过国家间的密切合作，共同保护、开发利用莱茵河流域资源。在密西西比河流域的规划与管理工作中，美国于 1994 年成立了专门的保护委员会，致力于协调在流域资源开放利用方面的多方合作问题，以促进生态环境恢复和资源的高效、合理利用。

四、产业结构优化和布局方面

通过产业转型升级降低生产活动的环境负外部性，是流域生态保护和资源高效利用的有效手段。在转型升级过程中，密西西比河流域的服务业逐步取代制造业，而制造业通过产业升级改造开展清洁生产，减少石化产业比重，以食品工业、原材料产业和装备制造业为主，很大程度上降低了污染排放。莱茵河流域的德国鲁尔地区通过制造业转型升级，向高端化发展，鼓励优先发展诸生物医药、电子信息等高新技术产业和文创类文化产业。

在产业布局方面，重视流域生态功能和旅游功能的开发利用。早在20世纪80年代，美国就在密西西比河流域建立了休闲区，并将部分河段及其周边土地整体纳入国家公园体系。旅游业的发展促进了沿线地区的劳动就业和岗位收入，并随着生态环境的改善，促进了流域地区物种多样性的恢复。在农业发展方面，大力推广有机农业。譬如，欧盟制定了有机农业生产规则从而减少农业面源污染对河流的影响，这一举措极大地提高了莱茵河—多瑙河流域有机农业耕地总量占欧盟耕地总面积的比重。

第三节　国外经验对黄河流域生态保护与高质量发展的启示与借鉴

习近平总书记在2019年9月18日主持召开黄河流域生态保护和高质量发展座谈会上提出："保护黄河是事关中华民族伟大复兴和永续发展的千秋大计"，将加强黄河流域生态保护和高质量发展首次提升到国家战略的高度。围绕黄河生态保护与经济可持续发展，国内外开展了诸多研究和实践工作，然而，黄河流域治理和发展还存在一些突出的困难和问题：水资源供需矛盾、水旱灾害防治难度较大、环境污染风险加剧、流域综合管控机制缺乏。生态环境风险若得不到及时处理，很可能进一步演化为经济社会风险，不利于黄河流域的可持续发展。

为贯彻落实习近平总书记的讲话精神，推进黄河流域生态保护和高质量发展，本节总结归纳国外流域生态保护与高质量发展的成功经验，结合黄河流域的实际，提出黄河流域生态保护和高质量发展的启示及借鉴。

一、基于国外流域生态保护与高质量发展的启示

黄河流域是我国北方最重要的生态屏障和经济区域，也是我国重要的农业生产基地和能源基地。针对黄河流域生态保护与可持续发展存在的突出问题，应结合国外流域综合治理的成功案例，基于新的发展理念，摆脱黄河流域对于传统发展方式的路径依赖，以可持续发展和生态环境保护为重要的突破口，真正实现发展质量的全面提升。

（一）府际协同，社会参与，打造流域治理共同体

目前，黄河委员会是黄河流域最高一级管理机构。然而，由于缺乏全流域治理的实际权力，实际工作中，黄河委员会无法有效协调各方利益冲突，难以履行黄河流域统一管理的各项职能。由于缺乏有效的府际协同，

流域内各级政府机关各自为政，流域治理"碎片化"问题严重。同时，由于缺乏有效的治理体系和治理机制，企业组织、社会机构、社会公众力量等参与意识不强，主体间缺乏有效沟通，社会力量参与治理存在明显缺位。

国外在流域协同和社会力量参与治理方面积累了诸多有益经验。比如，ICPR 作为莱茵河流域协同治理的组织机构，有效地打破了传统的政治和行政界限，在流域各国的协作治理中发挥着重要作用。日本针对水环境污染形成了以地方政府、企业、NPO、公民共同参与的多中心协同治理架构，既能够保证中央政府对水资源管理的规则和标准得以高效实施，又节约监督检查成本。

借鉴国外协同治理的经验，在黄河流域的生态保护与综合治理过程中，必须从黄河流域的整体性出发，既要重视地区间、部门间的跨界跨域协同合作，又要充分发挥多元主体参与治理的重要作用，构建黄河流域协同治理共同体，从系统性视角出发优化流域治理体制机制。

一方面，建立健全黄河流域跨域跨界的府际协同联动机制，以共商、共建、共享为基础，推动黄河流域治理体系和治理能力现代化建设。为此，首先应理顺横向和纵向府际之间的关系，明确黄河流域各省份、各部门的职责任务，以共建共享为原则，以协商合作为手段，有效解决生态资源开发利用和生态环境管理中存在的矛盾与冲突。

另一方面，建立健全企业、居民和社会组织等非政府组织的利益相关者参与流域治理的政策法规，完善参与制度，保障各方参与治理的权利。参与治理的相关政策法规应囊括治理机构组建、公约及协议制定、治理过程检查监督等各个方面。同时，还应通过交流平台的开发应用，使公众能够更便捷地获取相关公开信息，并畅通信息交流渠道，形成政府、企业、社会组织和民众共同参与的多元主体治理格局。

（二）创新驱动，因地制宜，促进经济转型升级

黄河流经 9 个省份，每个省份省情不同，具体到经济发展、生态环境、地理、气候和资源分布情况各不相同。在考虑整体性发展的同时，更要结合各自特点，因地制宜，做好开发和保护。要坚持生态优先原则，因地制宜地优化产业布局。具体而言，上游地区是生态涵养区，不适合搞大开发，而应该依托丰富生态资源禀赋，以生态农业和观光旅游业为核心，大力发展绿色产业，将资源优势转化为资产价值；中游地区重视水土保持，立足能源化工资源优势，通过技术创新推动传统产业转型升级、绿色发展，加强与下游产业的联动协同，精准对接市场需求，提高资源利用效

率和产品附加值；下游地区发挥资金、人才、技术和对外开放的区位优势，以中心城市群、都市圈为载体，大力推动高端先进制造业发展，加快数字经济、新兴产业、现代服务业发展，构建现代化产业体系。同时，在生态资源保护方面，不断完善流域生态补偿机制，进一步解决治理收益与治理成本之间的矛盾，推动黄河流域绿色发展，从根本上提高生态保护与高质量发展的协同性和可持续性。

（三）加强战略规划和顶层设计，谋划流域长远发展

黄河流域生态保护和高质量发展国家战略提出之前，虽然中央和地方各级政府部门制定了生态保护相关的多项法律法规，但并没有关于黄河流域生态保护和高质量发展的专项规划。国外诸多河流的开发治理和保护经验为黄河整体规划提供了借鉴和参考。例如，欧洲针对莱茵河开发治理和保护制订了《保护莱茵河伯尔尼公约》《莱茵河 2000 年行动计划》《莱茵河 2020 计划》；美国针对本国河流开发治理和保护在 1972 年出台了《清洁水法》，明确了严格的州实施计划；澳大利亚在 2007 年出台《水资源安全国家规划》。上述行动计划规划从流域中长期治理的角度出发设计蓝图，较好地保障了治理的持续性、完整性和清晰性。

黄河流域治理涉及防洪抗旱、水土保持、水资源利用、环境污染防治等方方面面，应从系统性视角出发，树立流域"一盘棋"的整体性、系统性、综合性治理思路。因此，在制定和实施黄河流域生态保护和高质量发展战略规划时，一方面，应充分尊重流域生态保护和发展的自然规律，重视保护和发展的一致性、协同性、整体性，以保护促发展，以发展促保护；另一方面，应立足流域内不同地区的生态资源优势禀赋，从当地的经济发展基础、人才技术条件、社会人口分布等特点出发，因地制宜地规划产业布局，设置功能定位，并在差异化发展的基础上，注重加强区际协作，形成上中下游联动、东中西部互补、生态与产业协同的生态保护和高质量发展格局。

（四）注重黄河流域生态保护与高质量发展的协同性

在生态优先的基础上实现产业经济的高质量发展，是化解生态保护与高质量发展矛盾的根本途径。欧洲莱茵河流域通过优化产业布局，有效推动绿色要素合理流动，在保护环境的同时，实现了产业转型升级，较好地推动了流域经济的可持续发展。长期以来，黄河流域缺乏有效的系统治理，资源过度开发、粗放式利用、污染排放监管缺失等导致生态环境恶化、资源承载力下降、水土流失严重，黄河流域的可持续发展面临严峻挑战。为此，应将生态保护放到优先位置，通过优化产业布局，发展生态经

济、绿色产业、战略新兴产业，推动生态保护与产业发展的协同性，使产业发展与流域资源环境承载能力相匹配。

二、基于国外流域生态保护与高质量发展的借鉴

黄河流域粗放的产业发展模式加重了生态系统的脆弱性，流域可持续受到严重考验。在这一点上，密西西比河、泰晤士河、田纳西河等大河流域也有过相似的经历，国外流域大多经历"先开发，后治理；重效益，轻可持续发展"的弯路，历经数百年治理，不断创新机制体制才恢复原有的生机。这些治理案例给我们警示也带来借鉴意义：摒弃先污染后治理的思想，坚持生态优先，从黄河流域系统性治理、整体性治理的思路出发，有效协调生态保护与经济发展的关系，重视区际协同，共同抓好大保护，协同推进大治理，完善生态保护与高质量发展的长效机制。下面将从水资源保护、水旱防治、资源利用、经济发展四个方面提出基于国外流域生态保护与高质量发展的借鉴。

（一）水资源保护方面

黄河水供需矛盾突出，部分支流断流情况严重，加强黄河水资源管理与保护，缓解水资源供需矛盾，意义重大。结合国外流域水资源经验和本国国情，保护黄河流域水资源可从以下三方面发力：第一，做好立法顶层设计，明确各级政府的管辖范围，构建责权明晰的水资源保护体系。要以"河、湖长制"为支撑，建立跨区域、多部门的协同治理机制，完善流域、区域、行业管理的议事协调协商制度。实施河长制讲求"一河一策"，以黄河实际情况为导向，因河施策，抓住"牛鼻子"，努力打造上流滋养水源、中流立足污染整治、下流做好保护工作的治理大格局。第二，要构建体制化、标准化的多层系区域协同组织，包括构建体制化区域协同中介组织和跨区域民间组织。激发区域协同发展的参与主体的积极性，建立民间与政府信息沟通的双边协商机制。第三，要加大环保督察力度，定期针对性"回头看"。各区域地方政府往往出于地方 GDP 的政绩观念，在治理过程中只考虑自己利益，忽略了公共利益。通过自上而下的环保督察，对地方进行强有力约束。

（二）水旱防治方面

黄河下游滩区是人民群众赖以生存的家园，但地上悬河形势严峻，防洪抗旱和经济发展矛盾长期存在。做好黄河流域防洪抗旱工作，事关经济发展和人民群众生命安全。一是要完善防洪抗旱减灾体系，提升防洪抗旱综合能力。加快实施黄河治理骨干枢纽工程、跨流域重大调水工程、流域

内联通工程，加强水土流失治理，加强管理系统信息化建设，增强防御重大水旱灾害、化解重大风险的实力，以必要的物质基础支撑生态保护和高质量发展。二是进一步探索明确水利部门同应急管理部门之间的工作边界，衔接好"防"和"救"的责任链条，既发挥水利部门日常防灾专业优势又要发挥应急管理部负责抢险救援优势，确保责任链条无缝对接，形成整体合力。

（三）资源利用方面

水资源利用和土地资源利用是流域资源利用的主要内容。做好黄河流域水资源节约集约利用，先要做好立法顶层设计，制定流域水资源节约集约利用法，打破区域之间的利益壁垒，立足流域整体治理，建立水资源整体经济效益最大化的集约利用逻辑。通过区域间的有效协同，将水资源转移到消耗较低且产出较高的区域。在土地利用方面，立足区域土地资源的比较优势，以推动高效生态为宗旨，构建新的土地资源开发利用框架，促进国土空间资源要素的合理配置和顺畅流动；同时，要建立有效的耕地保护、未利用地生态建设红线和建设用地统筹集约利用新机制，立足地区间的资源禀赋和发展差异，开展多种模式的土地综合治理。

（四）经济发展方面

以国家生态文明建设推动工业结构优化和产业升级，是协调生态环境保护与经济发展的根本出路。推动黄河流域经济健康、可持续发展，一方面要发展创新驱动体系，以创新驱动实现新旧动能转换，促进全流域高质量发展；另一方面应壮大现代化产业体系，推动实体经济、科技创新、现代金融和人力资源的协同发展，以实体经济发展为核心，促进三次产业的充分、协调发展。此外，还应进一步完善公共产品和服务供给体系，培育绿色发展体系，并针对黄河上中下游的区位特点，实施差异化的发展路线，加大生态保护修复力度，提升水源涵养和水土保持能力，加强环境保护投入，提高生物多样性，促进生态系统健康发展。

第四章 黄河流域生态保护与高质量发展的内涵特征

新中国成立 70 年，特别是改革开放 40 年来，中国经济发展取得举世瞩目的成就，早在 2010 年，中国人均 GDP 已达到 4300 多美元①，标志着中国正式进入"上中等收入"经济体行列。尽管中国还未进入发达国家行列，但 GDP 总量第一次超过日本成为世界第二大经济体。在中国经济高速增长取得巨大成就的同时，必须清醒认识到，过去主要依靠要素驱动和投资拉动的外延式经济增长模式带来了经济和生态资源环境、东西部和城乡区域发展、实体经济和虚拟经济发展等不平衡不充分问题。在中国特色社会主义新时代，不平衡不充分发展的生产力难以满足人民日益增长的美好生活需要以及实现人的全面发展、实现共同富裕的伟大目标。党的十九大报告指出"提供更多优质生态产品""构建生态廊道和生物多样性保护网络""建立以国家公园为主体的自然保护地体系"等新思想和新方略，目的是为了满足人民日益增长的对优美生态环境需要。生态文明、绿色发展是世界潮流。

黄河流域是我国重要的经济地带，也是推动全国区域协调发展的关键区域。立足于黄河流域的发展状况，以生态环境保护为前提的黄河流域高质量发展应推动分类发展、协同发展、绿色发展、创新发展和开放发展。但黄河流域仍存在水资源保障形势严峻、流域生态环境脆弱、区域发展质量有待提高等突出问题。在全面建成小康社会的关键决胜期，黄河流域的发展问题成为全面打赢脱贫攻坚战、实现区域协调发展的重要问题。针对黄河流域治理的当前困难，习近平总书记 2019 年 9 月在郑州主持召开黄河流域生态保护和高质量发展座谈会，提出了黄河流域生态保护和高质量发展这一国家战略，并指出这一战略对我国区域协调发展、人民高质量生活等均具有重要意义。

---

① 《中国统计年鉴》（2011）。

第一节 黄河流域生态保护与高质量 发展的概念内涵

一、黄河流域生态保护与高质量发展的基本概念

生态保护是黄河流域高质量发展的生命底线，良好的生态环境是黄河流域可持续发展的基础，是高质量发展的基础。黄河流域的高质量发展必须走生态优先的高质量发展之路，使绿水青山产生巨大的经济效益、社会效益和生态效益。因此，黄河流域的高质量发展是立足于生态环境保护基础上的发展，既要包含经济社会发展，更需要注重生态环境保护，是生态保护与经济社会发展的协调统一，对生态保护的充分重视正是黄河流域高质量发展内涵的特殊所在。安树伟和李瑞鹏（2020）认为黄河流域的高质量发展应以生态优先为发展理念，在市场起决定性作用和创新驱动下，促进中心城市的集聚，加强城市之间的联系，最终实现区域协调发展，满足人民的美好生活需要，具体体现在生态优先、市场有效、动能转换、产业支撑、区域协调、以人为本六个方面。2019 年 9 月，习近平总书记在郑州主持召开黄河流域生态保护和高质量发展座谈会，提出"治理黄河，重在保护，要在治理"，进一步为黄河流域生态保护与高质量发展就是高质量发展指明了方向。

二、黄河流域生态保护与高质量发展的科学内涵

关于黄河流域生态保护和高质量发展的内涵，张军扩等（2019）认为从新发展理念、质量、供给侧结构性改革、供给体系和产业结构迈向中高端、国民经济创新力和竞争力显著增强、更有效率、更加公平、更可持续的发展六个方面进行了内涵解析。他认为，高质量发展一是要贯彻新发展理念；二是要坚持质量第一、效益优先；三是供给侧结构性改革为主线的发展；四是供给体系和产业结构迈向中高端；五是国民经济创新力和竞争力显著增强的发展；六是更有效率、更加公平、更可持续的发展。高质量发展是经济的总量与规模增长到一定阶段后经济结构优化、新旧动能转换、经济社会协同发展、人民生活水平显著提高的结果（任保平和张倩，2019）。

本书基于目前黄河流域社会经济发展由高速度向高质量转变深度调整期的特点，认为黄河流域生态保护与高质量发展不仅是沿线地区的协同发展，更是统筹经济建设、政治建设、文化建设、社会建设、生态文明建设"五位一体"总体布局的全面发展，是以五大发展理念为引领，以实现黄河流域社会经济发展的高效率、高效益、协调性、创新性、持续性、稳定性、安全性和共享性为目标，以"理念、政策、创新、开放"四轮驱动为发展动力，以"理念创新、科技创新和体制机制创新"三重创新为核心引擎，通过"理念、动力、结构、效率、质量"五大变革，深化资源供给侧结构性改革，升级传统产业、发展新兴产业、优化产业结构，提高黄河流域全要素生产率，实现黄河流域在生态保护优先的前提下实现经济社会向高质量发展阶段的整体跃升，推动黄河流域整体绿色、高效和可持续健康发展。

在黄河流域"三重创新"核心引擎中，科技创新是黄河流域生态保护与高质量发展的根本源动力，由于"政治"建设的本义更侧重于政府、政党等治理国家的行为，根据黄河流域生态保护与高质量发展系统的基本特征以及黄河流域经济社会活动的作用对象，本书将"政治"层面的相关内容放到了"社会"部分，重点关注公众参与、协同治理、政策体系、民生福祉等内容。为此，本书在国家层面"五位一体"总体布局的概念框架下，将黄河流域生态保护与高质量发展解析为经济、社会、科技、文化、生态"五维一体"的全面发展与协调发展。

第二节　黄河流域生态保护与高质量发展的关联关系

黄河流域是我国重要的生态屏障和经济地带。2020年1月，中央财经委员会第六次会议明确提出，应立足于全流域和生态系统的整体性，共同抓好大保护、协同推进大治理，这为黄河流域经济高质量发展与生态环境保护的协调发展提供了有利机遇。提高黄河流域生态保护与高质量发展的耦合协调度，推动两者正向促进交互响应关系的形成，是破解生态环境约束，实现黄河流域生态保护与高质量发展和谐统一，践行"两山"理念的重大社会实践。

一、生态优先是客观前提

生态资源是高质量发展的物质基础和生产要素，生态资源数量的有限性决定了生态保护的必要性。一方面，以生态优先为前提，在市场化条件下寻求生产要素的最佳组合，通过生态资源的集约利用和高效配置，充分实现生态资源型要素的价值，倒逼经济主体加大科技创新，推动产业结构升级，提高质量效率，推动高质量发展水平的提升。另一方面，"两山"理念为生态产品的价值转化提供了新思路，为高质量发展提供新动能。生态补偿、绿色金融、生态产品市场等体制机制创新，为生态财富的增值和积累提供了有力保障，改变了传统的环境污染"末端治理"模式，转而采用绿色创新手段实施源头治理，实现新旧动能转换，倒逼经济发展模式的转变。可见，黄河流域高水平生态保护能够正向促进高质量发展。

<h2 style="text-align:center">二、高质量发展是经济基础</h2>

高质量的经济增长对生态保护具有推动作用，是维护生态系统服务功能、开展生态保护和生态修复的经济基础。生态保护和生态修复均离不开强有力的资金支持，高质量发展能够为生态保护和环境治理提供充足的资金，有效降低人类生产生活活动对生态环境造成的负面影响，遏制生态退化和环境质量下降。同时，高质量发展意味着产业结构优化、生产效率提升和生产技术的进步，也意味着更少的单位污染排放、资源消耗和生态破坏，能够通过源头防控达到生态保护的目的。而高质量发展通过提高民生水平，在实现高品质生活的同时也提高了公众对生态产品和生态服务的需求，提高了公众的绿色生活、绿色消费、生态保护意识。因此，黄河流域的经济高质量发展能够推动高水平的生态保护。

<h1 style="text-align:center">第三节　黄河流域生态保护与高质量发展的基本特征</h1>

黄河流域生态保护与高质量发展要求整个流域以生存环境安全为前提，以技术创新为核心动力，实现经济稳定增长、区域均衡发展、社会公平正义、人和自然持续协调发展，具体基本特征如图 4-1 所示。

<h2 style="text-align:center">一、高效率</h2>

高效率是指黄河流域高质量发展进程中消耗较少的资源、造成较小的生态污染而产出较多具有竞争力的产品和服务。消耗单位资源获得的利益越多，表明资源的使用效率越高、经济的发展质量越高。张军扩等（2019）认为高质量发展是经济、政治、文化、社会、生态文明"五位一体"的协调发

展，其中高质量发展三大方面的目标是"高效""公平""可持续"。高资源配置效率、少生产要素投入、低资源环境成本，更高的社会效益是高质量发展的明显标志。逄锦聚等（2019）指出高质量发展是创新和效率提高的发展，他强调创新将成为经济发展的主旋律，效率将成为经济发展的关键词。黄河流域要逐步实现低消耗高产出的经济增长方式，通过改善产业结构来提高全要素生产率，以实现生态保护与经济的高质量增长。

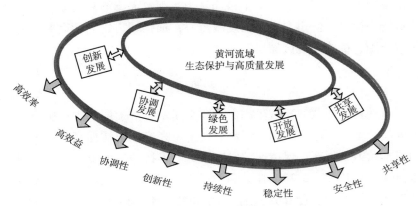

图 4 - 1　黄河流域生态保护与高质量发展的基本特征

二、高效益

高效益是指黄河流域生态保护与高质量发展呈现投入减少、产业规模扩大、结构优化、效益增长的态势。黄河流域高效益发展要坚持民生优先，推动生态惠民，把保障民生和改善民生作为黄河流域高质量发展的出发点。黄河流域高质量发展的重点是"谋增长、提质量、促协同"。高培勇等（2020）提出，经济增长阶段必须实现产业体系特征的一致性，要从依靠高投入、高劳动参与率等要素驱动式的高速增长，转化为主要依靠技术进步、效率驱动的高质量发展。赵剑波等（2019）从经济发展观视角看待高质量发展，高质量发展涉及发展过程、生产方式、发展动力、发展效果的全面提升，要求转变增长方式、切换增长动力、提升经济效益和分享发展成果。在高质量发展进程中要对流域进行生态重建和保护性开发，实现流域经济效益、社会效益、生态效益的有机统一。

三、协调性

协调性包含两个概念：一方面是生态保护与经济发展的协调，另一方面是黄河流域整体区域经济发展协调。第一，黄河流域的高质量发展应以生态优先，很多学者考虑黄河流域实际，给出生态保护与经济发展协调发展的实现路径，保护湿地生态、构建河湖生态廊道、集约利用水资源、建立横纵向生态补偿制度，社会经济系统与生态环境系统的协同发展。第二，黄河流域是一个有机的整体，黄河流域生态环境保护需要跨区域的协同治理，经济需要全域协调发展。但一直以来，黄河流域存在区域发展不平衡问题，上、中、下游经济发展有明显差异，呈现"东强西弱"、中下游经济发展速度快于上游的基本格局。为实现黄河流域高质量发展，要形成流域管理机制，侧重上下游的发展重心，加强城市之间的联系，逐步缩小区域差距，最终实现区域协调发展。

四、创新性

创新性是指在黄河流域生态保护和高质量经济发展的进程中充分发挥技术创新产生的作用，推动黄河流域经济由高速增长转向高质量增长。发展的根本动力是创新，保持区域发展动力、维持经济发展速度主要靠技术进步引领。王开荣（2020）阐述科技是黄河三角洲发展的重要支撑，指出科技创新在与发展实际作用过程中的问题并提出相应解决措施。卫中旗（2019）认为创新是经济高质量发展的主要驱动力，近年来，科技的创新和进步对经济发展的贡献率持续提升。针对黄河流域最关心的水域问题，需要利用科技创新手段，从根本上解决水资源高效利用、水生态系统修复、水环境综合治理、水灾害科学防治等问题；黄河流域中心城市发展需要加快建立创新驱动体系，充分发挥中心城市在创新技术方面的溢出效用，以创新和技术进步提升整体区域生产经营效率。

五、持续性

持续性是指黄河流域经济持续发展的能力，主要表现为资源、环境、技术支持经济长期发展的能力。很多学者认为经济的持续性是评价经济发展质量的重要维度，其中反映经济持续性的具体指标包含经济增长持续度、综合能耗产出率、资源配置率和"三废"综合处理率等。从指标的设置不难看出，创新生产技术、采用集约型资源利用方式，着重环境污染的防治，是支持黄河流域生态保护与高质量发展的重要保障。郭晗（2020）总结黄河流域高质量发展中可持续发展和生态环境保护面临水资源供需矛盾、水沙空间分布不均衡、环境污染风险、流域缺乏综合管控四种制约因素，并针对不容乐观的生态环境问题提出政策建议。实现黄河流域生态保护与高质量发展应将集约、循环等理念融入经济活动的全过程；在提高效益的同时，实现资源、能源和生态的可持续性发展。

六、稳定性

稳定性是指黄河流域经济运行的平稳状况，流域经济运行的稳定性是经济健康发展的基础和提高经济发展质量的重要保证，通常用经济增长波动率和价格波动率、就业失业率来衡量。刘亚雪等（2019）认为确保增速稳、物价稳、就业稳等"多稳"经济运行局面是提高经济高质量发展的重要保障。黄河流域的经济发展环境易受环境资源约束趋紧、区域收入差距较大、发展动力疲软等因素影响，为实现生态保护与高质量发展的稳定性，提高防范水旱灾害能力、加速助力精准脱贫、增强防治环境污染能力，为保持经济增长动力的平稳，要转变经济发展方式、优化产业结构，从根本上提高区域适应能力。同时，为维护经济环境的平稳，需要流域内政府协调治理、净化市场环境、重视效益和共享。

七、安全性

安全性是指在黄河流域高质量发展的同时妥善解决防洪安全、饮水安全、粮食安全、生态安全等问题。保障安全是黄河流域生态保护和高质量发展的基本要求，在黄河流域高速发展的进程中维系充分的安全性对保障黄河长治久安、保障区域稳定具有重要作用。习近平总书记在黄河流域生态保护和高质量发展座谈会上强调："解决好流域人民群众特别是少数民族群众关心的防洪安全、饮水安全、生态安全等问题，对维护社会稳定、促进民族团结具有重要意义。"[1] 彭月等（2015）在《2000－2012 年宁夏黄河流域生态安全综合评价》中阐释了黄河流域生态安全重要性的同时构建了生态安全评价体系，并针对"南北高、中部低"的生态安全格局，提出因地制宜的防护措施。黄河素以"善淤、善决、善徙"闻名，洪水严重威胁黄河流域人民生命和财产安全，水旱灾害与脆弱的生态影响粮食安全，保障水域安全，是黄河流域高质量发展的前提。

八、共享性

共享性是指黄河流域人民共同分享由流域改革发展和区域经济水平提高而产生的成果。宋明顺和范馨怡（2019）认为社会公平与共享是推进经

---

① 彭月，李昌晓，李健. 2000－2021 年宁夏黄河流域生态安全综合评价［J］. 资料科学，2015，37（12）：2480－2490.

济高质量发展的重要力量，文中选取人均财政支出、教育支出率、城乡居民人均年收入增长率差值和政府转移支付率四项变量作为衡量区域共享质量水平高低的测度，并提出前三种变量越高证明社会公平度和共享质量水平越高，政府通过合理分配的转移支付调节需求共享，促进社会发展。切实改善民生的现实需求、满足人们对公共服务的要求、让全民更好地共享成果是黄河流域推动生态保护和高质量发展的主要动机和着眼点。师博（2020）提出为提升全体黄河流域人民对发展成果的共享程度，应加强教育和医疗配置的均衡性，充分释放公共产品和服务的作用。

第四节　黄河流域生态保护与高质量发展的动力体系

黄河流域发展正处于由高速度向高质量转变的深度调整期，借助政策的东风，以五大发展理念为引领，逐步形成以"理念、政策、创新、开放"四轮驱动的黄河流域生态保护与高质量发展动力体系，为黄河流域生态保护与高质量发展提供不竭动力。黄河流域生态保护与高质量发展的动力体系如图4－2所示。

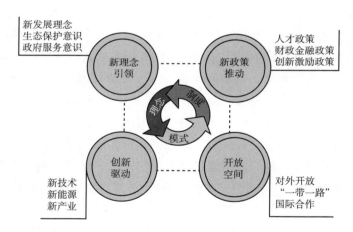

图4－2　黄河流域生态保护与高质量发展的动力体系

一、以新理念为"引领轮"

抑制黄河流域高质量发展的重要因素之一是脆弱的生态，所有黄河流域的规划和发展必须服从于生态保护的前提。践行"绿水青山就是金山银山"的发展理念，坚持绿色、可持续发展，是高质量发展的基础，也是人民群众对优美环境美好生活的要求。政府服务理念的更新对高质量发展具有重要指导意义，黄河流域的生态保护要建立全局意识，流域各省市统一规划，制定相关政策，实现联动、协商与互补机制，协同与市场服务，促进实现黄河流域生态保护与治理的效益和效率。树立"技术进步是经济繁荣的根源"的理念，深化科技教育机制体制改革创新、在全流域内破除科技发展要素流动的障碍，鼓励万众创新，加强知识产权保护，努力提高全要素生产率。

二、以新政策为"推动轮"

黄河流域生态保护与高质量发展的国家战略是一项持久而具有挑战的任务，既要实现生态、科技、社会、经济等高质量发展，又要解决发展中突出的生态环境保护、区域发展不平衡、产业结构调整等问题，所以需要人才政策、财政金融政策、创新激励政策等新政策全面推动。姜安印和胡前（2020）指出政府在黄河流域开发建设融资中应当承担主要职责，实施积极引入社会资本的政策，充分发挥财政融资平台的作用，促进黄河流域发展中产生多元化的融资模式，综合运用政府债券、城投券和PPP模式三大融资手段。推动为实现黄河流域生态保护和高质量发展，人才政策是重点，任保平和张倩（2019）提出各级政府应对黄河流域的开发治理给予资金与政策支持，特别是在新技术条件下建立实时监测预警体系，完善黄河流域高质量发展的监测预警工作。与此同时，政府创造更加宽松的政策环境，激发人才进行科学探索和科技创新。

三、以创新为"驱动轮"

创新驱动是黄河流域生态保护与高质量发展动力体系的核心引擎，其中新能源、新产业、新技术的发展占据主要地位。在水能源技术、水生态保护技术、新产业技术等核心技术领域推进国际合作，实现国内技术输出和国际高精尖技术引进；黄河流域拥有丰富的金属、煤炭、石油、天然气等能源资源，但在开发利用过程面临产能过剩和生态污染问题，在黄河流域发展新能源产业正是承载绿色发展的具体体现。任保平（2020）认为黄河流域应加快传统产业转型升级，构建新型生态产业，更多产出绿色生态产品，推动黄河流域实现绿色发展。王金南（2020）提出注重水资源环境承载能力，在能源化工行业采用新技术提高环境保护水平，培育和发展战略新兴产业，推动产业向低耗水、低污染、低风险转变，逐步实现产业发展与黄河流域生态、水资源环境承载能力相协调。

四、以全面开放为"定向轮"

全面开放是外部风向标，在黄河流域生态保护与高质量发展四轮驱动中起到定向、指引作用。黄河流域上游青海、甘肃、宁夏、陕西、内蒙古是"一带一路"重要的节点城市，坚持走输出和引进的发展道路，实现对外开放和国际合作，以内蒙古作为向北开放的重要通道、以青海、宁夏、陕西、甘肃等地为核心构建面向中亚、南亚、西亚国家的窗口，以国家"一带一路"倡议为契机，实现海运、陆运、空运等全方位开放，形成综合物流枢纽；在科技、金融、旅游、文化等方面实现多领域、多形式、多层次的开放发展，逐步成为国内外重要产业基地和人文教育基地，在全面开放新格局中实现黄河流域高质量发展。常承明和邢杰（2020）提出"一带一路"倡议推动了黄河旅游经济发展，实现了传统文化的传承与发展，黄河旅游发展惠及流域内所有省市，形成多地互动的经济发展模式，很大程度上解决了黄河流域就业、生态保护等相关问题。

第五节　黄河流域生态保护与高质量发展的支撑体系

以"四轮驱动"为动力源泉，以黄河流域发展的高效率、高效益、协调性、创新性、持续性、稳定性、安全性和共享性为目标，深度挖掘黄河流域生态保护与高质量发展动力机制，构建黄河流域生态保护与高质量发展支撑体系，推动黄河流域生态保护与高质量发展实现"理念、动力、结构、效率、质量"五大变革，实现深化资源供给侧结构性改革，升级传统产业、发展新兴产业、优化产业结构，提高黄河流域全要素生产率，实现在生态保护优先的前提下黄河流域经济社会向高质量发展阶段的整体跃升，推动黄河流域整体绿色、高效和可持续健康发展。黄河流域生态保护与高质量发展的支撑体系如图4-3所示。

一、理念变革是基础

贯彻生态文明理念是黄河流域高质量发展进程中的大前提，在流域发展过程中应实现深化生态文明体制机制改革，完善生态文明建设政策法规体系，把生态文明从思想约束纳入法治约束轨道。同时，在生态环境保护与生态恢复有所依据的法治环境下，增强全流域的生态理念与集约意识，完善生态治理体系，提高治理能力。郭晗和任保平（2020）认为黄河流域发展与治理理念应从工业文明向生态文明转型,要把生态文明作为基本理念导向贯穿到高质量发展和流域治理的全流程中。魏敏(2020)提出改变黄河流域发展的基本思路,不能先污染后治理,应在黄河水资源开发利用项目建设中,突出生态保护与生态安全,促使生态保护和治理协同开展,推进黄河生态流域保护和高质量发展。

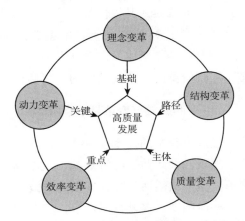

图 4 – 3　黄河流域生态保护与高质量发展的支撑体系

二、动力变革是关键

创新是引领发展的第一动力。推动黄河流域生态保护和高质量发展,创新必须处于核心地位。沈坤荣和赵亮(2018)从创新生态短板制约经济增长动力的角度分析,要建立创新友好型金融体系,实现对创新的有效激励和资源支持,以创新来驱动转换经济增长动力,实现高质量发展。安树伟和李瑞鹏(2020)提出黄河流域的高质量发展要实现动能的转化,目前经济增长动能仍以资本和劳动力等要素投入为主,创新动力不足,为实现新旧动能顺利转换以及产业结构优化调整,创新驱动是关键。黄河领域各省市应借助"一带一路"倡议的契机,开展产业与技术合作,共同实施国家重大科技项目,实现关键共性技术突破;深化科技机制体制改革,构建"政产学研金服用"的技术创新体系,促进科创成果向生产动力转化。

三、结构变革是路径

黄河流域高质量发展的主要路径是实现产业结构与资源能源消耗结构变革。黄河流域第二产业占比较高,工业化程度高于全国平均值,但结构性污染指数较高,如拥有山西煤化工基地、内蒙古有色金属基地,在开采利用过程中势必对生态造成威胁，但黄河流域生态保护和污染治理能力偏低；黄河流域资源能源丰富，黄河资源能源消耗结构不合理，2019 年黄河流域第一产业与第二产业增加值占 GDP 比值为 49.32%，而消耗水资源占比则达到 77.42%，其中农业产业消耗 63.86% 的水资源仅贡献 8.82% 产值。① 因此，黄河流域要实现高质量发展，应优化产业结构，改善产业体系单一的现状，扩展产业规模，升级传统产业、发展新兴产业、培育节能环保产业，提高产业效能；完善有利于技术创新的机制体制，形成政府、企业、个人联动的全社会创新体系，在开发利用资源能源的节能环保技术方面创新突破，实现资源能源消耗结构的重新调整。

四、效率变革是重点

黄河流域高质量发展进程中的效率变革是旨在以资源投入和生态环境破坏最小化为宗旨，实现社会效益、经济效益、生态效益最大化。为实现黄河流域效率的变革，应淘汰落后产能，发展先进技术，提高黄河流域全要素生产率；应优化科研制度，提升科研效率；应合理调配水资源，提升水资源利用效率；应结合黄河流域东西部不同的发展目标，制定生态开发利用规划，提升黄河流域整体环境效率，促进黄河流域高质量发展。国外学者科瑞奇亚等（Kytzia et al.，2011）和苏鲁金等（Surugiu et al.，2012）将生态效率概念引入旅游研究领域，通过对旅游生态效率的研究来反映区域可持续发展能力，解析旅游生态效率内涵，构建旅游生态效率测度模型，从而提出相关的对策建议。国内黄河流域生态效率的研究除了沿袭国外学者的研究方向，也产出研究黄河流域环境效率的文章，曾贤刚等（2020）构建了非期望产出超效率 SBM 模型，测算了高质量发展视角下黄河流域 94 座城市 2007~2016 年的环境效率，定量分析了黄河流域高质量发展视角下环境效率的驱动要素及其空间溢出效应，最后针对各地市政府提出了科学的建议。

五、质量变革是主体

质量变革是黄河流域生态保护与高质量发展的主体，黄河流域整体多维度、多领域、多形式寻求高质量变革，是实现黄河流域高质量发展的基础。第一，全要素投入高质量。不断提高科技、资本、人才、资源等要素的质量，打造黄河流域高质量发展稳固根基。其中持续研发新技术，大力

---

① 《中国统计年鉴》（2020）。

促进其创新成果转化，实现科技手段高质量落地应用；转变新型生产模式，实现资源高质量转化；针对黄河流域发展需求，实现高端人才培养；逐步扩展到全产业链、全要素的高质量投入，全面高质量推进黄河流域发展。第二，机制体制高质量，通过新机制、新方式促进全要素协调发挥重要作用。发挥机制体制效应，推动构建科创平台、金融平台、交易平台，培育新市场组织方式、促进新业态模式发展，协调各要素作用的发挥。第三，流域整体发展高质量。打破地域、资源和发展的不平衡，以黄河流域中心城市为核心，加强其辐射带动作用，推动黄河上中下游整体流域实现多类型、多区域全面协作，实现中心城市—边缘城市、城市—农村全流域的协调发展，这是黄河流域高质量发展的重要部分，同时发展成果的共享是高质量意义的体现。

第五章　黄河流域生态保护与高质量发展云数据库

现代信息技术与经济发展密切相关，也为黄河流域生态保护与高质量发展研究提供了先进的研究理念和支持平台。黄河流域生态保护与高质量发展系统，需要大量的经济、社会、生态、科技等相关的数据，一个完整的能够提供全面数据支持的数据库系统显得极为重要。本章通过借鉴国际国内有关研究的通行做法和经验，根据研究的需要，结合黄河流域生态保护与高质量发展计量模型、适应性评价以及计算实验建模仿真等的需求，利用 Oracle 数据库技术，构建了黄河流域生态保护与高质量发展数据库系统。同时，根据未来黄河流域生态保护与高质量发展系统长效化运行机制的需求，以及高效、海量数据处理和信息资源共享的特点，基于 Hadoop 分布式技术，进行了黄河流域生态保护与高质量发展云平台网络框架、系统框架和功能框架设计，给出了具体的建设实施和维护方案，以期能够大规模地处理和存储黄河流域生态保护与高质量发展的相关数据，为个人、企业、政府以及相关研究机构等，提供系统科学、安全稳定、持续及时、准确可靠的黄河流域生态保护与高质量发展实情。

第一节　黄河流域生态保护与高质量发展指标体系

黄河流域生态保护与高质量发展指标体系为水平测度、系统仿真、演化模拟和政策评估等提供数据支持。本节根据研究需要，结合黄河流域经济、社会、生态等实际情况，对所需指标进行梳理、筛选，为后续基于 Oracle 数据库技术和 Hadoop 大数据技术构建黄河流域生态保护与高质量发展云数据库平台提供数据支撑。

一、指标设计的原则

黄河流域生态保护与高质量发展指标体系，是开展研究的基础，这些指标必须具有典型的代表性、可获得性以及系统的科学性等特征。选择过程严格遵循了三大原则和7项细则。

1. 逻辑相关设计原则。逻辑相关设计原则要求所有指标必须具有很强的逻辑结构关系，具体包括科学性与整体性原则和逻辑性与支撑性原则。黄河流域生态保护与高质量发展指标必须科学、客观、系统、全面地反映黄河流域生态保护与高质量发展的特点，指标之间必须具有清晰的结构性、层次性分级，保证指标体系没有重大遗漏，指标之间没有信息覆盖。

2. 数据相关设计原则。这一原则又包括可比性原则、可操作性原则和海洋主体原则。指标体系的一个重要原则就是数据的可比性原则，同时又要保证指标及其数据的可操作性。黄河流域生态保护与高质量发展指标体系涉及的范围较大、内容复杂，因此，必须以海洋经济为主体，所选指标数据的信息应该可靠易取，容易评价对比。

3. 趋势相关设计原则。趋势相关设计原则要求指标体系不能孤立于生态与经济自身的封闭系统，而是从复杂系统视角，充分考虑到黄河流域的可持续发展。既有经济指标，又包括社会、生态、科技、环境等指标；既要求指标的连续性、潜在性，又要求指标的国际化、规范化，保证指标体系的权威性。

二、解释结构模型方法

解释结构模型方法（interpretative structural modeling，ISM）是美国华费尔特教授于1973年开发的，主要用于分析复杂的社会经济系统结构问题。由于黄河流域生态保护与高质量发展系统的复杂性，经验方法和宏观经济系统的指标体系无法复制，必须借助于解释结构模型对黄河流域生态保护与高质量发展系统进行层级分解，通过建立多级递阶结构模型，揭示黄河流域生态保护与高质量发展系统指标间的递阶结构关系。解释结构模型的构建过程不复杂，容易掌握，非常实用，一般有三个步骤。

第一步，确定影响因素间的关联性，建立邻接矩阵。假定影响因素有4个，分别是S_1、S_2、S_3、S_4，则因素之间的关联系数定义为：（1）若S_i对S_j有直接影响，则在关联系数a_{ij}上赋值1，否则赋值0；（2）若S_i对S_j有直接影响，则在关联系数a_{ij}上赋值1，否则赋值0；（3）若S_i对S_j相互影响程度有较大差异，则影响大的赋1，影响小的0；（4）根据因素间的相互关系，建立因素的邻接矩阵$A = [a_{ij}]_{4 \times 4}$，其中$a_{ij} = 0$或1。

第二步，建立可达矩阵。将邻接矩阵 A 加上，然后再经过布尔运算求其幂。假设 $(A+I) \neq (A+I)^2 \neq (A+I)^3 \neq \cdots \neq (A+I)^{n-1} \neq (A+I)^n$，则定义可达矩阵 M 就是 $(A+I)^{n-1}$。如果在可达矩阵 M 中，有两个因素对行、列完全相同，则这两个因素可看作一个因素，消去其中一个因素所对应行、列，就得到缩减后的可达矩阵 M'。再对 M' 进行层次化处理，得到 M''。

第三步，层次与关系的划分。定义可达集 $R(S_i)$ 是由可达矩阵 M' 中第 S_i 行中所有值为 1 的元素所对应的列构成的因素集合。定义先行集 $A(S_i)$ 是由可达矩阵 M' 第 S_i 列中所有值为 1 的元素所对应的行构成的因素集合。若 S_i 是最上一级因素，则必须满足 $R(S_i) \cap A(S_i) = R(S_i)$，因此得到第一层级因素 $L_1 = \{S_i\}$，第一层级因素得到后，在可达矩阵 M' 中将该因素所在的行和列划去。用相同的方法求得第二层级，以此类推得到整个递阶结构。

黄河流域生态保护与高质量发展指标体系，就是根据解释结构模型，按照上述步骤得到的。

三、指标体系框架结构

黄河流域生态保护与高质量发展指标体系包括黄河流域社会经济发展指标体系和生态保护与高质量发展指标体系两部分。黄河流域社会经济发展指标体系包括 4 个一级指标，42 个二级指标。黄河流域生态保护与高质量发展指标体系包括 6 个一级指标，56 二级指标，53 个三级指标。指标体系在空间上涵盖黄河流域 9 个省份，时间序列为 2003～2019 年。指标体系架构如表 5 - 1 和表 5 - 2 所示，该指标体系中所选指标能比较完整描述黄河流域生态保护与高质量发展状况，为本书提供数据支持。

表 5 - 1   **黄河流域社会经济发展指标体系**

一级指标	二级指标
基础指标	消费者价格指数，地区人口总量，地区 GDP，黄河流域固定资产投资，黄河流域年末财务一般性预算收入，黄河流域年末财政一般性预算支出，黄河流域地区实际利用外资额，黄河流域地区金融机构年末储蓄存款总额，黄河流域金融机构存款总金额，黄河流域地区教育经费总额，黄河流域地区 R&D 经费总额，黄河流域地区就业人数，黄河流域城镇登记失业人数，黄河流域城镇就业人员总数
居民生活指标	黄河流域地区人均收入，黄河流域人均社会消费品零售总额，黄河流域人均可支配收入，黄河流域城镇军民家庭年末可支配收入，黄河流域城镇家庭消费性支出，黄河流域城镇居民年食品消费支出金额，黄河流域地区参加养老保险总人数，黄河流域地区参加失业保险总人数，黄河流域参加医疗保险总人数，黄河流域地区高等教育在校人数，黄河流域人均受教育年限

一级指标	二级指标
产业发展指标	黄河流域各产业从业人数，黄河流域各产业总产值，黄河流域各产业成本费用，黄河流域各产业利息支出，黄河流域各产业固定资产平均总值，黄河流域各产业利润总额，黄河流域各产业税金总额，黄河流域各产业利税总额
其他指标	黄河流域地区私家车拥有量，黄河流域地区移动电话拥有量，黄河流域互联网用户数，黄河流域信息产业产值，黄河流域能源消耗量，黄河流域企业家信心景气指数，黄河流域企业创新能力景气指数，黄河流域产业国际化景气指数，黄河流域产业发展环境景气指数

表 5 – 2   **黄河流域生态保护与高质量发展指标体系**

一级指标	二级指标
创新能力指标	博士/硕士在校生，R&D 人员全时当量，科研机构经费投入，R&D 经费内部支出，高技术产业固定资产投资额，高技术产业投资额占固定资产投资额比重，专利申请受理数，专利授权数，高等院校数，有 R&D 活动的规模以上企业数，研究与开发机构数，万人高等学校在校学生数，霍夫曼系数
对外开放指标	外商投资额占地区生产总值比重，实际利用外资占地区生产总值比重，进口总额占地区生产总值的比重，出口总额占地区生产总值的比重，技术市场成交额
经济发展指标	地区生产总值，第二产业增加值，第三产业增加值，人均地区生产总值，规模以上工业企业收入利润率，第三产业增加值占地区生产总值比重，高技术产业固定资产投资额，人均教育财政支出，社会消费品零售总额，全要素生产率，基尼系数，泰尔指数
民生改善指标	城乡居民人均可支配收入比值，人均可支配收入与人均 GDP 之比，人均教育文化娱乐支出占消费支出的比重，居民恩格尔系数，城镇登记失业率，常住人口城镇化率，人均教育财政支出，万人高等学校在校学生数，养老保险参保比例，每万人公共图书馆图书资源量，每千人口医疗机构床位/张
环境保护指标	环境污染治理投资占 GDP 比重，每万元 GDP 废水排放总量，每万元 GDP 工业固体废物产生量，化肥施用量，单位地区生产总值能耗，每万元 GDP 电耗总量，废气中二氧化硫排放量，废水排放总量，工业固体废物产生量
生态保护指标	保护区面积占辖区面积比重，本年新增水土治理面积，湿地面积占辖区面积比重，人均水资源量，造林面积，城市人均公园绿地面积

四、主要相关指标释义

黄河流域生态保护与高质量发展指标体系涉及指标众多，本节选取几个主要相关指标进行释义。

（1）地区 GDP：指在一定时期内，一个地区所生产出的全部最终产品和劳务的价值，被认为是衡量一个地区经济状况的最佳指标。

（2）黄河流域固定资产投资：固定资产投资是以货币表现的建造和购置固定资产活动的总量，黄河流域固定资产投资是反映黄河流域地区固定资产投资规模、速度和适用方向的综合性指标。

（3）地区 R&D 经费总额：R&D 经费，指在科学技术领域，为增加知识总量（包括人类文化和社会知识的总量）以及运用这些知识去创新应用而进行的系统创造性活动所投入的资金总额。

（4）地区就业人数：指本地区处于雇佣状态的劳动力数量。

（5）黄河流域工业固体废物处理量：指黄河流域地区将固体的废物进行焚烧或者最终置于符合环境保护规定要求的场所，并不再进行回取的工业固体废物数量。处置方法有填埋、焚烧、专业贮场（库）封场处理、深层灌注、回填矿井等。

（6）黄河流域工业废气排放量：指黄河流域地区企业场内燃烧和生产工艺过程中产生的各种排入空气的含有污染物的气体总量，按标准状态（273K，101325Pa）计算。

（7）各产业从业人数：指所有从事各产业劳动并取得经营收入或者劳动报酬的人员数目，体现了各产业劳动力规模情况。

（8）各产业成本费用：指从事各产业的企业为维持日常经营所支付的成本及费用。

（9）各产业总产值：各产业总产值是以货币形式表现的在一定时期内各产业的总产出规模和总产出水平。

（10）各产业利息支出：指从事各产业的企业筹集和使用资金而支付的利息费用的总和。

（11）各产业固定资产平均总值：固定资产是指使用年限在一年以上的资产，包括厂房、设备等。各产业固定资产平均总值是指在一定时期内（一般是一年）各产业所拥有的固定资产产值。

（12）各产业利润总额：指各产业所创造的利润总和，反映各产业创造利润的能力。

（13）各产业外商投资：指外商对各产业的直接投资的货币数额。

（14）各产业税金总额：指各产业所上缴的税金总和，反映产业提供税源的能力。

（15）各产业利税总额：指各产业所创造的利润和税收总和，反映各产业创造利税的能力。

第二节　黄河流域生态保护与高质量发展数据库

黄河流域生态保护与高质量发展数据库充分考虑分布式布置的需求，采用 Oracle 12c 借助 Viso 工具进行设计。

一、Oracle 数据库概述

Oracle 数据库系统是美国甲骨文公司提供的以分布式数据库为核心的一组软件产品，是目前最流行的客户机/服务器（C/S）或浏览器/服务器（B/S）体系结构的数据库之一。Oracle 数据库是使用最为广泛的数据库管理系统，作为一个通用的数据库系统，它具有完整的数据管理功能；作为一个关系数据库，它是一个完备关系的产品；作为分布式数据库，它实现了分布式处理功能。

Oracle 12C 数据库引入了一个新的多承租方架构，使用该架构可轻松部署和管理数据库云。此外，一些创新特性可最大限度地提高资源使用率和灵活性，如 Oracle Multitenant 可快速整合多个数据库，而 Automatic Data Optimization 和 Heat Map 能以更高的密度压缩数据和对数据分层。这些独一无二的技术进步再加上在可用性、安全性和大数据支持方面的主要增强，使得 Oracle 12C 数据库成为私有云和公有云部署的理想平台。

黄河流域生态保护与高质量发展云平台系统数据库选取 Oracle 12C 数据库，采用了分布式多层结构进行开发，客户端采用"瘦"客户端，且具备自动升级更新功能，具备网络负载平衡及容错处理功能。数据库访问采用了 Oracle 专用数据访问技术 ODAC，提供高效率数据访问以及提供跨平台能力的数据访问引擎。

二、黄河流域生态保护与高质量发展数据表

在数据库中，各表之间的创建关系表示某个表中的列如何链接到另一表中的列。在关系数据库中，关系不仅能防止数据冗余，而且引用完整性关系还能确保某个表中的信息与另一个表中的信息相匹配。

黄河流域生态保护与高质量发展数据库中设计地区基础指标、居民生活指标、产业发展指标、创新能力指标、对外开放指标、经济发展指标、民生改善指标、环境保护指标、生态保护指标等 13 个数据表和 5 个案例专题表，省市、地区、单位、年份、备注共 5 个主键，系统、全面、科学

覆盖了黄河流域生态保护与高质量发展体系的数据与功能要求，是目前国内唯一可实际操作运行的黄河流域生态保护与高质量发展数据库系统。

如图 5-1 所示的黄河流域生态保护与高质量发展数据库关系表，详细展示了各数据库与各类指标的匹配关系。

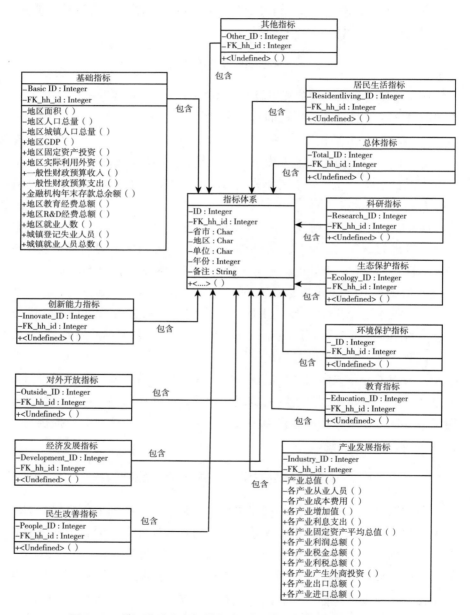

图 5-1　黄河流域生态保护与高质量发展数据库表间结构关系

三、黄河流域生态保护与高质量发展数据运行

在时间维度上，黄河流域生态保护与高质量发展数据库收录了1994～2019年的时间序列数据，并随时间不断更新；在空间维度上，收录了青海、四川、甘肃、宁夏、内蒙古、陕西、山西、河南和山东9个黄河流域省份，并涵盖了西宁、兰州、银川、西安、呼和浩特、太原、包头、鄂尔多斯、三门峡、洛阳、郑州、开封、济南、东营等黄河流域重要城市的部分数据。数据库用户通过数据库的"瘦"客户端界面实现数据库查询功能，管理员通过后台管理用户信息及使用权限，维护数据库的正常运行。

第三节　黄河流域生态保护与高质量发展云平台

基于多源数据融合的黄河流域生态保护与高质量发展云平台，是根据数据资源的分布性、异构性和面向服务等特点，以云平台环境动态化、个性化、智能化和交互性为基础，应用多源数据融合技术所构建的能够实现数据资源集成共享并支持黄河流域生态保护与高质量发展的智慧云平台，是提升黄河流域生态保护与高质量发展信息资源服务供给能力、满足外部资源支持需求的有力支撑。

一、黄河流域生态保护与高质量发展云数据库

结合黄河流域生态保护与高质量发展的指标体系和数据库，整合 Hadoop、Spark、HBase、MapReduce 等大数据框架，设计基于多源数据融合的分级分布式库群总体技术框架和数据库逻辑架构，制订数据汇聚方案、数据清洗方案、数据入库方案，构建黄河流域生态保护与高质量分级分布式库群和数据开发共享平台。

（一）云计算与 Hadoop 平台

1. 云计算。从技术演变来看，云计算是由分布式、虚拟拟化、并行式、效用计算以及负载均衡等传统的计算机网络技术发展起来的。从云计算的概念演变来看，云计算是基础设施即服务、效用计算、平台服务、虚拟化以及软件即服务等概念演进和技术理论的跃升发展。从学术界的定义看，云计算是可被虚拟化和动态扩展的一系列资源的综合体。用户既可以共享，又可以通过网络访问这些资源，只需要被授权租赁相关的云计算资源即可。

2. Hadoop 分布式平台。Hadoop 是由 Apache 设计开发的云计算开源系统，采用的是分布式计算框架，具有良好的容错性和较高的扩展性、可靠性。Hadoop 拥有 HDFS、Map/Reduc 和 HBase 等编程计算预分布式数据库三大核心技术。对于大规模的海量数据处理问题来说，与传统方法相比，Hadoop 不必购买昂贵的软件和硬件，也不需要大量编程，适用于大规模海量数据分割以及海量任务合理分配方面。未来黄河流域生态保护与高质量发展系统的高效、海量数据处理要求，恰好与 Hadoop 平台技术相适应。

（二）基于多源信息融合模型

根据黄河流域生态保护与高质量发展实践探索和理论研究中涉及的多层次、多时空、海量、多样、异构数据资源，首先，综合界定数据质量标准，建立完善、通用的数据质量保证体系，并设计合适的规则和数据预处理算法；其次，遵循"以用户为中心"和"需求导向"原则，提出适用于黄河流域生态保护与高质量发展动态的时空数据模型，从时态和空间双重属性对黄河流域生态保护与高质量发展空间数据和时态数据进行定义，实现对主体数据库、子数据库和专题子数据库系统多源数据的存储、查询等操作；再其次，结合时空数据特性建立数据起源追踪框架，再现黄河流域生态保护与高质量发展数据产生和演变过程，实现数据可靠性评估、异常追踪和快速定位、数据重构、数据引用等功能；最后，以需求分析为基础，确定黄河流域生态保护与高质量发展云数据库逻辑结构和物理结构，进行时间效率、空间效率及维护代价的评价，并从数据备份、系统备份、用户行为、空间占用和数据安全五个方面设计数据库优化和维护方案。

在大数据特征提取与描述方面，通常是建立在分析数据的分布特性上。方向梯度直方图是典型的基于分布情况的特征描述，它通过计算局部区域中不同方向上梯度值分布情况来表征数据。局部二值模式则是一种将数据结构与统计相结合的特征描述方法，可有效描述数据蕴含的信息。在特征描述方面，对二维数据进行三维曲面重构，在分析曲面内蕴几何特性的基础上，抽取该曲面的内蕴特征曲线，以此为特征来刻画几何特征。采用局部相位张量来描述，基于黎曼曲面的保角参数化也可用于描述数据的特征。

在大数据关联性分析与度量方面，常采用欧氏距离、余弦距离来度量数据间的相关性取得了较好的结果。将机器学习方法应用于相关性度量，提出距离度量学习方法，其思想是采用监督学习或非监督学习方法，学习一个有针对性数据相关性度量模型。在高维数据相关分析方面，典型相关分析和奇异值分解是两种具有统计意义的方法，它们都把数据分解为两两互不相关的独立特征，通过对应特征向量的数值分布确定数据间相关性。从数据间结构相关性的角度，局保投影和局部嵌入分析，可以从几何结构角度反映数据的相关性。还有一些方法将粗糙集的概念结合到类别属性数据聚类方法中，基于粗糙集的类别型属性选择方法进行相似性度量，用以分析数据的相关性。

在大数据特征融合与统一表示方面，大数据中提取的特征具有海量、异构的特点，特征之间还存在多种非线性的耦合关系。无须领域知识的主元分析是当前无监督类特征融合的主流方法，该方法通过将多个特征进行线性组合，在保留特征鉴别信息的同时约简了特征维度。然而，主元分析以线性变换的方式进行特征融合，当特征之间存在非线性耦合关系时，融合效果难以令人满意。核主元分析方法借助核函数将非线性耦合的特征映射到高维空间后进行线性融合。核函数类型与参数的选取对核主元分析的效果有重要影响。然而，目前核主元分析的核函数设置主要依靠经验和试验，无法保证特征融合效果的最优性。在对不同数据进行联合分析时，由于维数及表示方式的不同，难以实现向量数据与矩阵数据以及矩阵数据与张量数据的共同表示。耦合矩阵与张量分解法可以来实现矩阵与张量异构数据的表示。

（三）云数据库构建

基于云平台的黄河流域生态保护与高质量发展多源信息融合模型，根据对黄河流域生态保护与高质量发展的系统仿真、测度量化、水平评价、计算模拟、机制设计等对 9 个省份数据资源共建共享的需求，整合 Hadoop、Spark、HBase、MapReduce 等大数据框架，设计基于多源数据融合的黄河流域生态保护与高质量发展分级分布式库群总体技术框架和数据库逻辑架构，制订数据汇聚方案、数据清洗方案、数据入库方案，构建黄河流域生态保护与高质量发展分级分布式库群和数据开发共享平台；结合大数据的发展特点、趋势，设计 1 个主体数据库系统和多个不同的子数据库系统（经济子数据库、科技子数据库、生态子数据库、社会子数据库等）和相关专题子数据库系统，为黄河流域生态保护与高质量发展理论构建和具体实施提供数据支撑。

二、黄河流域生态保护与高质量发展云系统

基于黄河流域生态保护与高质量发展数据共享的主体和客体，确定黄河流域生态保护与高质量发展分级分布式库群数据共享平台的运行机制体

系，包括开放获取机制、分级分类存储机制、整合共享机制、技术支撑机制和管理协同机制，确保数据库群平台的良性运转。

（一）黄河流域生态保护与高质量发展云平台网络架构

黄河流域生态保护与高质量发展云平台网络架构分为用户层、网络层和系统层，如图5-2所示。

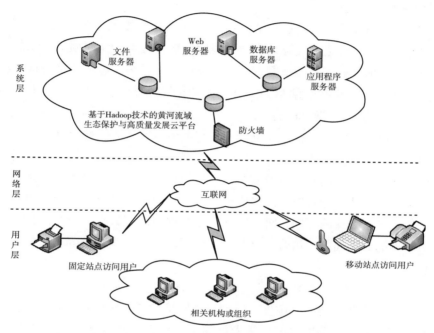

图 5-2　黄河流域生态保护与高质量发展云平台网络架构

图 5-2 的底层为用户层，又称应用层，包括政府机构、科研部门和一些关联用户，一些被授权的平台服务均通过公共网络向此类用户开放。中间层是网络层，通过 Internet 为上下层提供信息通讯。上层是系统层，又称平台层，是负责黄河流域生态保护与高质量发展云平台服务的关键层，包括平台系统中的互联设备、数据库服务器、Web 服务器、文件服务器、应用程序服务器等硬件和软件配置。其中 Web 服务器、文件服务器、数据库服务器、应用程序服务器等硬件设备可以供不同地域的用户使用。该平台系统能够大规模、系统、科学地处理和存储黄河流域生态保护与高质量发展系统的相关数据，为用户层提供稳定、持续、安全、可靠、及时、准确的黄河流域生态保护与高质量发展实时发生情况和分析结果。

（二）黄河流域生态保护与高质量发展云平台系统框架

针对黄河流域生态保护与高质量发展资源分布特征以及现有平台存在

缺乏互动、效率偏低、信息孤岛等问题，以多源数据为基础构建黄河流域生态保护与高质量发展云平台的系统框架及层次结构，如图5-3所示。

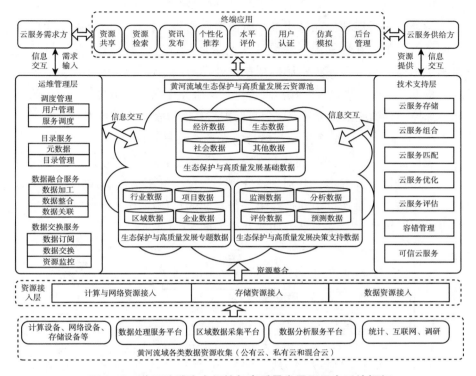

图5-3 黄河流域生态保护与高质量发展云平台系统框架

黄河流域生态保护与高质量发展云平台采用 Web 3.0 技术，充分考虑了平台的安全性能，其设计特点有以下四个方面。

第一，基于 Web 3.0 的云平台数据融合方案、云资源池构建方法以及协调与运营模式，实现基于全过程的黄河流域生态保护与高质量发展数据监测、分析与预测。

第二，以实现云平台各主体功能需求为目的，构建多层次多主体协同联动的黄河流域生态保护与高质量发展云平台运行机制，包括资源接入动力机制、平台运行控制机制及应用服务市场机制。

第三，黄河流域生态保护与高质量发展云平台安全性设计。根据黄河流域生态保护与高质量发展的网络安全需求和云平台应用特点，基于PDRR 安全模型及其改进模型，设计以服务为核心、以管理为手段，加入风险评估环节的 SMPDARR 安全模型，并通过数据加密及传输安全、网站恢复与实时恢复、服务器内核加固系统等构建具体的网络安全方案及物理网络架构加以实现。

第四，黄河流域生态保护与高质量发展云平台扩展性设计。云平台快速弹性、高度可扩展的属性决定了其基础网络结构的可扩展性，在规模拓展性设计上必须能适应在试用推广阶段之后的服务器、存储资源、计算资源的持续增加，在性能拓展性设计及网络产品选择时必须留出扩展接口，以满足图像、视频等各类资源数据挖掘处理对网络性能要求的不断提升。

根据共享经济理论及合作治理理论，从服务理念、合作共享、应用效果和外部控制等维度设计黄河流域生态保护与高质量发展云平台管理策略。

（三）黄河流域生态保护与高质量发展云平台功能架构

黄河流域生态保护与高质量发展云平台功能主要体现了其服务的能力，具体设计分为五层，分别是系统层、数据层、平台层、应用层和接入层，其中应用层是通过中间件技术进行封装的具体应用模块，目前按照需要设置了 8 项功能，其云平台功能框架如图 5 - 4 所示。

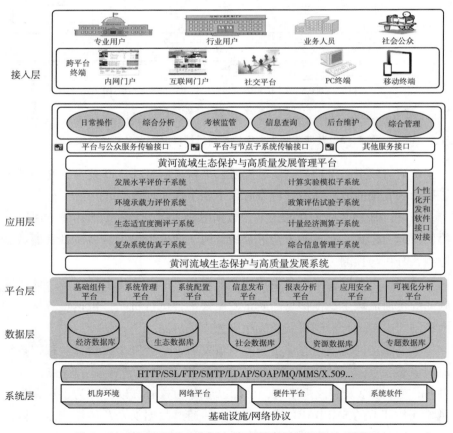

图 5 - 4　黄河流域生态保护与高质量发展云平台功能框架

1. 系统层。系统层为整个云平台提供硬件网络等最底层的支持，具体包括机房环境、网络平台、硬件平台和系统软件，通过 HTTP、SSL、FTP、SMTP 等协议，为数据层提供硬件网络支持。

2. 数据层。数据层为整个云平台提供数据支持，通过 Oracle 数据库结合 Hadoop 技术，进行合理的数据规划存储，由经济数据库、生态数据库、社会数据库、资源数据库和若干个专题数据库组成。

3. 平台层。平台层为整个云平台提供应用服务，通过封装基础组件、系统管理组件、系统配置组件、信息发布组件、报表分析组件、应用安全组件和可视化分析组件等中间服务，为具体应用提供中间件服务。

4. 应用层。应用层为整个云平台的核心，可以为政府、研究人员和社会公众提供各类具体的应用服务，具体包括黄河流域生态保护与高质量发展相关的发展水平测度、环境承载力评价、生态适宜度评价、复杂系统仿真、计算实验模拟、政策评估试验、计量经济测算和综合信息管理等具体模块应用。

5. 接入层。接入层为整个云平台的接口，位于整个框架的最上层，主要是为各类用户通过不同的平台终端提供获取信息的通道。一般情况下，接入层提供两种途径的访问模式：一种是给一般用户提供的根据不同类型终端的特定服务，一般根据平台应用层的功能按权限提供；另一种是对开发人员和管理人员的接口服务，可满足对后端底层数据和服务的管理、维护和功能提升。

（四）黄河流域生态保护与高质量发展云平台建设实施与管理

在云平台网络架构和功能框架设计的基础上，需要选择相应的环境进行安装、配置，以满足提供各类人员信息服务的需要。本节从建设实施和维护管理两个方面简要说明。

1. 黄河流域生态保护与高质量发展云平台的建设实施。对于黄河流域生态保护与高质量发展数据云平台技术上采用 Hadoop 技术，整个平台搭建按照以下六个步骤完成。

第一，集群规划、集群环境准备。首先安装 ZooKeeper，用来保证数据在 zk 集群之间的数据的事务性一致；其次安装配置 Hadoop 集群并进行验证；最后配置 Hbase 集群。

第二，利用 Flume 采集数据。考虑对于非结构化分布式的采集数据转存到分布式文件系统 HDFS 的效率"瓶颈"问题，首先基于分布式处理，运用 Flume 服务器集群采集客户服务器上的数据，然后发送到 HDFS 中进行存储。

第三，使用 Sqoop 导入数据。对溯源中的主体信息、节点信息、交易信息等大量结构化数据，需要采集到数据仓库中加以分析利用，利用 Sqoop 导入 Hive 数据仓库中，丰富数据平台的数据来源。

第四，建立基础设施层，利用成熟的互联网技术和移动无线技术进行大数据的采集，采集各主体及节点的交易变化数据和环境变化数据，采集信息要保证完整性、便捷性和真实性。

第五，建立信息处理层，采用基于 Hadoop 平台的数据存储和管理方案，保证了系统能用较少的投入获取大数据存储分析的能力。在数据存储中，考虑到数据中可能包含非结构化和半结构化数据，有必要采取分布式的存储系统，因此采取将高一致性的结构化数据存储在传统关系型数据库中，将非结构化、低一致性数据存储到 HDFS 或者分布式 NoSQL 数据库中。在管理方案中需要实现按需读取数据、进行数据清洗和数据运算、按要求返回结果等功能，该层封装了一些可扩展的大数据分析算法的实现，同时针对溯源需求和政府监管需求，在基本算法之上实现了若干其他分析工具，提高程序应用的效率。

第六，建立服务提供层，对政府部门、企业和科研人员提供不同层次的服务。该分布式系统可提供三种方式的服务：基础设施服务、信息查询服务、大数据平台服务，能够在不同应用级别上满足用户的不同的应用需求。

2. 黄河流域生态保护与高质量发展云平台建设的维护管理。以黄河流域生态保护与高质量发展云数据库及云平台框架研究为基础，采用 Web 3.0 模式及 Mashup 技术，建设基于多源数据融合的黄河流域生态保护与高质量发展云平台，对黄河流域生态保护与高质量发展资源数据进行统一规范管理，实现云数据库共建、信息共享，具体内容包括：首先，根据数据复杂性和资源多样性，确定云平台及其数据库的规则与标准，建立完善的分类体系；其次，基于云平台的系统结构模型，分析并设计系统的数据结构、功能模块、操作系统等；再其次，为不同类型及不同终端用户提供个性化服务应用，实现云平台资源发布、推送和共享，提高资源利用效率和挖掘深度；最后，设计云平台数据反馈流程、动态评价模型和预测预警模型以及异常情况处理流程，提出平台发生差错时的补救措施。

第六章　黄河流域生态保护与高质量发展系统仿真

　　黄河流域生态保护与高质量发展是经济、社会、科技、文化、生态"五维一体"的全面发展，从复杂系统视角来看，黄河流域生态保护与高质量发展系统具有典型的复杂性、不确定性、非线性特征，是动态开放的复杂系统。黄河流域生态保护与高质量发展问题涉及生态保护问题、流域经济问题、资源配置问题、协同创新问题、空间布局问题、贫困问题、民族问题等。这些问题相互交织、渗透，形成一个具有历史演化特征的复杂问题网络。深入剖析黄河流域生态保护与高质量发展"五维一体"系统的演化特征，明晰黄河流域生态保护与高质量发展系统结构、功能、方向的关键控制变量，是理顺高质量发展逻辑关系，确立黄河流域生态保护与高质量发展首要抓手的关键。

第一节　黄河流域生态保护与高质量发展复合系统解析

　　系统动力学是研究社会系统动态行为的计算机仿真方法，是一门认识系统问题和解决系统问题的综合性学科。该方法从系统的内部结构来寻找问题发生的根源，而不是用外部的干扰或随机事件来说明系统的行为性质。系统动力学把研究对象划分为若干子系统，并且建立起各个子系统之间的因果关系网络，立足于整体以及整体之间的关系研究。

　　为此，根据黄河流域生态保护与高质量发展系统的基本特征以及黄河流域经济社会活动的作用对象，将黄河流域生态保护与高质量发展复合系统构造为经济、科技、社会、生态、文化"五维一体"的复合系统。解析复合系统的内在机理与运行机制，要从分析复合系统的构成要素、要素结构、影响因素、影响机制等方面入手，并将定性研究方法与定量研究方法相结合，把握影响因素之间的联系及其对系统发展趋势的影响。黄河流域生态保护与高质量发展复合系统的结构模型及子系统之间的关联关系如图6-1所示。

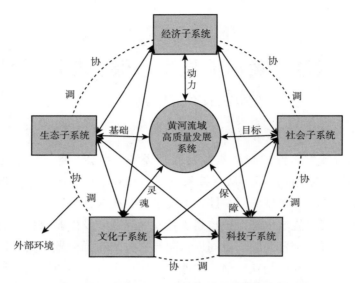

图6-1 黄河流域生态保护与高质量发展系统结构模型

一、经济子系统

黄河流域的高质量发展应注重经济发展的质量和效益。经济发展不仅意味着国民经济规模的扩大，更意味着经济和社会生活素质的提高。一般用国民生产总值（GDP）来作为衡量经济发展水平的重要指标。产业结构调整是实现经济高质量发展的重要途径，第三产业具有资源消耗相对较低、环境污染较少、就业弹性较高等特点，是促进产业结构高度化的重要因素，因此第三产业增加值占地区生产总值的比重可以作为一项重要的经济发展质量效益衡量指标。在黄河流域生态保护与高质量发展系统经济子系统中，各因素在经济子系统内部互相作用，同时与其他子系统互相影响、协调发展，实现黄河流域的健康、稳定、持续发展，提高国民经济素质和综合国力，扩大就业，提高人民生活质量。

二、科技子系统

科技是经济高质量发展的"发动机"，是提升黄河流域经济实力的主要驱动力。促进科技成果转化、加速科技成果产业化，已经成为科技政策的新趋势。科技子系统主要包括科技创新的投入与产出，投入分为人力投入与财力投入两部分，R&D 人员全时当量、科研机构经费投入分别反映黄河流域科技创新活动的投入情况，人才的培养、吸引和保留为黄河流域发展提供动力，研发经费的投入为科技发展奠定坚实的物质基础，科技创新成果的产出转化可以形成新产品、新工艺、新材料，提高生产力，从而推动黄河流域的产业发展。在科技子系统中描述了科技创新投入与产出的影响关系，投入越高，产出越多。

三、生态子系统

没有良好的生态环境作为基础，难以实现黄河流域生态保护与高质量发展。良好的生态环境能够从根本上保证黄河流域发展的健康、稳定、持续性，生态子系统是一个动态平衡系统，与人类社会联系密切，是人类赖以生存的物质基础。经济发展必须遵循自然规律，承载能力，绝不允许以牺牲生态环境为代价，换取眼前的和局部的经济利益，要坚持污染防治与生态环境保护并重，正确处理资源开发与环境保护的关系，坚持在保护中开发，在开发中保护。黄河流域总体干旱少雨，存在水资源总量不足、空间分配极不均衡等问题。在生态子系统中，将黄河流域水资源补偿机制和黄河流域污染治理问题作为重点研究对象。

四、社会子系统

中国特色社会主义进入新时代，我国社会主要矛盾已经转化为人民日益增长的美好生活需要和不平衡不充分的发展之间的矛盾。因此，高质量发展以社会子系统为发展目标，是体现新发展理念的发展，目的是通过"以人民为本"的全面发展，更好地满足人民日益增长的美好生活需要。民生是人民幸福之基、社会和谐之本。推动黄河流域生态保护与高质量发展，应把利于民生作为落脚点。社会子系统以就业为核心，关注缩小城乡居民收入差异，根本目的在于提高人民群众的生活质量。

五、文化子系统

在黄河流域生态保护与高质量发展系统中，文化子系统以教育为核心，教育的进步为经济社会的发展提供了强劲的动力，科学知识的掌握与劳动技能的培养都离不开教育。在国家发展过程中，文化的传承与发展是一个长久的过程。通过教育促进文化的传播，实现科学知识的再生产，教育主体学校特别是高等学校，在传授知识的同时，更承担着从事科学研究的重要任务。通过科学研究可以生产新的科学知识、新的生产力，创造出的许多新生产工艺能够直接参与物质生产过程，推进生产力的发展。

黄河流域生态保护与高质量发展系统的"五维一体"结构中，生态子系统是高质量发展的底线和原则，底线是不能破坏和影响黄河流域的生态保护，原则是坚持可持续发展模式，发展代价在可承受范围之内，能在最大范围内增进沿线人民福祉。为实现经济发展与环境绩效的"双赢"，必须坚持创新驱动的原则，因此科技子系统是黄河流域生态保护与高质量发展的重要保障。子系统之间利益协同的方式可采用合作、协调和整合方式，通过合作达成子系统之间的利益目标，通过协调将局部利益与整体利益进行统一，通过整合将更多利益主体、利益范畴统筹起来，达到更高层面、更广范围的利益一致性。

第二节　黄河流域生态保护与高质量发展系统建模

系统动力学建模的关键在于对经济社会问题理解之上的抽象刻画。从系统方法论来讲，系统动力学是结构方法、历史方法与功能方法的统一。其采用定性定量相结合的手段，通过数学模型的建立与操作过程的实现，挖掘出产生形态变化的因果关系。因此，黄河流域生态保护与高质量发展系统动力学模型的构建包括系统结构要素分析、子系统因果关系构建、定量关系分析及数学模型构建等环节。

一、复合系统变量设计

黄河流域生态保护与高质量发展系统结构要素从经济、科技、生态、社会、文化五个子系统选取，通过参考不同文献，不断分析各子要素之间的相互作用关系，确定各个子系统的结构要素与指标。经济子系统是黄河流域生态保护与高质量发展的动力系统，通过产业结构和经济发展水平对高质量发展产生影响，包括 GDP、第一产业增加值、第二产业增加值、第三产业增加值、人均 GDP 等指标；科技子系统是黄河流域生态保护与高质量发展的保障，通过科技创新能力的提高助推高质量发展，包括 R&D 人员投入、R&D 经费投入、发明专利数、高技术产业产值等指标；生态保护是高质量发展系统的基础，生态子系统指标包括废水排放量、固废排放量、废气排放量、能源消费总量、环境治理投资额、自然保护区面积等具体指标；社会和谐发展、人民生活水平提高是高质量发展的根本目的，因而社会子系统是高质量发展系统的目标，通过人口增长与就业改善对高质量发展系统发挥作用,主要包括人口数、出生人口数、死亡人口数、就业人口数、就业人口比重等;文化子系统是高质量发展系统的灵魂,为高质量发展培养所需人才,提高人口素质,从而推动生态保护与高质量的发展,包括教育财政支出、高等学校招生数、在校数、毕业数等。黄河流域生态保护与高质量发展结构要素指标体系如表6-1所示。

表6-1   黄河流域生态保护与高质量发展系统结构要素指标体系

子系统	结构要素指标
经济子系统	GDP、第一产业增加值、第二产业增加值、第三产业增加值、人均GDP、固定资产投资额、进出口总额、外贸依存度、第三产业比重
科技子系统	R&D人员投入、R&D经费投入、高技术产业固定资产投资额、高技术产业产值、发明专利数
生态子系统	废水排放量、固废产生量、废气排放量、能源消费总量、环境治理投资额、自然保护区面积
社会子系统	人口数、出生人口数、死亡人口数、就业人口数、就业人口比重
文化子系统	教育财政支出、高等学校招生数、在校数、毕业数

二、复合系统因果关系

在黄河流域生态保护与高质量发展系统中,科技创新作为引领发展的第一动力,推动经济增长方式的转变,促进经济结构的优化,对经济增长具有明显的驱动作用,经济的增长能带来就业的增长,经济发展状况的好坏直接影响着就业水平的高低。就业是民生之本,安国之策,是保证社会稳定发展的强有力手段。经济发展为科技进步提供必要的物质基础,教育又为经济发展提供了重要的知识基础和先进的科技成果。生态保护与其他子系统之间同样互相影响,加强环境保护需要大量资金投入,能够拉动内需、增加就业,促进经济增长;通过文化教育的投入,可以培养提高人们保护生态环境的意识;合理地利用科学技术可以实现生态环境的改善,开发更多新的资源,减少对大自然的索取,实现生态平衡。综合经济子系统、科技子系统、生态子系统、社会子系统和文化子系统的因果关系分析,黄河流域生态保护与高质量发展系统的因果关系模型如图6-2所示。

图6-2中展示了黄河流域生态保护与高质量发展系统变量间的正负因果极性,描述了系统的内部、外部结构关系,其中主要的反馈回路为:地区生产总值→财政支出→文化教育投入→高等学校在校大学生数→硕士博士生人数→科技人才→科技进步→能源利用能力→能源消耗量→总人

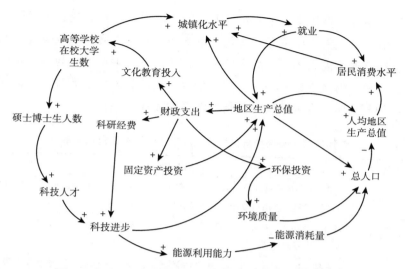

图 6 - 2　黄河流域生态保护与高质量发展系统因果关系

口→人均 GDP→居民消费水平→城镇化水平→就业。科技进步主要通过提高能源利用能力，降低能源消耗量，或通过提高地区生产总值，促进就业等途径提高居民消费水平。

三、系统动力学流图

在黄河流域生态保护与高质量发展系统因果关系分析的基础上，进一步分析各子系统的动态过程，运用系统动力学原理方法，构建经济、科技、生态、社会、文化"五维一体"的黄河流域生态保护与高质量发展系统动力学流图。

（一）经济子系统动态过程

经济子系统是整个系统的核心子系统，是科技、社会、生态、文化系统发展的保障，同时又受到其他子系统的制约。为了全面、系统地衡量经济发展，本章将地区生产总值、第三产业增加值、进出口总额作为系统的状态变量，GDP 年增加量、第三产业年增加量、进出口总额年变化量可作为速率变量，其余指标为该系统的辅助变量。地区生产总值反映地区经济发展的状况，第三产业占 GDP 比重反映产业结构的优化，外贸依存度来衡量经济的开放程度，高技术产业产值占 GDP 比重代表产业的转型升级。据此，黄河流域生态保护与高质量发展经济子系统的动态过程如图 6 - 3 所示。

（二）科技子系统动态过程

科技子系统是经济高质量发展的动力系统，科学技术越来越成为推动

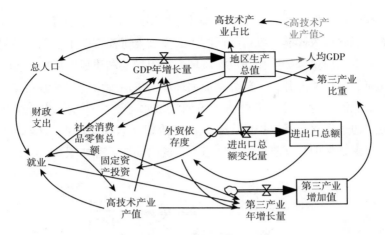

图6-3 经济子系统动态过程

经济社会发展的主要力量，是推动高质量发展的关键所在。科技创新关键在于培养一流的人才，加大人才投入，充分发挥人才的积极性和创造性。研发经费投入为科技发展提供了坚实的保障，研发投入强度是指R&D经费支出占GDP的比重，可以反映国家或地区对科研的重视程度，是衡量科技可持续发展能力的重要指标。在科技子系统中，选取以下几个指标来衡量：R&D经费投入、研发投入强度、R&D人才投入、发明专利数、高技术产业固定资产投资、高技术产业年增长率、高技术产业产值。高技术产业产值作为状态变量，高技术产业年增长量为速率变量，剩余指标变量为系统的辅助变量。黄河流域生态保护与高质量发展科技子系统的动态过程如图6-4所示。

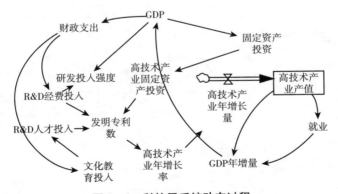

图6-4 科技子系统动态过程

（三）生态子系统动态过程

传统的粗放式发展模式使得环境污染问题日益突出，严重影响居民的正常生活和区域发展的可持续性。生态补偿机制是构建一个地区生态平衡的重要举措，能够最大程度上维持地区的生态发展，进而带动地区的经济社会发展。做好生态环境保护工作是黄河流域生态保护与高质量发展的基础，生态子系统应当包括两部分：一部分是加大环境污染治理力度，控制污染物的排放，降低能源消耗；另一部分由于黄河流域水土流失严重，水资源短缺不足，应当通过建立自然保护区、水土流失治理等方式实现生态环境的改善。黄河流域生态保护与高质量发展生态子系统的动态过程如图6-5所示。

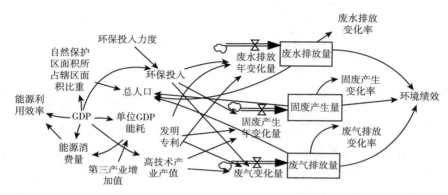

图6-5　生态子系统动态过程

在上述经济、科技、生态三个子系统动态过程分解的基础上，纳入社会、文化子系统的相关要素，构建"五维一体"协同发展下黄河流域生态保护与高质量发展进程的系统动力学流图如图6-6所示。

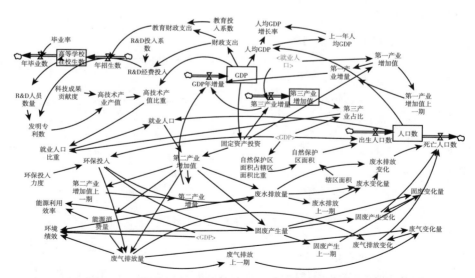

图6-6　黄河流域生态保护与高质量发展系统动力学流图

四、变量间的数学关系

以山东省 2005～2019 年各年度面板数据为依据（黄河流域其他省份参数设置根据本地区同期面板数据进行调整），归纳整理出黄河流域生态保护与高质量发展系统动力学模型中各子系统变量之间的数学关系共 38 个，其中，经济子系统 12 个、科技子系统 5 个、生态子系统 12 个、社会子系统 5 个、文化子系统 4 个。

（一）经济子系统

经济子系统主要变量有 GDP、人均 GDP、就业人口数、总人口数、GDP 年增量、第一产业增量、第二产业增量、第三产业增量、第三产业比重、财政支出、外贸依存度、进出口总额、固定资产投资和高技术产业产值共 14 个变量，涉及 12 个公式，各变量之间的数学关系如下：

GDP = INTEG（GDP 年增量，18294）

GDP 年增量 = 第一产业增量 + 第三产业增量 + 第二产业增量

人均 GDP = GDP/总人口数

第二产业增加值 = 1.305 × 高技术产业产值 + 11.329 × 就业人口 + 0.002 × 固定资产投资 − 57845

第一产业增加值 = 0.093 × 高技术产业产值 + 0.009 × 固定资产投资 + 2.259 × 就业人口 − 11577.5

第三产业增加值 = INTEG（第三产业增量，5938）

第三产业增量 = 2.36 × 就业人口 − 2163.52 × 外贸依存度 − 11913.8

第三产业比重 = 第三产业增加值/GDP

财政支出 = 0.15 × GDP − 1677.81

外贸依存度 = 进出口总额/GDP

进出口总额 = 1.167 × 第二产业增加值 − 0.433 × 第三产业增加值 − 5215.36

固定资产投资 = GDP × 0.869 − 10009.8

（二）科技子系统

科技子系统主要变量有财政支出、发明专利数、R&D 经费投入、R&D 人员数量、R&D 投入系数、固定资产投资、高技术产业产值和高等学校在校生数共 8 个变量，涉及 5 个公式，各变量之间的数学关系如下：

高技术产业产值 = 0.028 × 发明专利数 + 1.1 × 高技术产业固定投资额 + 852.252

发明专利数 = 146.852 × R&D 经费投入 + 0.242 × R&D 人员数量 − 9730.87

高技术产业固定投资额 = 0.039 × 固定资产投资 - 226.533

R&D 经费投入 = R&D 投入系数 × 财政支出

R&D 人员数量 = 0.308 × 高等学校在校生数 - 293852

（三）生态子系统

生态子系统主要变量有 GDP、环保投入、辖区面积、自然保护区面积、自然保护区面积占辖区面积比重、环境绩效、能源消费量、环保投入力度、能源利用效率、第二产业增加值、固废变化量、固废产生量、废水变化量、废水排放量、废气变化量、废气排放量、废水排放变化指数、固废产生变化指数和废气排放变化指数共 19 个变量，涉及 12 个公式，各变量之间的数学关系如下：

自然保护区面积 = 自然保护区面积占辖区面积比重 × 辖区面积

固废产生变化指数 = 固废变化量/固废产生量

废水排放变化指数 = 废水变化量/废水排放量

废气排放变化指数 = 废气变化量/废气排放量

自然保护区面积占辖区面积比重 = $3.781 × 10^{-8}$ × GDP + 0.069

固废产生量 = 0.703 × 第二产业增加值 - 3.67 × 环保投入 + 2617.53

废水排放量 = 15.044 × 第二产业增加值 - 113.51 × 环保投入 + 149922

废气排放量 = -25.788 × 环保投入 + 2.24 × 第二产业增加值 + 0.246 × 能源消费量 - 1634.54

环保投入 = GDP × 环保投入力度

能源利用效率 = GDP/能源消费量

环境绩效 = SQRT((GDP/固废产生量)^2 + (GDP/废气排放量)^2 + (GDP/废水排放量)^2)

能源消费量 = 0.492 × 第二产业增加值 + 22619.9

（四）社会子系统

社会子系统主要变量有 GDP、总人口数、出生人口、死亡人口、就业人口、固废产生变化、废水排放变化、废气排放变化、就业人口比重、固定资产投资、高技术产业产值和自然保护区面积共 12 个变量，涉及 5 个公式，各变量之间的数学关系如下：

总人口数 = INTEG（出生人口 - 死亡人口，9248）

出生人口 = 总人口数 × Lookup［As Graph］

死亡人口 = 总人口数 × Lookup［As Graph］

就业人口 = 就业人口比重 × 人口数

就业人口比重 = $-2.973 × 10^{-6}$ × 固定资产投资 - $4.625 × 10^{-6}$ × 高技

术产业产值 $+4.016 \times 10^{-6} \times GDP + 0.598$

（五）文化子系统

文化子系统主要变量有招生数、毕业数、财政支出、教育财政支出和高等学校在校生数共5个变量，涉及4个公式，各变量之间的数学关系如下：

高等学校在校生数 = INTEG（招生数 - 毕业数，171280）

招生数 = 99.081 × 教育财政支出 + 406777

毕业数 = 毕业率 × 高等学校在校生数

教育财政支出 = 教育投入系数 × 财政支出

五、模型参数检验

在分析黄河流域生态保护与高质量发展系统因果关系和绘制流图的过程中，模型通过了系统边界检验和运行检验。同时，系统各项指标的仿真值与实际值的对比结果显示，所建模型及其数理关系能够较好地解释变量之间的因果关系。以 GDP 和总人口为例，山东省 2005～2017 年的预测值与实际值的对比检验结果分别如表 6 - 2 和图 6 - 7 所示。

表 6 - 2　　　2005～2017 年山东省"五维一体"系统仿真相对误差

年份	GDP			总人口		
	实际值（亿元）	仿真值（亿元）	误差（%）	实际值（万人）	仿真值（万人）	误差（%）
2005	18497	18497	0.0	9248	9248	0.0
2006	22060	23895	8.3	9309	9300	-0.1
2007	25983	27808	7.0	9367	9347	-0.2
2008	31212	31329	0.4	9417	9398	0.4
2009	34219	34868	1.9	9470	9453	0.4
2010	39571	38569	-2.5	9588	9512	-0.1
2011	45875	42496	-7.4	9637	9576	0.1
2012	50627	46690	-7.8	9685	9644	0.3
2013	55912	51187	-8.5	9733	9718	0.7
2014	60165	56017	-6.9	9789	9797	1.0
2015	63859	61213	-4.1	9847	9882	1.3
2016	67926	66812	-1.6	9947	9974	1.3
2017	72634	72846	0.3	10006	10072	0.7

资料来源：2006～2018 年的《山东统计年鉴》。

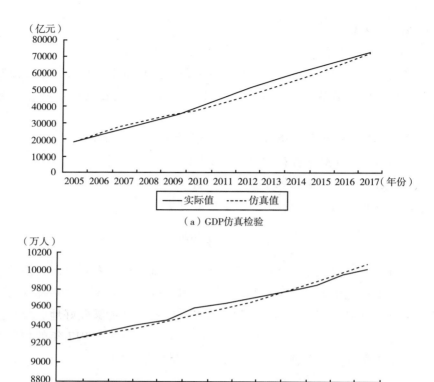

（a）GDP仿真检验

（b）总人口数仿真检验

图6-7　系统动力学仿真结果检验

　　图6-7直观地显示了实际值与仿真值之间的差异，总体来看，所构建的系统动力学模型能够较好地仿真系统的演化趋势。由表6-2可见，实际值与仿真值的拟合效果较好，误差介于-0.1%~8.5%，总人口数的误差均在2%以下，均能够反映黄河流域生态保护与高质量发展动力系统的实际运行情况，可作为进一步进行预测分析和政策模拟的工具。

第三节　黄河流域各省份生态保护与高质量发展趋势仿真

　　基于构建的黄河流域生态保护与高质量发展系统动力学模型，运用Vensim PLE软件对黄河流域9个省份高质量发展的演化趋势进行长时间尺度的仿真模拟，探究"五维一体"系统发展的协同联动关系，揭示黄河流域生态保护与高质量发展复合系统的演化趋势与规律，为全面把握黄河流域沿线地区经济、社会、科技、文化、生态各发展维度的时空差异特征及成因奠定实证基础。

一、青海省"五维一体"系统仿真

青海省地处黄河流域的上游，是"丝绸之路"必经之地，也是"一带一路"的重要通道。青海是长江、黄河、澜沧江的发源地，故被称为"江河源头"，又称"三江源"。从 2017 年开始，青海省产业结构实现从"二三一"向"三二一"过渡，2019 年全省生产总值 2965.95 亿元，第一产业增加值 301.90 亿元，第二产业增加值 1159.75 亿元，第三产业增加值 1504.30 亿元；第一产业增加值占全省生产总值的比重为 10.2%，第二产业增加值比重为 39.1%，第三产业增加值比重为 50.7%；人均生产总值 48981 元。常住人口 607.82 万人，城镇化率为 55.52%。普通高等教育招生 2.98 万人，在校生 8.86 万人，毕业生 2.37 万人。高技术产业发展缓慢，占 GDP 比重还未达到 10%。[1] 以 2005～2019 年面板数据为依据，青海省 2005～2035 年"五维一体"系统核心要素的演化趋势如图 6-8 所示。

由图 6-8 可见，按照目前的发展模式，受环境因素制约，青海省未来 20 年人均 GDP 增长较为平缓，人均 GDP 增长量为 4369.7 元，就业人口比重几乎呈现停滞状态，维持在 54% 左右，高技术产值比重仅为 0.0417，说明在青海省的发展过程中，科技创新对经济的影响微乎其微。第三产业比重突破 50%，达到 56.2%，比第二产业比重高 19.3 个百分点，在经济总量中已超过"半壁江山"，三次产业比重分别为：6.91%、36.89%、56.20%。这标志着青海省经济发展呈现新的格局，产业结构"三二一"态势进一步增强。在黄河流域 9 个省份中，青海省科研投入是最少的。此外，在目前的发展水平下，青海省环境绩效仅为 0.625，能源利用效率为 1.022，均处于较低水平。据此分析，青海省高质量发展应重视生态环境保护，实施科教兴青和人才强省战略，不断提高自主创新能力，扎实有效地推进创新型青海建设，推动经济结构转型升级、降低资源消耗，在产业转型升级、生态环境保护方面加大力度。

---

① 2018～2020 年的《青海统计年鉴》。

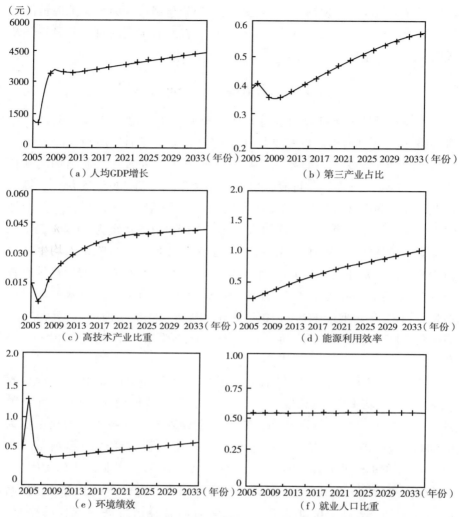

图 6-8　青海省 2005~2035 年"五维一体"系统仿真结果

二、四川省"五维一体"系统仿真

四川省位于我国西南部、黄河上游,是中国西部地域辽阔、资源丰富、人口众多的一个多民族聚居的内陆大省。经济方面,2019 年四川省地区生产总值为 46615.8 亿元,其中,第一产业增加值 4807.2 亿元,第二产业增加值 17365.3 亿元,第三产业增加值 24443.3 亿元,三次产业对经济增长的贡献率分别为 4.0% 、43.4% 和 52.6% 。三次产业结构由上年的 10.3∶37.4∶52.3 调整为 10.3∶37.3∶52.4 。四川省工业经济实力雄厚,诸多行业在全国占有重要地位,战略性新兴产业也在快速发展。社会方面,2019 年末常住人口

8375万人，城镇化率为53.79%。① 四川省高校众多，具有科技发展的人才优势。四川地区蕴含着丰富的自然资源和教育资源，具备经济高质量发展的深厚基础。以2005～2019年面板数据为依据，四川省2005～2035年"五维一体"系统核心要素的演化趋势如图6-9所示。

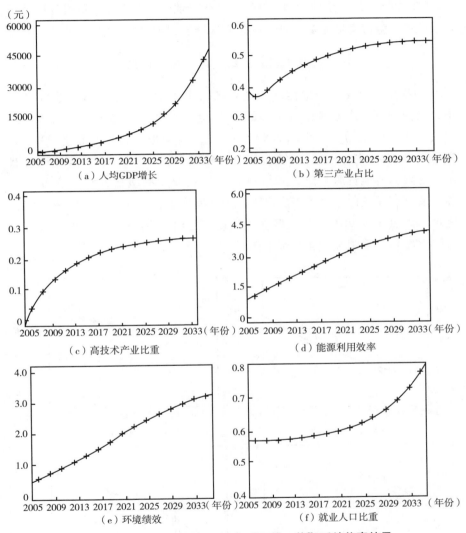

图6-9 四川省2005～2035年"五维一体"系统仿真结果

由图6-9可见，未来20年四川省年人均GDP增长迅速，到2035年，人均GDP增长量达403474元，就业人口比重增长到79%，高技术产业比重

① 《四川统计年鉴》（2020）。

后期增加缓慢，仅占到25.98%，四川省需进一步加大对科技创新的投入力度，加快产业转型升级，培育发展新动能，推动经济高质量发展。生态环境方面，环境绩效与能源利用效率呈现逐年增加的态势，但从2030年开始，工业"三废"的排放量迅速增大，抑制了环境绩效的增长。四川省是黄河上游重要的水源涵养地、全球生物多样性保护热点地区，以科技创新提升可持续发展能力，坚持生态优先，加大环境保护力度是四川省高质量发展的关键。

三、甘肃省"五维一体"系统仿真

甘肃省位于我国西部地区，地处黄河中上游，地域辽阔，经济总量小，结构偏重且产业基础薄弱，2019年全省地区生产总值8718.3亿元，三次产业结构比为12.05∶32.83∶55.12，人均地区生产总值32995元，常住人口2647.43万人，城镇常住人口比重为48.49%。① 甘肃地理自然条件受限，耕地资源缺乏，水资源缺乏，农业发展缓慢，缺乏资源和能源，缺乏交通条件，人才流失严重，因此发展第二产业、第三产业也较为困难。以2005～2019年面板数据为依据，甘肃省2005～2035年"五维一体"系统核心要素的演化趋势如图6-10所示。

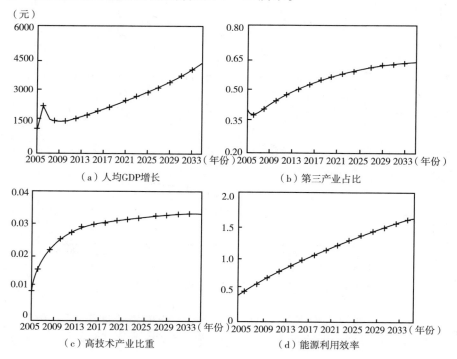

（a）人均GDP增长　　　　　（b）第三产业占比

（c）高技术产业比重　　　　　（d）能源利用效率

---

① 《甘肃统计年鉴》（2020）。

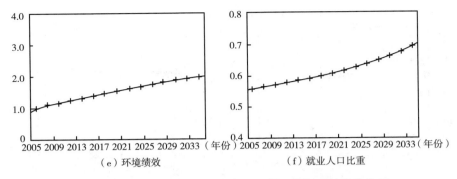

（e）环境绩效   （f）就业人口比重

图 6 – 10　甘肃省 2005 ~ 2035 年"五维一体"系统仿真结果

由图 6 – 10 可见，在现有发展模式下，到 2035 年甘肃省 GDP 将明显增长，但高技术产业比重仅为 3.3% 且增长极为缓慢，主要原因是科研经费投入过少，科研人才流失严重；三次产业结构比为 8.4：29.1：62.5，第三产业比第二产业高 33.4 个百分点，第三产业在推动经济增长、增加地方财政收入、吸纳劳动力就业等方面发挥重要作用。生态方面，环境绩效从 0.88 增加到 1.98，能源利用效率从 0.41 增长到 1.61，发展基数低且均较为缓慢。可见，未来 20 年，甘肃省在经济增长与能源消耗、生态环境保护之间发展不均衡问题较为严重。通过技术创新促进经济增长，合理利用资源，提高资源综合利用效率，保护生态环境，优化产业布局，实现资源的优化配置和综合利用，增强区域竞争力是甘肃省高质量发展的重要抓手。

四、宁夏回族自治区"五维一体"系统仿真

宁夏回族自治区位于我国西部的黄河中上游，历史上是"丝绸之路"的要道。2019 年宁夏实现生产总值 3748.48 亿元，经济运行保持在合理区间。其中，第一产业增加值 279.93 亿元，第二产业增加值 1584.72 亿元，第三产业增加值 1883.83 亿元。三次产业结构比为 7.4：42.3：50.3。① 宁夏拥有煤炭、农业、旅游等方面的资源优势，又受到水资源短缺和生态脆弱的制约，同时存在基础设施薄弱、市场发育程度较低、人才匮乏等突出问题。水资源短缺与利用效率低并存，是制约宁夏发展的最大"瓶颈"。以 2005 ~ 2019 年面板数据为依据，宁夏回族自治区 2005 ~ 2035 年"五维一体"系统核心要素的演化趋势如图 6 – 11 所示。

---

① 《宁夏统计年鉴》（2020）。

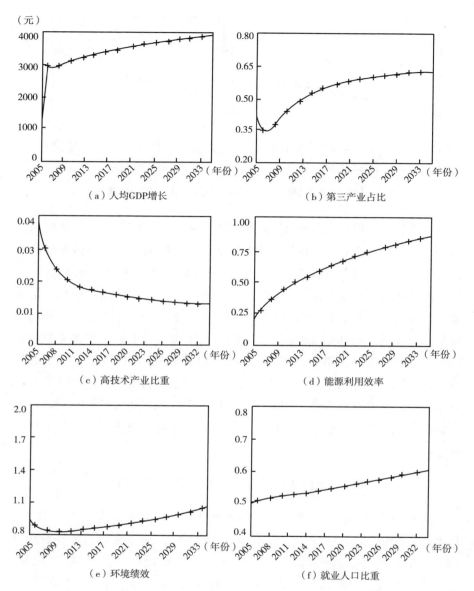

图 6 - 11　宁夏回族自治区 2005 ~ 2035 年"五维一体"系统仿真结果

由图 6 - 11 可见，在现有的发展模式下，未来 20 年，宁夏回族自治区虽然第三产业占比逐年递增，但高技术产业比重呈下降趋势，可见高技术产业的发展对宁夏经济的增长贡献度不高，科技成果转化率有待提高。第三产业发展势头良好，能源利用效率虽有较大幅度增长，但总体水平低下；环境绩效也持续在低位徘徊，这也是宁夏高质量发展面临的主要"瓶颈"与难题。因此，充分发挥科技支撑作用，以保护水生态为中心，加快城市的产业结构优化升级，提高工业化和城镇化水平，着力解决就业问题，是宁夏回族自治区高质量发展的重中之重。

五、内蒙古自治区"五维一体"系统仿真

内蒙古自治区位于我国北部边疆，草原、森林和人均耕地面积居全国第一，稀土金属储量居世界首位，是我国最大的草原牧区。2019 年全区生产总值完成 17212.5 亿元，其中，第一产业增加值 1863.2 亿元，第二产业增加值 6818.9 亿元，第三产业增加值 8530.5 亿元，三次产业比例为 10.8∶39.6∶49.6，第一二三产业对生产总值增长的贡献率分别为 5.5%、43.9%和 50.6%，人均生产总值达到 67852 元，常住人口 2539.6 万人，城镇化率达 63.4%，城镇化水平较高。① 以 2005～2019 年面板数据为依据，内蒙古自治区 2005～2035 年"五维一体"系统核心要素的演化趋势如图 6－12 所示。

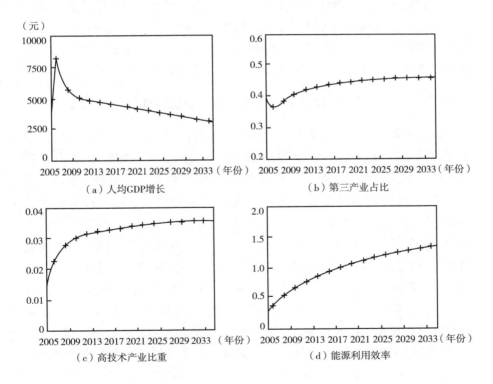

（a）人均GDP增长　　　　　（b）第三产业占比

（c）高技术产业比重　　　　　（d）能源利用效率

① 《内蒙古统计年鉴》（2020）。

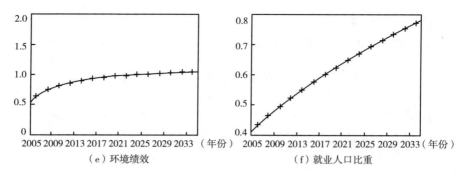

(e) 环境绩效　　　　　　　　(f) 就业人口比重

图 6 – 12　内蒙古自治区 2005 ~ 2035 年"五维一体"系统仿真结果

由图 6 – 12 可见，内蒙古自治区人均 GDP 年增长量出现下降的趋势，第三产业比重增加缓慢，高技术产业产值比重过低，到 2035 年，仅为 3.5% 左右，单位地区生产总值能耗下降，能源利用效率提升势头良好，环境绩效增加较为缓慢。把发展服务业作为产业结构优化升级的重点，推进生产性服务业和生活性服务业发展，实现经济增长方式从粗放型向集约型转变，是推进内蒙古经济发展方式转变的关键。由于内蒙古自治区生态地位重要而特殊，实施重点生态保护与建设规划，大力推进重大生态工程建设对于推动内蒙古自治区高质量发展具有积极意义。

六、陕西省"五维一体"系统仿真

陕西省位于我国中部黄河中游地区，水能资源、矿产资源、生物资源丰富，同时陕西省是全国重要能源化工基地之一。2019 年生产总值 25793.17 亿元，其中，第一产业增加值 1990.93 亿元，占生产总值的比重为 7.7%；第二产业增加值 11980.75 亿元，占 46.5%；第三产业增加值 11821.49 亿元，占 45.8%。人均生产总值为 66649 元，年末全省常住人口 3876.21 万人，城镇人口 2303.63 万人，占总人口的 59.43%[①]，城镇化水平有待提高。陕西西安是中国高等院校和科研院所聚集的城市之一，在校学生人数仅次于北京、上海，居全国第三位，是我国高校密度和受高等教育人数最多的城市之一，也是我国三大教育、科研中心之一，具有高质量发展的良好基础和有利条件。随着国家西部大开发战略、"一带一路"建设等的深入开展，陕西省的区位、交通、人文、科教、人口等禀赋优势更加突出。以 2005 ~ 2019 年面板数据为依据，陕西省 2005 ~ 2035 年"五维一体"系统核心要素的演化趋势如图 6 – 13 所示。

---

① 《陕西统计年鉴》（2020）。

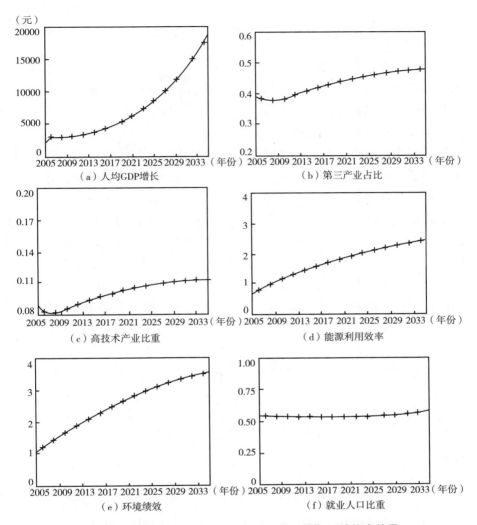

（a）人均GDP增长　　　　　（b）第三产业占比

（c）高技术产业比重　　　　　（d）能源利用效率

（e）环境绩效　　　　　（f）就业人口比重

图 6 – 13　陕西省 2005 ～ 2035 年 "五维一体" 系统仿真结果

由图 6 – 13 可见，陕西省高技术产业与第三产业发展缓慢，根据仿真的结果，到 2035 年，陕西省产业结构依然是 "二三一" 的结构，就业人口比重基本呈现保持不变的状态，第三产业的发展水平直接关系到整个社会经济生产活动和人民生活水平的提高，既是新兴产业产生和发展的主要领域，又是吸纳社会就业的重要部门，加快产业结构向 "三二一" 转变，推进产业转型升级，发展第三产业对于陕西高质量发展有着十分重要的意义。能源利用效率增速不高，环境绩效增速日趋变缓，生态保护、污染治理仍显不足，水土流失问题仍亟待解决，生态环境保护问题仍然是陕西省高质量发展亟须关注的重点难题。

七、山西省"五维一体"系统仿真

山西省是我国内陆省份，位于黄河中游东岸，是我国煤炭蕴藏量最丰富的地区之一。然而，开采煤炭造成的环境污染与破坏，使得山西省劳动力的潜在经济产出降低，而国家大力推进环保执法又使得一些高污染高能耗的煤炭相关产业发展前景堪忧，因而如何处理好经济增长和环境保护的关系，转变经济结构，实现产业转型升级是当前山西省面临的主要问题。2019 年，山西省实现地区生产总值 17026.68 亿元，其中，第一产业增加值 824.72 亿元，占地区生产总值的比重 4.8%；第二产业增加值 7453.09 亿元，占地区生产总值的比重 43.8%；第三产业增加值 8748.87 亿元，占地区生产总值的比重 51.4%。人均地区生产总值 45724 元，年末全省常住人口 3729.22 万人，城镇常住人口 2220.75 万人，占常住人口比重为 59.55%。① 以 2005～2019 年面板数据为依据，山西省 2005～2035 年"五维一体"系统核心要素的演化趋势如图 6-14 所示。

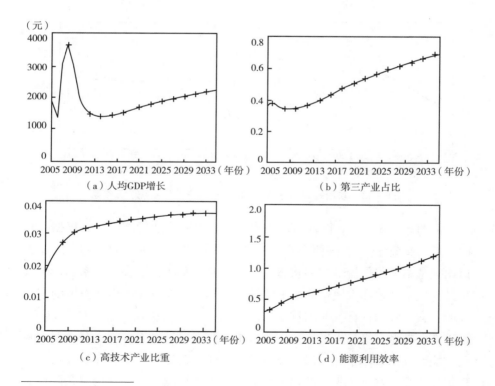

（a）人均GDP增长

（b）第三产业占比

（c）高技术产业比重

（d）能源利用效率

---

① 《山西统计年鉴》（2020）。

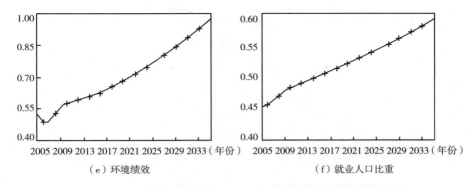

（e）环境绩效 　　　　　　　　　　（f）就业人口比重

图 6 - 14　山西省 2005～2035 年"五维一体"系统仿真结果

由图 6 - 14 可见，到 2035 年，山西省人均 GDP 为 71444 元，高技术产业产值比重仅为 3.6%，能源利用效率仅上升 0.4，环境绩效水平增加 0.27，高技术产业产值比重偏低，人均 GDP 增长缓慢，能源利用效率低下，环境绩效偏低，这些都是山西省在现有发展模式下将面临的问题。推进煤炭行业绿色低碳高效开发利用，实行煤炭消费总量控制制度，逐步调整能源结构，降低煤炭在一次能源消费中的比重，加强科技创新合作，提高区域创新能力，是山西省突破环境约束，解决高质量发展不平衡问题的最佳途径。

八、河南省"五维一体"系统仿真

河南省地处黄河中下游，是我国古代文明发祥地之一，也是全国重要的综合交通枢纽和人流物流信息流中心。河南省是我国经济大省，GDP 总量位列全国第五位，耕地面积全国第二位，农业发展优势明显。2019 年河南省生产总值 54259.20 亿元，其中，第一产业增加值 4635.40 亿元，第二产业增加值 23605.79 亿元，第三产业增加值 26018.01 亿元，三次产业结构为 8.5∶43.5∶48.0；人均生产总值 56388 元。2019 年末河南省总人口 10952 万人，其中，城镇常住人口 5129 万人，常住人口城镇化率 53.21%。① 以 2005～2019 年面板数据为依据，河南省 2005～2035 年"五维一体"系统核心要素的演化趋势如图 6 - 15 所示。

由图 6 - 15 可见，在现有发展模式下，河南省就业人口比重会急剧增加，在加入适龄就业人口数量限制后，到 2021 年，河南省就已经达到就

———————————

① 《河南统计年鉴》（2020）。

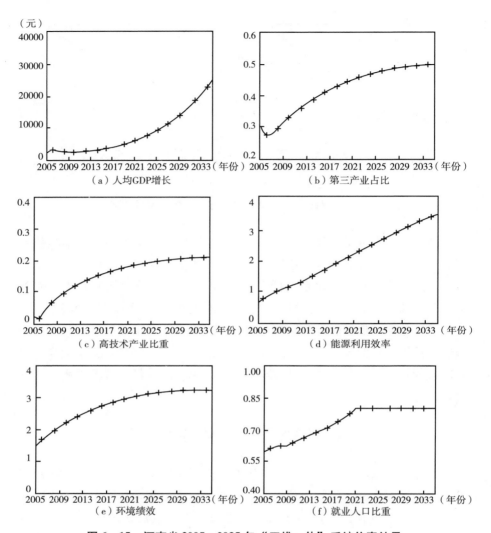

（元）

（a）人均GDP增长

（b）第三产业占比

（c）高技术产业比重

（d）能源利用效率

（e）环境绩效

（f）就业人口比重

图 6 - 15   河南省 2005 ~ 2035 年"五维一体"系统仿真结果

业数量上限，充分的就业意味着人力资源的充分开发，实现更高质量的就业，既要考虑就业数量的增长，更要提高就业质量，注重"质"与"量"齐头并进。河南省第三产业发展较为缓慢，应从农业大省的实际出发，加快工业化、城镇化和推进农业现代化，进一步加大科技投入幅度，提高开发和创新能力，推动经济转型发展，打造新的经济增长点，促进资源合理配置和高效利用。能源利用效率提升明显，但是环境绩效增长缓慢，如不加大环境治理力度，随着经济的发展，河南省污染物排放量将逐年增大，环境污染问题将日趋严重。

九、山东省"五维一体"系统仿真

　　山东省位居黄河流域下游，是我国经济实力最强的省份之一。山东省作为老牌工业强省，在传统产业具有优势，重工业占据很大比例，经济结构落后。山东省知名高校少，教育质量不高，缺乏科研院所以及高等教育资源。2018年山东省新旧动能转换综合试验区建设正式成为国家战略，较好地推动了高质量发展新格局的形成。2019年全省生产总值为71067.5亿元，其中，第一产业增加值5116.4亿元，第二产业增加值28310.9亿元，第三产业增加值37640.2亿元，三次产业结构为7.2∶39.8∶53.0；人均生产总值70653元。年末常住人口10070.21万人，人口城镇化率61.51%。[①] 同河南省类似，山东省也是我国的农业大省，农业增加值长期稳居全国第一位，此外，工业也较为发达，工业总产值及工业增加值位居全国前三位。以2005～2019年面板数据为依据，山东省2005～2035年"五维一体"系统核心要素的演化趋势如图6－16所示。

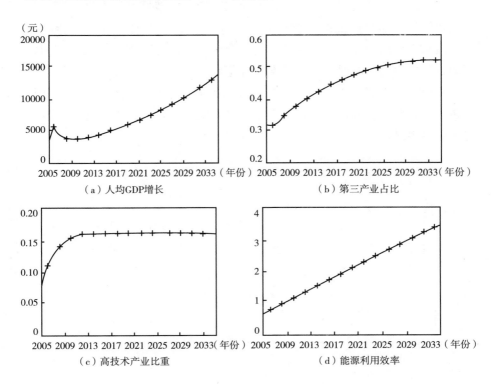

（a）人均GDP增长　　　　　　　　　（b）第三产业占比

（c）高技术产业比重　　　　　　　　　（d）能源利用效率

---

　　① 《山东统计年鉴》（2020）。

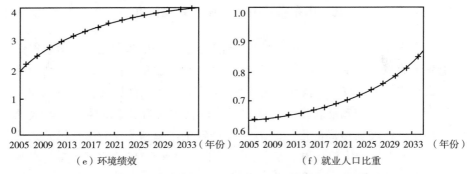

（e）环境绩效　　　　　　　　　　　　　（f）就业人口比重

图6－16　山东省2005～2035年"五维一体"系统仿真结果

由图6－16可见，山东省第三产业比重、高技术产业产值比重增长平缓，能源利用效率增速明显，单位GDP能耗较2005年下降80%，环境绩效虽然处于上升态势，但环境绩效的绝对值增长较少，增速缓慢，环境治理力度仍需加强。可见，虽然山东省GDP总量较高，但整体发展质量不高，仍需转换经济发展方式，加快产业结构调整，转换经济发展方式，优化产业结构，加快传统产业改造和去产能步伐、大力培育和发展新兴产业。山东省高质量发展应将科技与创新紧密结合，完善创新体系，走创新驱动发展的道路。同时，高质量发展的基础在于高素质产业，而高素质产业的发展又依靠高素质人才，山东省高新技术产业落后的一个重要原因，就在于高素质人才的缺失，加大人才引进力度，也是山东省实现高质量发展的必要手段。

第七章　黄河流域绿色全要素生产率时空演化及影响因素分析

推动黄河流域生态保护与高质量发展的重点是转变经济增长方式。为此，应加快从要素驱动、投资规模驱动发展为主，向创新驱动发展为主转变。通过经济发展质量变革、效率变革、动力变革，提高绿色全要素生产率，是黄河流域生态保护与高质量发展的动力源泉。全要素生产率本质上是一种资源配置效率，产业结构优化、企业竞争、创新竞争带来的资源重新配置都能提高全要素生产率。由于绿色全要素生产率将降低非期望产出作为衡量生产效率的要素之一，因此更能体现生态保护和高质量发展的目标。本章采用计量经济学方法对黄河流域各省份 2003～2019 年经济发展的绿色全要素生产率进行测算，辨析黄河流域绿色全要素生产率的地区差异特征和时序演化规律，探究影响绿色全要素生产率的关键要素，为全面评价黄河流域生态保护与高质量发展水平奠定基础。

第一节　经济增长测算效率测算方法

早期国内学者对黄河流域经济的研究，大多集中于对黄河流域生态经济区的研究，如王瑞等（2015）运用系统 GMM 方法，分析了国家发展战略对黄河三角洲 19 个县、市、区高效生态区投资的直接与间接效应，研究发现，国家战略的实施会促进区域投资规模的扩大，但其政策叠加优势并不明显。任建兰等（2015）通过 Tapio 分析模型、LMDI 分解模型等多个模型，发现黄河流域碳排放量具有明显的上升趋势，经济总量的增加造成碳排放的增加，而产业结构与技术效率是碳减排的主要因素，并据此提出了黄河三角洲高效生态经济区的产业结构调整能源结构与技术进步等方面的相关对策。周宗安和宿伟健（2017）运用双重差分法研究黄河三角洲生态经济区的成立对农业生产效率的影响，发现劳动力投入增加与生态技术发展是黄河三角洲生态经济区促进农业生产效率的两种可能的渠道。

由于对环境保护的日益重视以及"新旧动能转换"政策的提出，国内学者逐步将"绿色"引入黄河流域的研究。如李义稳（2017）以改进的TOPSIS 模型对黄河流域 9 个省份的绿色发展水平及其演变趋势进行测度，发现其绿色发展水平虽然仍然处于初级水平，但在 2005～2014 年已有显著提升，且省份间的差异逐渐缩小。高明秀和吴姝璇（2018）、杨红生等（2020）分别探究了黄河流域绿色农业的发展对策与发展模式，指出应当坚持绿色主题，兼顾资源环境约束，在保障黄河流域生态安全的基础上，促进黄河三角洲农业经济的绿色高质量发展。张贡生（2019）分别从战略意义、可行性分析以及路径选择三方面阐述了黄河流域经济带建设的相关问题，并提出贯彻落实绿色发展理念，以绿色发展为顶层设计，以黄河流域绿色产业为核心，加快绿色经济带的建设。连煜（2020）指出，应当以生态系统的观点审视和推动黄河流域高质量生态保护与黄河流域经济的高质量发展，通过黄河流域生态功能和水功能保护体系的构建和管理，推进黄河流域的高质量绿色发展。刘华军和曲惠敏（2019）利用全局曼奎斯特生产率指数对黄河流域绿色全要素生产率进行测算分析，并利用传统核密度与随机核估计方法揭示其发展趋势与分布特征，研究发现，黄河流域绿色全要素生产率增长水平较低，且存在区域不平衡的现象。

随着研究不断深入，国内学者开始关注绿色全要素生产率与环境规制、科技创新等其他因素之间的影响关系。如李斌等（2013）通过非径向非角度 SBM 效率测度模型与 ML 生产率指数模型对绿色全要素生产率进行测算，利用门槛模型探究环境规制、绿色全要素生产率及工业发展方式的关系，研究发现，环境规制可以通过影响绿色全要素生产率影响中国工业发展方式的转变，但存在较强"门槛效应"。黄庆华等（2018）利用面板向量自回归模型探究环境规制与工业绿色全要素生产率的关系，发现短期内环境规制有利于促进绿色全要素生产率的发展，但长期看来，不仅会抑制绿色全要素生产率的发展，也会导致环境恶化。秦琳贵和沈体雁（2020）通过面板门槛模型探究科技创新对海洋经济绿色全要素生产率的影响，研究发现科技创新有利于促进海洋经济绿色全要素生产率，但存在单一门槛效应，越过门槛之后，对海洋经济绿色全要素生产率的促进作用会更加显著。国内学者也开始将其他因素引入黄河流域与绿色全要素生产率的研究中。如赵明亮等（2020）运用 ML 生产率指数模型及面板回归模型，研究外商直接投资、环境规制对黄河流域 65 个重点城市绿色全要素生产率的影响，发现多数城市的绿色全要素生产率都较低，FDI 与环境规制在不同阶段对绿色全要素生产率呈现不同的正负向效应。

综上所述，已有文献大多集中于对黄河流域生态经济区的研究，对黄河流域经济发展的研究，虽然已经引入绿色经济相关概念，但鲜有对黄河流域绿色全要素生产率的测算，也鲜有对黄河流域绿色全要素生产率时空演变特征的分析。有关其他因素与绿色全要素生产率的实证研究，一方面大多集中于检验其他因素对绿色全要素生产率的单向静态影响，忽视了绿色全要素生产率对其他因素的反向影响；另一方面，鲜有研究环境规制与科技创新对黄河流域绿色经济发展影响的研究，难以有针对性地为黄河流域绿色经济的未来发展规划提供更加务实的参考。

本章引入环境负效益的相关指标作为衡量黄河流域全要素生产率的绿色指标，基于 2003～2019 年我国黄河流域 9 个省份的面板数据，使用 DEA-Malmquist 指数模型，对黄河流域绿色全要素生产率进行测算，并对其时空演化规律进行分析；通过 PVAR 模型，探究黄河流域环境规制与黄河流域绿色全要素生产率、黄河流域科技创新与黄河流域绿色全要素生产率之间的动态相互影响关系，从而对促进黄河流域经济高质量发展因素进行影响分析。

第二节　绿色全要素生产率测算模型与变量设置

一、模型与方法

本节采用熵值法确定相关指标数据的权重，运用 DEA-Malmquist 指数模型测算黄河流域绿色全要素生产率，运用面板向量自回归模型探究黄河流域环境规制与黄河流域绿色全要素生产率、黄河流域科技创新与黄河流域绿色全要素生产率之间的动态相互影响关系。

（一）熵值法

信息熵是对社会系统状态不确定性程度的度量。信息熵值越高，说明社会系统结构越均衡，差异程度越小；信息熵值越低，说明社会系统结构越不均衡，差异程度越大。熵值法通过信息熵的原理，根据信息熵值的大小来确定指标的权重，是一种客观赋值法。

为了实现指标数据不同年份之间的比较，使分析结果更加合理，本节借鉴杨丽和孙之淳（2015）对熵值法的改进，将时间变量纳入考量，其主要步骤如下：

假设有 T 个年份，n 个省份，m 个指标，则 x_{tij} 为第 t 年省份 i 的第 j 个指标值。

1. 指标数据的标准化处理。由于不同的指标具有不同的量纲和单位，为使指标可比，需要对指标进行标准化处理，其中，正向指标计算公式为：

$$x'_{tij} = \frac{x_{tij}}{x_{max}} \qquad (7-1)$$

负向指标的计算公式为：

$$x'_{tij} = \frac{x_{min}}{x_{tij}} \qquad (7-2)$$

2. 确定指标权重。计算公式为：

$$y_{tij} = \frac{x'_{tij}}{\sum_t \sum_i x'_{tij}} \qquad (7-3)$$

3. 计算第 j 项指标的熵值。计算公式为：

$$e_j = -k \sum_e \sum_i y_{ij} \ln(y_{tij}) \qquad (7-4)$$

其中，$k > 0$，$k = \ln(Tn)$。

4. 计算第 j 项指标的信息效用值。计算公式为：

$$g_j = 1 - e_j \qquad (7-5)$$

5. 计算各指标的权重。计算公式为：

$$w_j = \frac{g_j}{\sum_j g_j} \qquad (7-6)$$

（二）DEA-Malmquist 指数模型

瑞典的经济学家和统计学家曼奎斯特（Malmquist，1953）首次提出 DEA-Malmquist 指数模型，用于分析动态效率的变化趋势。随后，菲尔等（Färe et al.，1992）对该模型进行了改进，并为国内外学者广泛使用，菲尔提出的 DEA-Malmquist 指数模型的主要思想是假设规模报酬不变（CRS），在此基础上，参照 t 时期的相关技术因素 $T(t)$ 以及 $t+1$ 时

期的相关技术因素 $T(t+1)$，构建 DEA-Malmquist 全要素生产率指数模型：

$$TFPC = EC_{CRS} \times TC_{CRS} \qquad (7-7)$$

在式（7-7）中，$TFPC$ 代表在 t 时期到 $t+1$ 时期时，全要素生产率的指数变化，EC 代表在 t 时期到 $t+1$ 时期时，综合技术效率的指数变化，TC 则代表技术进步效率在 t 时期到 $t+1$ 时期的指数变化。

对于黄河流域绿色全要素生产率而言，可以分解为黄河流域绿色技术效率和黄河流域绿色技术进步效率指数。当所得的效率值大于 1 时，对黄河流域绿色全要素生产率起促进作用；当所得的各个效率值小于 1 时，对黄河流域绿色全要素生产率起抑制作用。

（三）PVAR 模型

PVAR 模型，即面板向量自回归模型，由霍尔埃金等（Holtz-Eakin et al.，1988）最早提出。一方面，面板向量自回归模型延续了向量自回归模型的优点，在不可观测的个体出现异质性时，允许其存在，并将系统内的所有变量视作内生变量；另一方面，面板向量自回归模型在时间序列的基础上，还可以加入多个个体，观测其截面数据，大幅增加了样本观测值的数量，从而能够更好地对系统内各个变量的动态关系进行更为详尽的分析。面板向量自回归模型中存在滞后现象，要求所观测的时间序列满足一定的长度，才可对回归方程进行参数估计。

为了探究黄河流域环境规制与黄河流域绿色全要素生产率、黄河流域科技创新与黄河流域绿色全要素生产率之间的动态相互影响关系，本节依次构建了两个面板向量自回归模型，分别为模型（1）——黄河流域环境规制与黄河流域绿色全要素生产率、模型（2）——黄河流域科技创新与黄河流域全要素生产率。模型（1）的表达形式为：

$$Y_{ER_{it}} = a_{ij} + \sum_{j=1}^{k} \alpha_{1j} Y_{GTFP_{i,t-j}} + \sum_{j=1}^{k} \beta_{1j} Y_{ER_{i,t-j}} + \varepsilon_{1t} \qquad (7-8)$$

$$Y_{GTFP_{it1}} = a_{2j} + \sum_{j=1}^{k} \alpha_{2j} Y_{GTFP_{i,t-j}} + \sum_{j=1}^{k} \beta_{2j} Y_{ER_{i,t-j}} + \varepsilon_{3t} \qquad (7-9)$$

模型（2）的表达形式为：

$$Y_{TE_{it}} = a_{1j} + \sum_{j=1}^{k} \alpha_{1j} Y_{GTFP_{i,t-j}} + \sum_{j=1}^{k} \gamma_{1j} Y_{TE_{i,t-j}} + \varepsilon_{2t} \qquad (7-10)$$

$$Y_{GTFP_{it2}} = a_{2j} + \sum_{j=1}^{k} \alpha_{2j} Y_{GTFP_{i,t-j}} + \sum_{j=1}^{k} \gamma_{2j} Y_{TE_{i,t-j}} + \varepsilon_{3t} \qquad (7-11)$$

式中，$Y_{ER_{it}}$ 与 $Y_{GTFP_{it1}}$、$Y_{TE_{it}}$ 与 $Y_{GTFP_{it2}}$ 分别表示包含黄河流域环境规制（ER）与黄河流域绿色全要素生产率（$GTFP$）、黄河流域科技创新（TE）与 $GTFP$ 的二维列向量；i 表示所观测的黄河流域的 9 个省份；t 表示所观测的年份；j 为滞后阶数；a_{ij} 表示截距项；ε_{it} 表示随机扰动项。

二、变量选择与数据说明

（一）变量选择

基于黄河流域绿色全要素生产率的测算需求，考虑数据的可获得性，设计黄河流域环境规制、科技创新以及绿色全要素生产率的相关指标。

1. 黄河流域环境规制指标。根据黄河流域的具体情况以及中国环境保护机制现状，本章借鉴张江雪等（2015）、游达明和欧阳乐茜（2020）等学者的处理方法，采用"行政命令型"环境规制以及"市场激励型"环境规制来共同刻画黄河流域的环境规制，并利用熵值法综合成黄河流域环境规制强度指数。其中，"行政命令型"环境规制利用黄河流域各个省份环境污染治理投资额占国内生产总值的比重来衡量，"市场激励性环境规制"利用各个省份排污费征收金额占国内生产总值的比重来衡量。

2. 黄河流域科技创新指标。国内学者对科技创新水平的测算并没有统一的指标，借鉴张林（2016）、汪发元和郑军（2019）等学者的处理方法，采用发明专利产出率以及技术市场成交率来共同刻画黄河流域科技创新水平，并利用熵值法综合成黄河流域科技创新综合指数。其中，发明专利产出率利用发明专利授权数占 R&D 人员全时当量的比重来衡量，技术市场成交率利用技术市场成交额占 R&D 经费内部支出的比重来衡量。

3. 黄河流域绿色全要素生产率指标。结合经济学相关理论，考虑相关指标数据的可获得性，借鉴李义稳（2017）、刘华军和曲惠敏（2019）、赵明亮等（2020）等学者的相关研究，将"绿色"纳入黄河流域产出变量，在产出指标中加入环境负效益作为非期望产出，将不包含非期望产出的全要素生产率视作传统全要素生产率。同时，选取资本投入和劳动力投入作为投入指标，期望产出和非期望产出均作为产出指标，构建黄河流域绿色全要素生产率的指标体系，具体如表 7-1 所示。其中，废气中二氧化硫排放量、废水排放总量以及工业固体废物产生量利用熵值法合成资源损耗系数，作为非期望产出指标。

表 7 - 1　　　　　　　　　　　黄河流域绿色全要素生产率指标体系

目标层	准则层	指标层
投入变量	资本投入	固定资产投资总额（亿元）
	劳动力投入	就业人员数（万人）
产出变量	期望产出（经济效益）	地区生产总值（亿元）
	非期望产出（环境负效益）	废气中二氧化硫排放量（万吨）
		废水排放总量（万吨）
		工业固体废物产生量（万吨）

（二）数据说明

本章节选取我国黄河流域 9 个省份 2003 ~ 2019 年的数据，为了保证统计口径的一致性，书中所使用的指标数据均来源于 2004 ~ 2020 年的《中国统计年鉴》《中国环境年鉴》《中国科技统计年鉴》以及黄河流域 9 个省份的统计年鉴。为了增加数据的可计算性，对书中所使用的数据均进行可比价格的换算，其中，固定资产投资总额以 2003 年为基期，根据每年的固定资产投资价格指数进行换算；与价格有关的国民生产总值、环境污染治理投资额、排污费征收金额、技术市场成交额以及 R&D 经费内部支出，均以 2003 年为基期，根据每年的居民消费价格指数进行换算。

此外，依据地理区位，将黄河流域划分为上游、中游、下游。其中，黄河流域上游包括青海省和四川省；黄河流域中游包括山西省、内蒙古自治区、陕西省、甘肃省和宁夏回族自治区；黄河流域下游包括山东省和河南省。

第三节　黄河流域绿色全要素生产率时空演变

本节采用 DEA-Malmquist 指数模型，利用软件 MaxDEA，对黄河流域绿色全要素生产率及传统全要素生产率进行测算，并对其时空演变态势进行分析。

一、黄河流域绿色全要素生产率演变特征分析

对黄河流域绿色全要素生产率整体演变的特征及其要素进行分解分析，是探究黄河流域绿色全要素生产率演变态势及动因的基础。2003 ~ 2019 年黄河流域绿色全要素生产率与传统全要素生产率的演化趋势如图 7 - 1 所示。

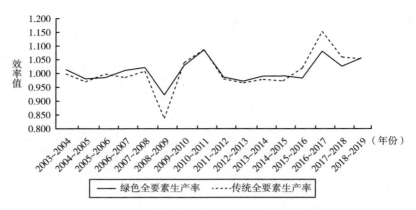

图 7 – 1　2003～2019 年黄河流域经济全要素生产率发展趋势

由图 7 – 1 可见，2003～2019 年，我国黄河流域绿色全要素生产率与传统全要素生产率均呈现明显的波浪式波动趋势。从整体效率水平来看，在观察期内，黄河流域绿色全要素生产率略高于传统全要素生产率；从变动趋势来看，除 2005～2007 年、2013～2016 年以及 2018～2019 年外，绿色全要素生产率与传统全要素生产率变化趋势均一致。从整体效率水平来看，2003～2005 年、2006～2009 年、2011～2015 年以及 2018～2019 年，黄河流域绿色全要素生产率明显高于传统全要素生产率，而其他观察年间，黄河流域绿色全要素生产率略低于传统全要素生产率。总体看来，黄河流域绿色全要素生产率较观察初期有所提高，但波动较大，亟须进一步协调经济增长与生态环境保护之间的关系。

进一步对黄河流域绿色全要素生产率的增长维度进行分解分析，分解结果如表 7 – 2 所示。

表 7 – 2　2003～2019 年黄河流域绿色全要素生产率指数测算分解结果

年份	绿色技术效率	绿色技术进步效率	绿色全要素生产率
2003～2004	1.006	1.008	1.014
2004～2005	1.006	0.974	0.980
2005～2006	1.052	0.952	0.985
2006～2007	0.893	1.162	1.011
2007～2008	1.049	0.986	1.021
2008～2009	0.939	0.997	0.922
2009～2010	1.012	1.016	1.028
2010～2011	1.002	1.084	1.085
2011～2012	0.989	0.997	0.986

年份	绿色技术效率	绿色技术进步效率	绿色全要素生产率
2012~2013	0.985	0.987	0.972
2013~2014	0.994	0.996	0.990
2014~2015	0.981	1.011	0.991
2015~2016	1.004	0.979	0.982
2016~2017	1.117	0.995	1.080
2017~2018	1.116	0.932	1.025
2018~2019	0.967	1.097	1.055
均值	1.007	1.011	1.008

由表 7-2 可见，总体来说，黄河流域绿色全要素生产率呈现波动增长的趋势。从 2003~2019 年黄河流域绿色全要素生产率分解来看，黄河流域绿色技术效率、绿色技术进步效率在上述年份对绿色全要素生产率呈现此消彼长的反向作用，而黄河流域绿色技术效率整体来说对绿色全要素生产率起促进作用，而绿色技术进步效率抑制了绿色全要素生产率的提高。整体来看，黄河流域绿色全要素生产率呈现波动上升态势，这与赵明亮等（2020）的研究结果一致。可见，推进生态环境保护与经济高质量发展工作刻不容缓。

二、黄河流域各省份绿色全要素生产率演变分析

黄河流域沿线 9 个省份经济社会发展水平差异明显，生态资源禀赋各异，黄河流域整体绿色全要素生产率的演化特征难以全方位反映各省份发展的异质性。为此，有必要进一步测算各省份绿色全要素生产率的时空演变差异，以通过对比分析，全面了解黄河流域绿色经济的发展轨迹。

（一）黄河流域各省份绿色全要素生产率空间分布特征

2003~2019 年黄河流域 9 个省份绿色全要素生产率的对比分析结果如表 7-3 所示。

表 7-3　　2003~2019 年黄河流域 9 个省份绿色全要素生产率指数

地区	绿色技术效率	绿色技术进步效率	绿色全要素生产率
青海	0.999	1.003	1.001
四川	1.005	1.001	0.998
上游	1.002	1.002	1.000
甘肃	1.013	1.008	0.998

地区	绿色技术效率	绿色技术进步效率	绿色全要素生产率
宁夏	1.006	1.007	1.013
内蒙古	1.012	1.003	1.003
陕西	1.007	0.999	1.006
山西	1.005	1.022	1.003
中游	1.009	1.008	1.004
河南	0.972	1.005	0.973
山东	0.999	1.018	1.016
下游	0.985	1.011	0.994
均值	1.002	1.007	1.001

由表7-3可见，黄河流域各省份绿色全要素生产率差异较大，其中下游地区绿色全要素生产率较低，而中上游地区绿色全要素生产率较高，黄河流域整体全要素生产率大于1。同时，绿色技术效率的空间分布趋势与绿色全要素生产率基本类似，一定程度上说明，黄河流域各省份绿色全要素生产率的差异主要是由绿色技术效率的差异造成的。具体来说，山东、陕西、山西、宁夏、内蒙古和青海6个省份绿色全要素生产率发展水平较高，而四川、甘肃和河南3个省份的绿色全要素生产率均低于黄河流域平均水平。其中，虽然河南省的绿色全要素生产率较低，但其绿色技术进步效率的拉动作用较为明显，而四川和甘肃的绿色技术进步效率对绿色全要素生产率具有较大的抑制作用。

（二）黄河流域各省份绿色全要素生产率时空演变特征

为进一步分析黄河流域9个省份绿色全要素生产率的时序演化特征，本节将时间段划分为三个区间，分别对应2003~2008年、2009~2013年以及2014~2019年，具体如表7-4所示。其中，GTFP代表绿色全要素生产率，EC代表绿色技术效率，TC代表绿色技术进步效率。

表7-4　　2003~2019年黄河流域9个省份绿色全要素生产率分解

地区	2003~2008年			2009~2013年			2014~2019年		
	GTFP	EC	TC	GTFP	EC	TC	GTFP	EC	TC
青海	1.017	1.019	0.999	0.984	0.979	1.005	1.002	1.000	1.004
四川	0.999	0.988	1.011	0.989	0.996	0.993	1.005	1.027	1.000
上游	1.008	1.004	1.005	0.986	0.987	0.999	1.004	1.014	1.002
甘肃	0.999	1.034	1.039	0.962	0.971	0.991	1.025	1.029	0.996

地区	2003～2008 年			2009～2013 年			2014～2019 年		
	GTFP	*EC*	*TC*	*GTFP*	*EC*	*TC*	*GTFP*	*EC*	*TC*
宁夏	1.011	1.004	1.007	1.008	0.999	1.009	1.019	1.013	1.007
内蒙古	1.019	1.028	0.991	1.063	0.992	1.070	1.028	1.016	1.040
陕西	0.996	0.992	1.004	1.004	1.009	0.995	1.015	1.019	0.998
山西	0.998	1.024	1.027	0.979	0.927	1.077	1.106	1.174	0.972
中游	1.005	1.016	1.014	1.003	0.980	1.028	1.039	1.050	1.002
河南	0.937	0.927	1.022	1.001	0.999	1.001	0.979	0.986	0.994
山东	1.044	0.996	1.048	1.001	0.997	1.004	1.006	1.004	1.004
下游	0.990	0.961	1.035	1.001	0.998	1.003	0.993	0.995	0.999
总体	1.002	1.001	1.016	0.999	0.985	1.016	1.021	1.030	1.002

由表 7－4 可见，2003～2008 年，黄河流域各省份绿色全要素生产率存在发展不均衡现象。观察 2003～2008 年的绿色全要素生产率可知，山东的绿色全要素生产率最高，超过 1.04；宁夏、青海和内蒙古的绿色全要素生产率均大于 1，其余 5 个省份的绿色全要素生产率均小于 1。观察2003～2008 年的绿色技术效率可知，甘肃的绿色技术效率最高，山西、青海、宁夏和内蒙古的绿色技术效率均大于 1，其余 4 个省份的绿色技术进步效率均小于 1。继续观察 2003～2008 年的绿色技术进步效率可知，山东的绿色技术进步效率最高，内蒙古和青海的绿色技术进步效率最低且均小于 1，其他 6 个省份的绿色技术进步效率均大于 1。

由表 7－4 可见，2009～2013 年，整体看来，黄河流域绿色全要素生产率较前一阶段有所下降。观察此阶段的绿色全要素生产率可知，除内蒙古、陕西和河南的绿色全要素生产率呈现不同程度的提升之外，其他 6 个省份均出现不同幅度的下降。陕西、河南绿色全要素生产率较前一阶段出现较为明显的提升，由前一阶段的小于 1 提升至 1 以上；山东、宁夏的绿色全要素生产率略有下降，但依然大于 1；青海的绿色全要素生产率明显下降，降至 1 以下。观察 2009～2013 年的绿色技术效率可知，山东、四川、河南、陕西的绿色技术效率较前一阶段有所提升，尤其是陕西，由上一阶段的小于 1 提升至 1 以上；其他 5 个省份的绿色技术效率均有不同程度的下降，且均由上一阶段的大于 1 下降至小于 1。继续观察 2009～2013年的绿色技术进步效率可知，山西、青海、宁夏和内蒙古的绿色技术进步效率均较前一阶段有所上升，尤其是青海和内蒙古，由上一阶段的小于 1

提升至 1 以上；其他 5 个省份的绿色技术进步效率均较前一阶段有所下降，且甘肃、四川和陕西由上一阶段的大于 1 下降至小于 1。

如表 7 - 4 所示，2014 ~ 2019 年，黄河流域绿色全要素生产率呈现明显的上升趋势，各省份之间的发展不均衡现象有所缓解。观察 2014 ~ 2019 年的绿色全要素生产率可知，河南、内蒙古的绿色全要素生产率较前一阶段有所下降，尤其是河南，由前一阶段的大于 1 下降至小于 1；其他 7 个省份的绿色全要素生产率均有不同幅度的提升，且绿色全要素生产率均大于 1。观察 2014 ~ 2019 年的绿色技术效率可知，河南的绿色技术效率较前一阶段有所下降且降至小于 1，其他 8 个省份的绿色技术效率均有不同程度的提高且均大于 1。继续观察 2014 ~ 2019 年的绿色技术进步效率可知，甘肃、四川和陕西的绿色技术进步效率有所提升，尤其是四川，由前一阶段的小于 1 提升至大于 1；其他 6 个省份的绿色技术进步效率均有下降，山西、河南由前一阶段的大于 1 下降至小于 1。

综上所述，2003 ~ 2019 年，黄河流域 9 个省份的绿色全要素生产率、绿色技术进步效率以及绿色技术效率均呈现波动演化态势，但各省份之间的发展差距有所减小。因而，黄河流域高质量发展的重中之重，在于加大绿色科技创新力度，加快新旧动能转换，推动绿色技术效率和绿色技术进步效率的提升，以此全面提高经济发展的绿色全要素生产率，实现经济发展与环境保护的"双赢"。

第四节 黄河流域绿色全要素生产率影响因素分析

本节运用 PVAR 模型，借助于空间计量统计软件 Stata. 15，辨析黄河流域环境规制、科技创新与绿色全要素生产率之间的作用关系，并对其未来发展趋势进行预测，探究推动黄河流域绿色、高效发展的核心影响因素。

一、平稳性检验

本章所使用的数据为长面板数据。为避免出现伪回归现象，增强数据平稳性检验的可信性与稳健性，本章采用 LLC 和 Fisher 两种长面板单位根检验方式对黄河流域环境规制（*ER*）、黄河流域科技创新（*TE*）以及黄河流域绿色全要素生产率（*GTFP*）进行单位根检验。黄河流域全域、上游、中游、下游各变量的单位根检验结果如表 7 - 5 所示。

　　　　　　　　　　面板数据单位根检验

地区	变量	LLC		Fisher		结论
		Statistic	P-value	Statistic	P-value	
黄河流域全域	ER	−9.126***	0.000	57.677***	0.000	平稳
	TE	−9.769***	0.000	89.868***	0.000	平稳
	GTFP	−13.651***	0.000	91.341***	0.000	平稳
黄河流域上游	ER	−4.099**	0.015	18.274***	0.001	平稳
	TE	−4.685***	0.001	18.144***	0.001	平稳
	GTFP	−7.604***	0.000	32.698***	0.000	平稳
黄河流域中游	ER	−5.552**	0.012	29.784***	0.001	平稳
	TE	−6.387***	0.000	53.905***	0.000	平稳
	GTFP	−8.124***	0.000	50.828***	0.000	平稳
黄河流域下游	ER	−4.075*	0.078	16.386***	0.003	平稳
	TE	−6.033***	0.000	13.480***	0.009	平稳
	GTFP	−6.667***	0.000	18.421***	0.001	平稳

注：***、**、*分别表示在1%、5%、10%水平上显著。

由表7－5可见，各个区域中三个变量的单位根检验结果均拒绝原假设，且大部分在1%的水平上显著，表明这三个变量均通过了平稳性检验，可以继续进行PVAR模型估计。

二、确定最优滞后阶数

为了保证PVAR模型估计的有效性，对前面设定PVAR模型的最优滞后阶数进行确定。在选择最优滞后阶数时，一般采用MBIC、MAIC、MQIC三个信息准则进行判断，信息准则最小者为最优滞后阶数。黄河流域全域、上游、中游、下游两个模型（模型（1）为绿色全要素生产率与环境规制，模型（2）为绿色全要素生产率与科技创新）的最优滞后阶数计算结果如表7－6所示。

表7－6　　　　　　　　　　最优滞后阶数选择

地区	滞后阶数	模型（1）			模型（2）		
		MBIC	MAIC	MQIC	MBIC	MAIC	MQIC
黄河流域全域	1	−42.864*	−11.722*	−24.322*	−44.141*	−12.999*	−25.599*
	2	−27.770	−7.009	−15.409	−30.734	−9.973	−18.372
	3	−13.875	−3.495	−7.694	−11.451	−1.0700	−5.270

地区	滞后阶数	模型（1）			模型（2）		
		MBIC	MAIC	MQIC	MBIC	MAIC	MQIC
黄河流域上游	1	−24.668*	−11.576*	−14.659*	−25.662*	−12.569*	−15.653*
	2	−18.962	−10.233	−12.289	−20.331	−11.603	−13.659
	3	−7.522	−3.157	−4.185	−8.344	−3.980	−5.008
黄河流域中游	1	−38.159*	−14.071*	−23.386*	−38.073*	−13.985*	−23.299*
	2	−19.836	−3.778	−9.988	−25.899	−9.840	−16.051
	3	−10.009	−1.979	−5.084	−10.002	−1.973	−5.078
黄河流域下游	1	−30.456*	−17.364*	−20.448*	−31.943*	−18.851*	−21.935*
	2	−16.012	−7.284	−9.340	−16.858	−8.129	−10.186
	3	−6.673	−2.309	−3.337	−8.797	−4.432	−5.460

注：* 表示 MBIC、MAIC、MQIC 准则下的最小值，该值对应阶数即为最优滞后阶数。

由表 7-6 可见，黄河流域全域、上游、中游及下游的模型（1）与模型（2）最优滞后阶数均为 1 阶。

三、模型稳定性检验

在对 PVAR 模型进行脉冲响应和方差分解之前，需要对模型进行稳定性检验。PVAR 模型稳定的前提是要求模型特征方程的根全部在单位圆内。对黄河流域全域、上游、中游以及下游环境规制与绿色全要素生产率模型进行稳定性检验，模型特征根在复平面上的散点图如图 7-2 所示。

由图 7-2 所示，黄河流域全域、上游、中游以及下游环境规制与绿色全要素生产率模型中，伴随矩阵的所有特征根均小于 1，位于单位圆内。这说明对应模型都是稳定的，适合进一步进行脉冲响应分析和方差分解。

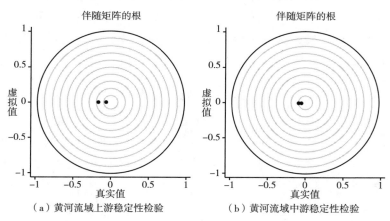

（a）黄河流域上游稳定性检验　　　（b）黄河流域中游稳定性检验

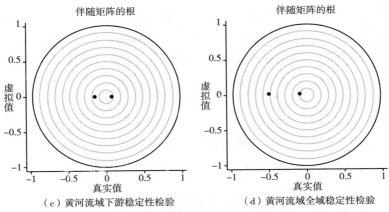

（c）黄河流域下游稳定性检验　　　　（d）黄河流域全域稳定性检验

图7－2　黄河流域环境规制与绿色全要素生产率模型稳定性检验结果

黄河流域全域、上游、中游、下游科技创新与绿色全要素生产率模型的稳定性检验结果如图7－3所示。

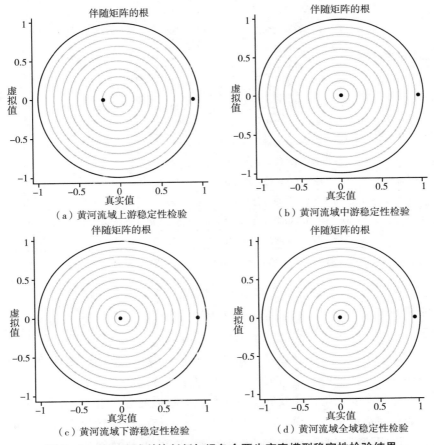

（a）黄河流域上游稳定性检验　　　　（b）黄河流域中游稳定性检验

（c）黄河流域下游稳定性检验　　　　（d）黄河流域全域稳定性检验

图7－3　黄河流域科技创新与绿色全要生产率模型稳定性检验结果

由图 7 - 3 所示，黄河流域全域、上游、中游以及下游科技创新与绿色全要素生产率模型中，伴随矩阵的所有特征根均小于 1，位于单位圆内。这说明对应模型都是稳定的，适合进一步进行脉冲响应分析和方差分解。

四、格兰杰因果检验

在确定最优滞后阶数后，对黄河流域全域、上游、中游以及下游环境规制与绿色全要素生产率、科技创新与绿色全要素生产率进行格兰杰检验，以验证各个变量间的因果关系，检验结果如表 7 - 7 所示。

表 7 - 7　　　　　　　　各变量格兰杰因果关系检验

地区	原假设	F 值	P 值	是否拒绝原假设
黄河流域全域	ER 不是 $GTFP$ 的格兰杰原因	16.561 ***	0.005	拒绝
	$GTFP$ 不是 ER 的格兰杰原因	12.157 **	0.033	拒绝
	TE 不是 $GTFP$ 的格兰杰原因	0.165	0.921	不拒绝
	$GTFP$ 不是 TE 的格兰杰原因	7.383 **	0.025	拒绝
黄河流域上游	ER 不是 $GTFP$ 的格兰杰原因	11.708 ***	0.008	拒绝
	$GTFP$ 不是 ER 的格兰杰原因	9.113 **	0.028	拒绝
	TE 不是 $GTFP$ 的格兰杰原因	6.493 **	0.039	拒绝
	$GTFP$ 不是 TE 的格兰杰原因	0.751	0.687	不拒绝
黄河流域中游	ER 不是 $GTFP$ 的格兰杰原因	7.255	0.123	不拒绝
	$GTFP$ 不是 ER 的格兰杰原因	17.591 ***	0.001	拒绝
	TE 不是 $GTFP$ 的格兰杰原因	56.945 ***	0.000	拒绝
	$GTFP$ 不是 TE 的格兰杰原因	18.392 ***	0.005	拒绝
黄河流域下游	ER 不是 $GTFP$ 的格兰杰原因	4.285	0.369	不拒绝
	$GTFP$ 不是 ER 的格兰杰原因	11.728 **	0.019	拒绝
	TE 不是 $GTFP$ 的格兰杰原因	11.336 **	0.023	拒绝
	$GTFP$ 不是 TE 的格兰杰原因	19.214	0.001	不拒绝

注：***、**、*分别表示在 1%、5%、10% 水平上显著。

由表 7 - 7 可见，对于黄河流域全域及上游来说，环境规制与绿色全要素生产率互为因果关系。这表明环境规制强度会影响绿色全要素生产率水平，而绿色全要素生产率水平也会对环境规制强度产生影响；对于黄河流域中游和下游来说，绿色全要素生产率是环境规制的格兰杰单向原因，这表明黄河流域中游、下游的环境规制对绿色全要素生产率的发展影响不大，但绿色全要素生产率发展水平对环境规制强度会产生一定的影响。

对黄河流域全域来说，绿色全要素生产率是科技创新的格兰杰单向原因，这说明绿色全要素生产率的发展会对区域内的科技创新产生一定的影响；对黄河流域上游和下游来说，科技创新是绿色全要素生产率的格兰杰单向原因，这说明黄河流域上游、下游的科技创新程度会显著促进绿色全要素生产率的发展；对黄河流域中游来说，科技创新与绿色全要素生产率互为因果关系，这表明科技创新水平会影响绿色全要素生产率水平，而绿色全要素生产率水平也会促进科学技术的进步。

五、脉冲响应分析

为了进一步分析黄河流域环境规制与绿色全要素生产率以及科技创新与绿色全要素生产率之间的关系，下面分别对黄河流域上游、中游以及下游的两个模型进行脉冲响应分析，设置冲击作用的时期为十期，通过 500 次蒙特卡洛模拟得到各个变量之间的脉冲响应函数图。

（一）环境规制与绿色全要素生产率脉冲响应分析

黄河流域上游环境规制对绿色全要素生产率、环境规制对自身、绿色全要素生产率对环境规制以及绿色全要素生产率对自身的脉冲响应如图 7-4 所示。

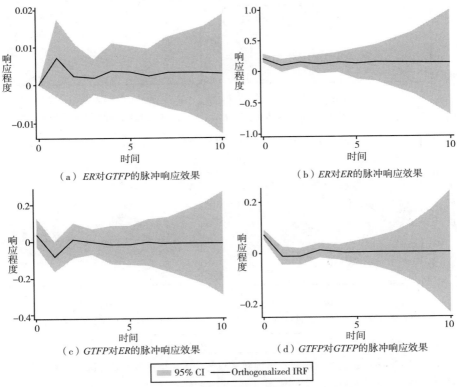

图 7-4 黄河流域上游环境规制与绿色全要素生产率的脉冲响应效果

由图 7-4 可见，黄河流域上游环境规制作为误差扰动项对绿色全要素生产率的发展呈现波动性正向效应。环境规制对绿色全要素生产率的冲击在前期较为强烈，在第 1 期时，正向促进作用达到峰值，随后急速下降，呈现"下降——上升"的循环波动状态，并于第 6 期缓慢上升后趋于平稳；黄河流域上游环境规制作为误差扰动项对自身的冲击呈现较为平稳的正向影响趋势。环境规制在前 3 期对自身的冲击变动相对剧烈，呈现"下降——上升——下降"的变动趋势，并在第 4 期后趋于平缓。由此可见，长期来看，严格的环境规制有利于提高黄河流域上游的绿色全要素生产率，且影响较为明显。

黄河流域中游环境规制对绿色全要素生产率、环境规制对自身、绿色全要素生产率对环境规制以及绿色全要素生产率对自身的脉冲响应如图 7-5 所示。

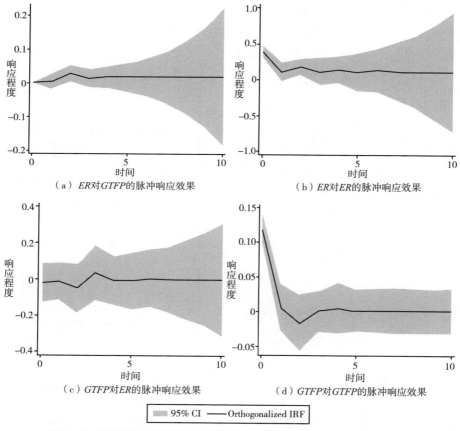

（a）ER对GTFP的脉冲响应效果　　　　（b）ER对ER的脉冲响应效果

（c）GTFP对ER的脉冲响应效果　　　　（d）GTFP对GTFP的脉冲响应效果

95% CI ——Orthogonalized IRF

图 7-5　黄河流域中游环境规制与绿色全要素生产率的脉冲响应效果

由 7-5 可见，黄河流域中游环境规制作为误差扰动项对绿色全要素生产率的冲击呈正向影响，但影响程度相对较小。环境规制作为误差扰动项对绿色全要素生产率的冲击在前 3 期波动较为明显，于当期缓慢上升并在第 2 期达到正向冲击峰值，随后缓慢下降并趋于平稳，但依然呈现正向效应；黄河流域中游环境规制作为误差扰动项对自身的冲击呈现逐渐下降的正向波动趋势。黄河流域环境规制在前 5 期对自身的冲击变动较为强烈，当期正向效应十分明显，在第 1 期时急剧下降，随后缓慢波动，并于第 5 期趋于平缓，但一直呈现正向积极影响。

整体来讲，长期来看，环境规制对黄河流域中游绿色全要素生产率的发展同样是有利的，但其冲击幅度相对较小，正向影响作用不明显。

黄河流域下游环境规制对绿色全要素生产率、环境规制对自身、绿色全要素生产率对环境规制以及绿色全要素生产率对自身的脉冲响应如图 7-6 所示。

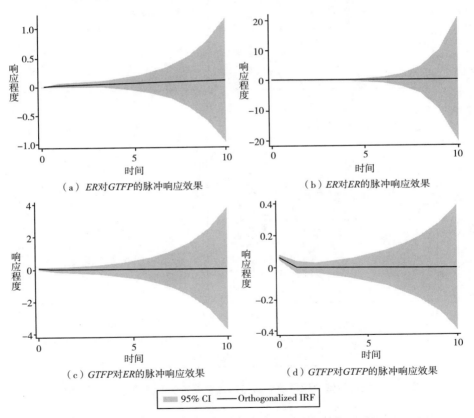

图 7-6　黄河流域下游环境规制与绿色全要素生产率的脉冲响应效果

由图 7-6 可见，黄河流域下游环境规制作为误差扰动项对绿色全要素生产率的冲击较为平缓。第 1 期时，环境规制对绿色全要素生产率呈现微小增长的正向效应，随后趋于平缓，环境规制的驱动效应不明显。黄河流域下游环境规制作为误差扰动项对自身的冲击变动幅度较小，呈现平缓且较为微小的正向效应。这可能是由于黄河流域下游地处经济较为发达的东部地区，经济水平、创新能力较强，"惩罚性"环境规制手段见效甚微而"激励型"环境规制手段对企业的吸引程度相对较弱所导致的。

黄河流域全域环境规制对绿色全要素生产率、环境规制对自身、绿色全要素生产率对环境规制以及绿色全要素生产率对自身的脉冲响应如图 7-7 所示。

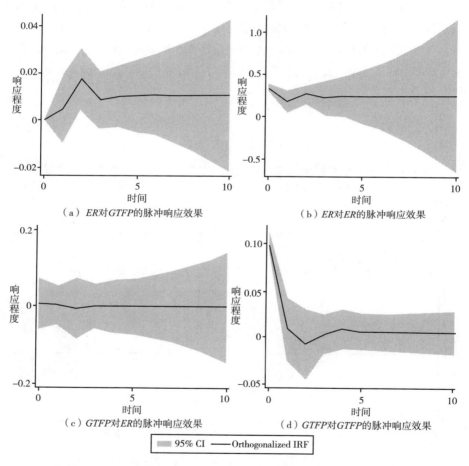

图 7-7　黄河流域全域环境规制与绿色全要素生产率的脉冲响应效果

由图 7-7 可见，从黄河流域全域视角来看，环境规制作为误差扰动项对绿色全要素生产率的发展呈现的正向冲击效应较为明显。在前期，环境规制对绿色全要素生产率的冲击十分强烈，在第 2 期时，正向促进作用达到最大，随后急速下降，但依然呈现正向效应，于第 3 期趋于平缓；黄河流域环境规制作为误差扰动项对自身的冲击呈现正向波动冲击趋势。黄河流域环境规制在前3期对自身的冲击变动较为强烈，当期正向效应十分明显，但在第1期时呈现较大幅度的下降，在第2期呈现较大幅度的上升，在第3期缓慢下降并趋于平缓，但一直呈现正向积极影响。

这表明环境规制政策的实施在短期内对绿色全要素生产率的促进作用相对明显，例如加大排污费的征收，会促使相关单位或者企业及时整改，进而促进绿色全要素生产率的提升；在长期看来，环境规制强度也有助于绿色全要素生产率的发展，但单纯依靠增加处罚力度或增加环境治理投资，其影响效果可能会有所下降。

（二）科技创新与绿色全要素生产率脉冲响应分析

黄河流域上游科技创新对绿色全要素生产率、科技创新对自身、绿色全要素生产率对科技创新以及绿色全要素生产率对自身的脉冲响应如图7-8所示。

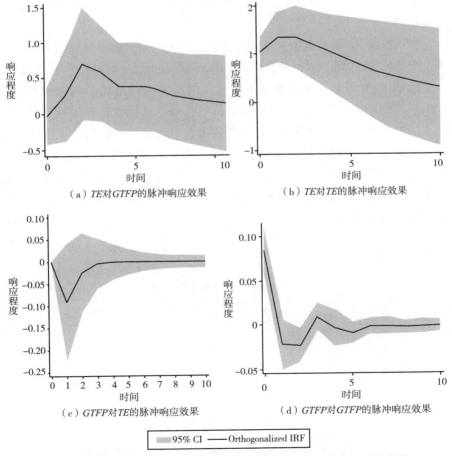

图7-8　黄河流域上游科技创新与绿色全要素生产率的脉冲响应效果

由图7-8可见，黄河流域上游科技创新作为误差扰动项对绿色全要素生产率的正向冲击较为明显。科技创新对绿色全要素生产率的冲击在前期十分强烈，在第3期时，正向效用达到最大，随后快速下降，于第7期开始缓慢下降并趋于稳定，但一直呈现正向冲击；黄河流域上游科技创新作为误差扰动项对自身的冲击呈现先升后降的变动趋势。当期科技创新对自身的正向影响效应较高，随后快速上升，且在第1期与第2期达到正向影响峰值，随后持续下降，但其冲击效应均为正向。黄河流域上游绿色全要素生产率作为误差扰动项对科技创新的冲击在前期较为强烈，在第1期时，负向效用达到最大，随后快速上升，于第3期开始实现正向效应，随后趋于稳定。

出现这种现象的原因可能是由于黄河流域上游的青海省与四川省经济发展水平不高，科技创新成果转化相对滞后，对绿色经济发展效率发挥正向作用需经过较长的时间。长期看来，科技创新对于降低黄河流域上游资源消耗，提升经济发展效率，促进绿色经济全要素生产率的提升具有较为明显的作用。

黄河流域中游科技创新对绿色全要素生产率、科技创新对自身、绿色全要素生产率对科技创新以及绿色全要素生产率对自身的脉冲响应如图7-9所示。

由图7-9可见，黄河流域中游科技创新作为误差扰动项对绿色全要素生产率的冲击呈现先降后升的负向影响态势。科技创新对绿色全要素生产率的冲击在前期十分强烈，在当期效果并不明显，但随后快速下降，在第2期时达到负向效用最大，随后较快上升，在第3期后开始缓慢上升；黄河流域中游科技创新作为误差扰动项对自身的正向冲击不断下降。科技创新对自身的冲击在当期快速下降后，在第1期呈现缓慢增长，随后呈持续性下降态势，但其冲击效应均为正向。黄河流域中游绿色全要素生产率

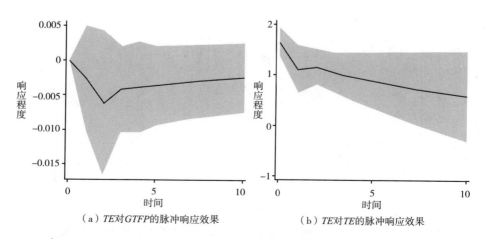

（a）*TE*对*GTFP*的脉冲响应效果　　　　（b）*TE*对*TE*的脉冲响应效果

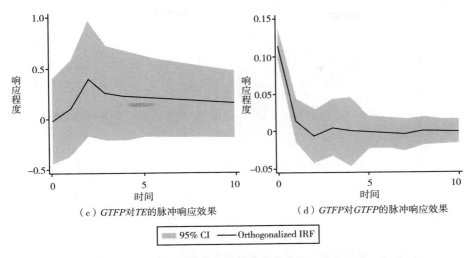

（c）*GTFP*对*TE*的脉冲响应效果 　　　　（d）*GTFP*对*GTFP*的脉冲响应效果

■ 95% CI　　——Orthogonalized IRF

图7－9　黄河流域中游科技创新与绿色全要素生产率的脉冲响应效果

作为误差扰动项对科技创新的冲击在前期十分强烈，当期呈快速增长态势，在第3期时，正向效用达到最大，随后小幅度下降，并于第4期开始缓慢下降并趋于稳定，但一直呈现正向影响。

出现这种情况可能是由于黄河流域中游各个省份之间的经济发展水平和科技创新水平存在较大的差异，科技创新成果转化相对滞后，短期内对绿色全要素生产率的作用不明显，甚至有可能因科技研发早期的高投入低产出而导致绿色全要素生产率下降。但长期来看，科技创新对绿色全要素生产率的影响作用有显著提升。

黄河流域下游科技创新对绿色全要素生产率、科技创新对自身、绿色全要素生产率对科技创新以及绿色全要素生产率对自身的脉冲响应如图7－10所示。

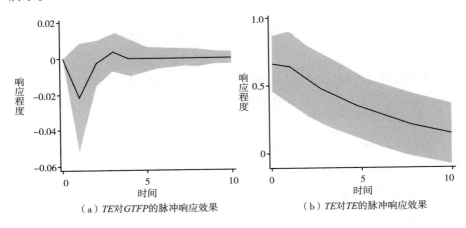

（a）*TE*对*GTFP*的脉冲响应效果 　　　　（b）*TE*对*TE*的脉冲响应效果

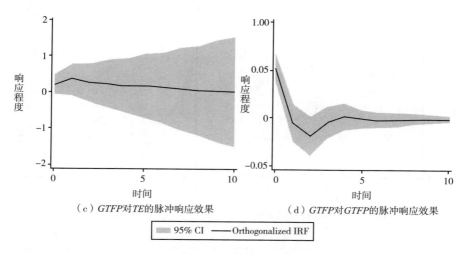

（c）GTFP对TE的脉冲响应效果　　　　（d）GTFP对GTFP的脉冲响应效果

▓ 95% CI　　—— Orthogonalized IRF

图7-10　黄河流域下游科技创新与绿色全要素生产率的脉冲响应效果

由图7-10可见，黄河流域下游科技创新作为误差扰动项对绿色全要素生产率的冲击呈现由负转正的趋势。科技创新对绿色全要素生产率的冲击在前期快速下降，在第1期时达到负向峰值，随后迅速上升，在第3期达到正向最大值后缓慢下降并趋于稳定。黄河流域下游科技创新作为误差扰动项对自身的冲击呈现持续性下降的变动趋势。当期科技创新对自身的正向影响较高，随后持续下降，但其冲击效应均为正向。黄河流域下游绿色全要素生产率作为误差扰动项对科技创新的冲击呈先升后降的正向影响效应，当期呈较快增长态势，在第2期时，正向效用达到最大，随后持续小幅下降，并趋于稳定，且一直呈现正向影响。

这可能是由于黄河流域下游虽然经济发展水平相对较高，科技创新水平也相对较高，但科技创新产出具有不确定性，短期内可能由于投入成本过高但产出相对滞后，一定程度上阻碍了绿色全要素生产率的发展。但长期看来，黄河流域下游科技创新对绿色全要素生产率发挥正向促进作用。

黄河流域全域科技创新对绿色全要素生产率、科技创新对自身、绿色全要素生产率对科技创新以及绿色全要素生产率对自身的脉冲响应如图7-11所示。

由图7-11可见，黄河流域全域科技创新作为误差扰动项对绿色全要素生产率的发展呈现先升后降的正向冲击。科技创新对绿色全要素生产率的冲击在前期持续增强，在第1期时，正向促进作用达到最大，随后略有波动，于第3期趋于稳定。可见，从全流域视角来看，科技创新能够促进

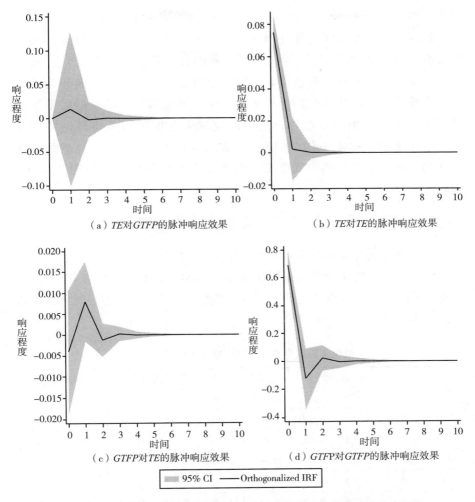

（a）*TE*对*GTFP*的脉冲响应效果　　　　　（b）*TE*对*TE*的脉冲响应效果

（c）*GTFP*对*TE*的脉冲响应效果　　　　　（d）*GTFP*对*GTFP*的脉冲响应效果

95% CI ──── Orthogonalized IRF

图7-11　黄河流域全域科技创新与绿色全要素生产率的脉冲响应效果

绿色全要素生产率的提升；黄河流域全域科技创新作为误差扰动项对自身的冲击呈现由逐步下降的正向冲击。科技创新对自身的冲击在第1期快速下降，随后缓慢下降并持续实现正向冲击。可见，科技创新具有持续稳定的扩散效应，科学创新带来的系列技术进步，进一步加速科技成果的转化，会通过技术转移、技术扩散等方式与科技创新形成良性互动。黄河流域全域绿色全要素生产率作为误差扰动项对科技创新的冲击呈现先升后降的波动趋势，在第1期对科技创新的冲击达到峰值，之后快速下降，在第2期对科技创新产生负向冲击，随后缓慢上升并小幅波动趋于平稳。

　　由此可见，对于黄河流域全域来说，绿色全要素生产率对科技创新的促进作用总体来说也较为明显，两者能够形成良性互动的双向促进关系。

观察上述各变量间的脉冲响应轨迹在影响趋势、响应强度及其响应阶段方面的演化趋势可见，在未来 10 年的预测期内，总体而言，黄河流域各地区环境规制、科技创新与绿色全要素生产率之间具有较为稳定的双向或单向影响作用机制。然而，由于黄河流域地区间发展的平衡以及要素间相互作用的复杂性，在黄河流域生态保护与高质量发展过程中，应注重根据发展阶段的特点，推动地区间的优势互补与要素间的耦合互动，通过全方位的协同创新，突破生态保护与创新发展的"瓶颈"问题。

六、方差分解

为更细致地对黄河流域环境规制与绿色全要素生产率、科技创新与绿色全要素生产率的联动关系进行量化分析与预测，本章采用方差分析法，分析黄河流域各区域内各变量的冲击对其他变量的影响程度，预测期为 15 年，如表 7 - 8 和表 7 - 9 所示。

表 7 - 8　　　　绿色全要素生产率与环境规制方差分解结果

变量	预测期	黄河流域全域		黄河流域上游		黄河流域中游		黄河流域下游	
		GTFP	ER	GTFP	ER	GTFP	ER	GTFP	ER
GTFP	1	1.000	0.000	1.000	0.000	1.000	0.000	1.000	0.000
GTFP	5	0.995	0.005	0.998	0.001	0.993	0.007	0.996	0.004
GTFP	10	0.981	0.087	0.991	0.008	0.977	0.023	0.988	0.012
GTFP	15	0.972	0.027	0.985	0.015	0.967	0.033	0.990	0.010
ER	1	0.035	0.996	0.142	0.858	0.006	0.994	0.072	0.928
ER	5	0.277	0.723	0.282	0.718	0.167	0.843	0.148	0.852
ER	10	0.489	0.510	0.369	0.631	0.274	0.726	0.149	0.851
ER	15	0.557	0.443	0.447	0.553	0.309	0.691	0.149	0.851

由表 7 - 8 可见，黄河流域各区域环境规制在短期内对绿色全要素生产率的贡献程度较低，但随时间推移逐步提高。其中，黄河流域全域环境规制对绿色全要素生产率的贡献最高，在第 15 期稳定在 55.7% 的高位；黄河流域上游环境规制对绿色全要素生产率的贡献率次之，在第 15 期稳定在 44.7%；黄河流域中游环境规制对绿色全要素生产率的贡献率相对较小，在第 15 期稳定在 30.9%；黄河流域下游环境规制对绿色全要素生产率的贡献最小，在第 10 期后贡献率稳定在 14.9%。

表 7 - 9　　　　　　　　　绿色全要素生产率与科技创新方差分解结果

变量	预测期	黄河流域全域		黄河流域上游		黄河流域中游		黄河流域下游	
		GTFP	*TE*	*GTFP*	*TE*	*GTFP*	*TE*	*GTFP*	*TE*
GTFP	1	1.000	0.000	1.000	0.000	1.000	0.000	1.000	0.000
GTFP	5	0.835	0.165	0.936	0.064	0.850	0.150	0.870	0.130
GTFP	10	0.723	0.277	0.903	0.097	0.771	0.229	0.785	0.215
GTFP	15	0.618	0.382	0.896	0.104	0.722	0.278	0.728	0.272
TE	1	0.043	0.957	0.000	1.000	0.004	0.996	0.000	1.000
TE	5	0.078	0.922	0.072	0.928	0.016	0.984	0.061	0.939
TE	10	0.078	0.922	0.148	0.852	0.017	0.983	0.074	0.926
TE	15	0.078	0.922	0.149	0.851	0.018	0.982	0.079	0.921

由表 7 - 9 可见，黄河流域各区域科技创新在短期内对绿色全要素生产率的贡献程度较低，但随着时间的推移，影响程度逐步增长。其中，黄河流域上游科技创新对绿色全要素生产率的贡献最高，在第 10 期稳定在 14.8% 的高位；黄河流域下游科技创新对绿色全要素生产率的贡献率次之，在第 15 期稳定至 7.9%；黄河流域全域科技创新对绿色全要素生产率的贡献率较小，在第 10 期稳定至 7.8%；黄河流域中游科技创新对绿色全要素生产率的贡献相对较小，在第 15 期后稳定贡献率为 1.8%。

总体看来，未来 15 年内，黄河流域环境规制与科技创新对绿色全要素生产率的贡献率持续增长；相较于科技创新，环境规制对绿色全要素生产率的贡献程度更大。在黄河流域各区域中，上游科技创新和环境规制的贡献率最高；下游环境规制的贡献率最低；中游科技创新的贡献率最低。但在长期来看，黄河流域环境规制、科技创新对绿色全要素生产率均存在正向促进作用。

第五节　管理启示

本章采用 DEA-Malmquist 指数模型，对我国黄河流域 9 个省份 2003～2019 年的绿色全要素生产率进行测算，并运用 PVAR 模型分析环境规制、科技创新与绿色全要素生产率之间的联动关系，启示如下：

第一，从黄河流域绿色全要素生产率的测算结果来看，在观测期 2003～2019 年，我国黄河流域绿色全要素生产率具有阶段性波动的特点，整体呈现增长趋势，且黄河流域各省份之间的差异正在逐步缩小。

第二，从黄河流域绿色全要素生产率的影响因素预测来看，按照目前的发展趋势，在未来15年，环境规制与科技创新对绿色全要素生产率的贡献程度呈逐年上升态势；其中，环境规制对绿色全要素生产率的贡献程度最高，科技创新次之。黄河流域上游环境规制和科技创新的贡献率最高；黄河流域下游环境规制的贡献率最低；黄河流域中游的科技创新的贡献率最低。

科技创新是推动黄河流域生态保护与高质量发展的动力源泉。但从目前发展趋势来看，科技创新对绿色全要素生产率的贡献仍处于低位，未能充分发挥其应有的引领作用。环境规制虽然在绿色全要素生产率提升过程中起到了正向促进作用，但其正向作用存在一定的地区差异性和局限性。为此，在推动黄河流域生态保护与高质量发展进程中，应科学把握各种政策工具对生态保护和经济发展的影响机理，全面了解黄河流域各地区的发展水平和发展条件，探寻系统性、整体性、协同性的高质量发展优化方案。

第八章　黄河流域生态保护与高质量
发展综合评价

从创新能力、对外开放、经济发展质量效率、民生改善、环境保护和生态保护六个维度构建黄河流域高质量发展评价指标体系，考虑不同区域生态保护与高质量发展指标数据的差异性，采用主客观权重相结合的赋权法设置指标权重，对黄河流域 2003～2019 年生态保护与高质量发展水平进行多尺度、多层次的综合评价与分析，全面诊断黄河流域各地区生态保护与高质量发展中的低效环节和"瓶颈"问题。在此基础上，对黄河流域各地区生态保护与高质量发展创新生态系统的适宜度及进化动量进行实证分析，从创新群体、创新资源、创新环境三个方面分析各地区创新生态系统的差异性，并根据提升创新生态系统适宜度的现实需求，提出黄河流域重点区域创新生态系统优势互补、协同合作的策略建议。

第一节　黄河流域生态保护与高质量
发展评价指标体系

生态保护是黄河流域高质量发展的生命底线（陈晓东和金碚，2019），良好的生态环境是黄河流域可持续发展的基础，也是高质量发展的基础。黄河流域的高质量发展是更高质量、更具效率、更加稳定、更为开放的新发展方式和发展战略，以质量和效益为价值取向，高度聚合了创新、协调、绿色、开放、共享五大发展理念，更多地体现在增进民生福祉方面。发展质量提升的关键是通过创新提高经济效率，实现黄河流域经济发展从高速度转向高质量的跨越，经济发展方式要从要素驱动转向创新驱动，创新是重要的新动能，成为第一动力。扩大对外开放，一方面通过引进更多先进技术和理念，推动国内产业发展和转型升级，加快创新引领的高质量发展步伐；另一方面通过购买各国特色产品和优质服务，能够更好地满足人民日益增长的美好生活需要。因此，黄河流域的高质量发展既要包含经济社会发展，更需要注重创新能力、对外开放和生态环境保护，是创新驱动下生态保护与经济社会发展质量效率的协调统一。为此，对于黄河流域高质量发展的综合评价应包含创新能力、对外开放、经济发展质量效率、民生改善、环境保护和生态保护六个维度。

一、创新能力

创新活动的开展必须具备一定的人力资源支撑。为此，开展创新活动的区域要有足够的高校科研院所的大量专业技术人员等提供智力资源支撑。同时，创新活动的开展离不开创新资源要素的投入。如完善的仪器设备等硬件投入、经费投入等是保障研究与试验活动正常进行的前提，因此，考察区域创新能力时，人力投入和财力投入两个方面必不可少。衡量一个地区创新能力的重要指标，关键是看科技创新的产出情况。衡量科技创新活动的产出，主要通过专利情况。随着国家知识产权保护制度的日趋完善，越来越多的地区也把相关专利授权作为衡量区域创新能力的重要指标。因专利授权特别是发明专利从申请到授权的时间较长，专利申请受理数也常被作为一项重要的指标来衡量。

二、对外开放

对外开放度是衡量一个地区经济对外开放程度、体现地区开放型经济发展规模和水平的重要指标（杨朝均等，2018）。高水平的对外开放能够引进更多先进技术和理念，推动国内产业发展和转型升级，提高供给体系质量，促进我国产业迈向全球价值链的中高端。目前，广泛接受的指标体系主要包含国际贸易和国际投资方面（周茂荣和张子杰，2009），其中贸易开放度采用进口总额占地区生产总值的比重和出口总额占地区生产总值的比重两个指标，投资开放度可以分为外商直接投资和对外直接投资两方面。考虑黄河流域各省份对外开放的实际情况，采用外商投资额占地区生产总值比重和实际利用外资占地区生产总值比重两个指标反映地区的投资开放度。

三、经济发展质量效率

黄河流域经济发展的高质量不应只体现在经济发展速度的加快，更要注重经济发展的质量和效益。黄河流域是我国重要的粮食产区和能源基地，第一产业、第二产业占比较重，适度增加以服务业为主的第三产业占比，可以促进经济结构优化和转型升级。因此，除人均地区生产总值外，第三产业增加值占地区生产总值的比重作为一项重要的经济发展质量效率评价指标。此外，加大对高技术产业的投资力度，可以培育新业态、新动能，加速新旧动能转化进程，提高工业企业的整体收入利润率。因此，规模以上工业企业收入利润率也可以作为评价经济发展质量效率的重要指标。

四、民生改善

随着我国社会生产力水平的极大提高，社会主要矛盾发生重大的变化，人民群众对物质文化生活提出了更高要求。黄河流域高质量发展的根本目标是能够很好地满足所在地区人民日益增长的美好生活需要。因此，民生改善既涉及居民的收入水平、支出水平、就业、教育和公共服务等诸多方面，又包括改变城乡二元结构，推进城乡协调发展，全面打赢脱贫攻坚战，如期全面建成小康社会等。城乡居民人均收入比值、人均可支配收入与人均 GDP 之比、人均教育文化娱乐支出占消费支出的比重、居民恩格尔系数、城镇登记失业率、常住人口城镇化率、人均教育财政支出、万人高等学校在校学生数、养老保险参保人数、每千人口医疗机构床位等指标从不同维度反映了高质量发展的惠民成果，均应作为衡量民生改善程度的重要指标。

五、环境保护

黄河流域生态环境脆弱，做好生态环境保护工作是黄河流域高质量发展的基础。传统的粗放型发展模式下，工业"三废"排放和农田化肥的过度施用造成了严重的环境污染，黄河流域的生态环境保护既需要控制污染物超标排放，还需加大环境污染治理力度，提高资源和能源的使用效率，从环境治理、限制污染排放、降低能耗等多方面加大环境保护力度。因此，环境污染治理投资占 GDP 比重、废水排放总量、工业固体废物产生量、化肥施用量、单位地区生产总值能耗、每万元 GDP 电耗总量等指标均可作为评价地区环境保护质量的重要指标。

六、生态保护

黄河流域是我国重要的生态安全屏障。打造优质生态，共享美好生活，是实现黄河流域高质量发展的内在要求，也是根本途径。改善黄河流域生态状况，不仅需将黄河流域视作一个有机整体，改善全流域整体生态状况，还应充分考虑黄河流域上中下游生态保护的差异，遵循分类发展与协同发展的原则，上游地区加强水源涵养能力、中游地区提高水土保持能力、下游地区适度增加生物多样性。由于黄河流域水土流失严重，水资源短缺不足，应对特定区域的重点生态功能区赋予更多生态修复内容，并相应降低经济发展任务，通过生态补偿实现全流域生态环境的改善。因此，黄河流域生态状况评价应基于保护区面积占辖区面积比重等生态功能需求，从本年新增水土治理面积、湿地面积占辖区面积比重、人均水资源量、造林面积、城市人均公园绿地面积等维度，对不同地区的生态状况进行差异化的评价标准设计。

基于对黄河流域高质量发展的维度解析，按照系统性、客观性、全面性和数据可获得性的原则，构建包含创新能力、对外开放、经济发展质量效率、民生改善、环境保护和生态保护6个二级指标、16个三级指标、38个四级指标的黄河流域高质量发展评价指标体系（见表8-1）。

表8-1　　　　　　黄河流域生态保护与高质量发展评价指标体系

测量要素	测量指标	实测指标	指标属性
创新能力	人力投入	博士/硕士在校生（人）	正
		R&D人员全时当量（万人年）	正
	财力投入	科研机构经费投入（万元）	正
		R&D经费内部支出（万元）	正
		高技术产业固定资产投资额（亿元）	正
		高技术产业投资额占固定资产投资比重（%）	正
	创新产出	专利申请受理数（件）	正
		专利授权数（件）	正
对外开放	国际投资	外商投资额占地区生产总值比重（%）	正
		实际利用外资占地区生产总值比重（%）	正
	国际贸易	进口总额占地区生产总值的比重（%）	正
		出口总额占地区生产总值的比重（%）	正
经济发展质量效率	质量效率	人均地区生产总值（元）	正
		规模以上工业企业收入利润率（%）	正
	经济结构	第三产业增加值占地区生产总值比重（%）	正
民生改善	居民收入/支出	城乡居民人均可支配收入比值（%）	负
		人均可支配收入与人均GDP之比（%）	负
		人均教育文化娱乐支出占消费支出的比重（%）	正
		居民恩格尔系数（%）	负
	就业	城镇登记失业率（%）	负
		常住人口城镇化率（%）	正

测量要素	测量指标	实测指标	指标属性
民生改善	教育	人均教育财政支出（元/人）	正
		高等学校在校学生数（万人）	正
	公共	养老保险参保比例（%）	正
		每万人公共图书馆图书资源量（册）	正
		每千人口医疗机构床位（张）	正
环境保护	环境治理	环境污染治理投资占 GDP 比重（%）	正
	污染排放	每万元 GDP 废水排放总量（万吨）	负
		每万元 GDP 工业固体废物产生量（万吨）	负
		化肥施用量（万吨）	负
	能耗	单位地区生产总值能耗/（吨（标准煤）/万元）	负
		每万元 GDP 电耗总量（千瓦）	负
生态保护	水土保护	保护区面积占辖区面积比重（%）	正
		本年新增水土治理面积（平方千米）	正
		湿地面积占辖区面积比重（%）	正
		人均水资源量（立方米/人）	正
	绿化	造林面积（平方千米）	正
		城市人均公园绿地面积（平方米/人）	正

第二节　黄河流域生态保护与高质量发展评价模型与指标权重

指标的权重是指标在整体评价中的相对重要程度，合理分配权重是量化评估的关键。指标的赋权方法分为组合赋权法和单一赋权法两种。单一赋权法可以划分为客观赋权法和主观赋权法。客观赋权法侧重于反映指标的数据信息，却无法体现专家意见；主观赋权法能够反映专家的意见，但却又无法反映数据信息。因此，学者们在研究中确认指标权重时，经常将主观赋权法和客观赋权法相结合进行组合赋权，从而使权重能够同时反映专家意见和数据信息。

一、基于 AHP 的主观赋权法

层次分析法（analytical hierarchy process，AHP）由美国匹兹堡大学萨蒂（Satty）教授于 1977 年提出，是一种将定性与定量分析相结合的多目标多准则决策方法。该方法首先将复杂的指标体系划分层次，并分别对同一层次的各指标两两比较重要性，构建判断矩阵；其次根据各判断矩阵分别计算本层次指标的权重，并通过矩阵最大特征根验证两两比较结果的一致性；最后根据各层次计算的指标相对权重，计算各指标在整个指标体系中的权重。

层次分析法对同层次的各指标进行两两比较，并通过一致性检验验证结果的一致性。因此，层次分析法确定评价指标权重由四个步骤完成：

第一步，建立递阶层次结构模型。即为特定评价目标构建的评价指标体系。

第二步，构造各层次判断矩阵。确定评价指标体系中各因子的权重时，每次取两个因子 x_i 和 x_j，以 a_{ij} 表示 x_i 和 x_j 对于决策目标 T 的重要性之比，则矩阵 $A = (a_{ij})_{n \times n}$ 表示决策目标 T 与评价指标 X 的成对比较判断矩阵。

$$A = (a_{ij})_{n \times n} = \begin{bmatrix} a_{11} & a_{12} & \cdots & a_{1n} \\ a_{12} & a_{22} & \cdots & a_{2n} \\ \vdots & \vdots & \vdots & \vdots \\ a_{n1} & a_{n2} & \cdots & a_{nn} \end{bmatrix} \tag{8-1}$$

萨蒂（1977）通过多次实验发现，采用数字 1~9 及其倒数作为标度确定 a_{ij} 的值最为合适。1~9 标度的含义如表 8-2 所示。

表 8-2 1~9 标度的含义

标度	含义
1	两两比较中认为同等重要
3	前者比后者稍微重要
5	前者比后者重要
7	前者比后者强烈重要
9	非常重要，有足够证据前者绝对重要于后者
2，4，6，8	前面尺度的中间值

若因子 i 与因子 j 的重要性之比为 a_{ij}，那么因子 j 与因子 i 的重要性之比为 $a_{ji} = 1/a_{ij}$。

第三步，层次内排序及一致性检验。萨蒂（1977）采用特征根法，用成对判断矩阵 A 的最大特征根 λ_{max} 所对应的归一化特征向量作为权重向量 W，则有 $A_w = \lambda_{max} W$，其中 $W = W_1，W_2，K，W_n$。正确地判断矩阵的重要性排序应该遵循一定的逻辑，即：若 X 比 Y 重要，Y 比 Z 重要，那么从逻辑上判断，X 应该比 Z 重要。据此，可计算一致性指标 CI，结合平均随机一致性指标 RI（见表 8-3），计算一致性比例 CR，对比较判断矩阵进行一致性检验。

表 8 – 3 平均随机一致性指标 *RI* 值

阶数	1	2	3	4	5	6	7	8	9
RI	0.00	0.00	0.58	0.90	1.12	1.24	1.32	1.41	1.45

$$CI = \frac{\lambda_{max} - n}{n - 1} \qquad (8 - 2)$$

其中，λ_{max} 为判断矩阵 A 的最大特征根，n 是判断矩阵 A 的阶数。

$$CR = \frac{CI}{RI} \qquad (8 - 3)$$

当 $CR < 0.10$ 时，认为判断矩阵的一致性可以接受；当 $CR > 0.10$ 时，判断矩阵不符合一致性要求，需要检查判断矩阵的逻辑关系。

第四步，指标体系总排序及一致性检验。通过一致性检验后，就得到该层次元素的权重排序，即层次单排序，或层次内相对权重。层次总排序权重按照自上而下的方法，逐层排序后进行合成。

本书采用网络层次分析法决策软件 Super Decision 计算指标权重并完成相关检验，Super Decision 软件构建的 AHP 层次架构如图 8 – 1 所示。

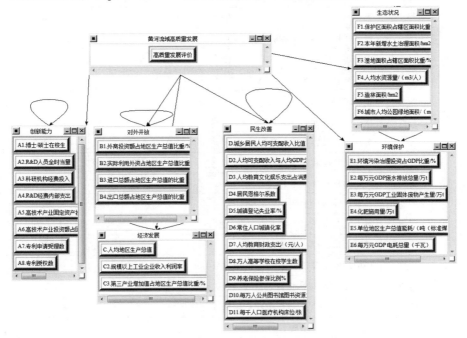

图 8 – 1 Super Decision 中的 AHP 层次架构

将专家群体指标重要性判断结果输入 Super Decision 软件系统，计算后得到黄河流域生态保护与高质量发展评价指标体系的主观权重如表8-4所示。

表8-4　　黄河流域生态保护与高质量发展评价体系主观权重

第一层指标	第三层指标	主观权重
创新能力 （0.2144）	博士/硕士在校生（人）	0.0090
	R&D 人员全时当量（万人年）	0.0248
	科研机构经费投入（万元）	0.0273
	R&D 经费内部支出（万元）	0.0227
	高技术产业固定资产投资额（亿元）	0.0143
	高技术产业投资额占固定资产投资额比重（%）	0.0151
	专利申请受理数（件）	0.0428
	专利授权数（件）	0.0583
对外开放 （0.0570）	外商投资额占地区生产总值比重（%）	0.0079
	实际利用外资占地区生产总值比重（%）	0.0060
	进口总额占地区生产总值的比重（%）	0.0160
	出口总额占地区生产总值的比重（%）	0.0272
经济发展 质量效率 （0.3487）	人均地区生产总值（元）	0.1222
	规模以上工业企业收入利润率（%）	0.0777
	第三产业增加值占地区生产总值比重（%）	0.1487
民生改善 （0.0842）	城乡居民人均可支配收入比值（%）	0.0047
	人均可支配收入与人均 GDP 之比（%）	0.0055
	人均教育文化娱乐支出占消费支出的比重（%）	0.0139
	居民恩格尔系数（%）	0.0081
	城镇登记失业率（%）	0.0067
	常住人口城镇化率（%）	0.0054
	人均教育财政支出（元/人）	0.0146
	高等学校在校学生数（万人）	0.0051
	养老保险参保比例（%）	0.0103
	每万人公共图书馆图书资源量（册）	0.0050
	每千人口医疗机构床位（张）	0.0050
环境保护 （0.1548）	环境污染治理投资占 GDP 比重（%）	0.0270
	每万元 GDP 废水排放总量（万吨）	0.0217
	每万元 GDP 工业固体废物产生量（万吨）	0.0137
	化肥施用量（万吨）	0.0226

第一层指标	第三层指标	主观权重
环境保护 （0.1548）	单位地区生产总值能耗（吨（标准煤）/万元）	0.0350
	每万元 GDP 电耗总量（千瓦）	0.0350
生态保护 （0.1409）	保护区面积占辖区面积比重（%）	0.0131
	本年新增水土治理面积（平方千米）	0.0238
	湿地面积占辖区面积比重（%）	0.0200
	人均水资源量（立方米/人）	0.0444
	造林面积（平方千米）	0.0124
	城市人均公园绿地面积（平方米/人）	0.0272

由表 8-4 可见，黄河流域生态保护与高质量发展评价指标体系主观权重中，经济发展所占比重最高（34.87%），经济高质量发展是黄河流域整体高质量发展的基础，是提高黄河流域居民物质文化生活条件的前提条件。生态保护与环境保护所占比重大致相当，所占比重略低于经济发展（共 29.57%），体现了经济与生态并重的可持续发展思想。创新能力所占比重达 21.44%，创新能力是黄河流域高质量发展潜力的重要体现，优越的人才、资金、技术条件是驱动黄河流域创新发展的重要资源，也是提高创新能力的必备条件。民生改善是黄河流域高质量发展成果的体现，所占比重 8.42%。对外开放是实现"一带一路"倡议的重要手段，对黄河流域高质量发展具有重要推动作用，所占比重 5.7%。

二、基于熵值法的客观赋权法

熵值法的基本思路是根据评价指标的变异程度设置指标权重。变异程度越大，权重越大；反之则越小。熵值赋权法排除了人为因素和主观评价性，因此被作为客观赋权的常用方法之一。熵值赋权法的主要步骤为：

第一步，对原始数据进行整理，设有 m 个评价对象，n 个评价指标，形成如下原始数据矩阵：

$$X_{m \times n} = \begin{bmatrix} x_{11} & x_{12} & \cdots & x_{1n} \\ x_{12} & x_{22} & \cdots & x_{2n} \\ \vdots & \vdots & \vdots & \vdots \\ x_{m1} & x_{m2} & \cdots & x_{mn} \end{bmatrix} = (X_1 \ X_2 \cdots X_n) \qquad (8-4)$$

其中，$x_{ij}(i = 1, 2, \cdots, m; j = 1, 2, \cdots, n)$ 表示第 i 个评价对象在第 j 项指标中

的数值；$x_j (j = 1,2,\cdots,n)$ 表示第 j 项指标的全部评价对象的列向量数据。

由于评价指标体系中各指标的量纲、数量级等均存在差异，因此，需对其进行无量纲化处理，以消除因量纲不同对评价结果造成的影响。本模型采用极差标准化对原始数据进行归一化处理。对于正指标，无量纲化处理如下：

$$x'_{ij} = \frac{x_{ij} - \min_i\{x_{ij}\}}{\max_i\{x_{ij}\} - \min_i\{x_{ij}\}} \qquad (8-5)$$

对于逆指标，无量纲化处理如下：

$$x'_{ij} = \frac{\max_i\{x_{ij}\} - x_{ij}}{\max_i\{x_{ij}\} - \min_i\{x_{ij}\}} \qquad (8-6)$$

其中，$\max_i\{x_{ij}\}$ 和 $\min_i\{x_{ij}\}$ 分别为第 j 项指标原始数据的最大值和最小值。

第二步，计算第 i 个评价对象的第 j 项指标 x'_{ij} 占该指标的比重 y_{ij}，得到新的比重矩阵 $Y = (y_{ij})_{m \times n}$，其中：

$$y_{ij} = \frac{x'_{ij}}{\sum\limits_{i=1}^{m} x'_{ij}} \qquad j = 1,2,\cdots,n \qquad (8.7)$$

第三步，计算第 j 项指标的信息熵 p_j：

$$p_j = -k \sum_{i=1}^{m} y_{ij} \ln(y_{ij}) \qquad j = 1,2,\cdots,n \qquad (8.8)$$

其中，$k = \dfrac{1}{\ln(m)} > 0$，$0 \leqslant p_j \leqslant 1$，且当 $y_{ij} = 0$ 时，令 $y_{ij}\ln(y_{ij}) = 0$。

第四步，计算第 j 项指标的差异系数 d_j：

$$d_j = 1 - p_j \qquad j = 1,2,\cdots,n \qquad (8.9)$$

第五步，计算第 j 项指标的客观权重 o_w_j：

$$o\_w_j = \frac{d_j}{\sum\limits_{j=1}^{n} d_j} \qquad j = 1,2,\cdots,n \qquad (8.10)$$

三、评价指标组合权重的确定

假定某评价指标 j 的主观权重为 s_w_j，客观权重为 o_w_j，组合权重计算中主观权重所占比重为 α，则组合权重计算公式为：

$$w_j = s\_w_j \times \alpha + o\_w_j \times (1 - \propto) \quad j = 1, 2, \cdots, n \quad (8.11)$$

以黄河流域 9 个省份 2003 ~ 2019 年的指标数据为样本，收集 2004 ~ 2020 年《中国统计年鉴》《中国高技术产业统计年鉴》《中国科技统计年鉴》《中国教育统计年鉴》《中国劳动统计年鉴》《中国环境统计年鉴》《中国能源统计年鉴》等年鉴的统计数据，对部分缺漏数据采用线性回归拟合补齐，部分指标通过整理和简单计算所得。根据上述 5 个步骤计算客观权重，最终得到黄河流域生态保护与高质量发展评价指标体系的客观权重计算结果如表 8 - 5 所示。

表 8 - 5 　　黄河流域生态保护与高质量发展评价体系客观权重

第一层指标	第三层指标	客观权重	组合权重
创新能力 （客观 0.3194） （组合 0.2459）	博士/硕士在校生（人）	0.0293	0.0151
	R&D 人员全时当量（万人年）	0.0329	0.0272
	科研机构经费投入（万元）	0.0633	0.0381
	R&D 经费内部支出（万元）	0.0409	0.0282
	高技术产业固定资产投资额（亿元）	0.0408	0.0223
	高技术产业投资额占固定资产投资额比重（%）	0.0220	0.0172
	专利申请受理数（件）	0.0451	0.0435
	专利授权数（件）	0.0451	0.0543
对外开放 （客观 0.1089） （组合 0.0725）	外商投资额占地区生产总值比重（%）	0.0218	0.0120
	实际利用外资占地区生产总值比重（%）	0.0227	0.0110
	进口总额占地区生产总值的比重（%）	0.0349	0.0216
	出口总额占地区生产总值的比重（%）	0.0295	0.0279
经济发展质量效率 （客观 0.0574） （组合 0.2613）	人均地区生产总值（元）	0.0195	0.0914
	规模以上工业企业收入利润率（%）	0.0192	0.0602
	第三产业增加值占地区生产总值比重（%）	0.0187	0.1097
民生改善 （客观 0.2114） （组合 0.1224）	城乡居民人均可支配收入比值（%）	0.0158	0.0080
	人均可支配收入与人均 GDP 之比（%）	0.0189	0.0095
	人均教育文化娱乐支出占消费支出的比重（%）	0.0224	0.0164
	居民恩格尔系数（%）	0.0233	0.0127
	城镇登记失业率（%）	0.0176	0.0099
	常住人口城镇化率（%）	0.0154	0.0084
	人均教育财政支出（元/人）	0.0228	0.0171
	高等学校在校学生数（万人）	0.0187	0.0092
	养老保险参保比例（%）	0.0165	0.0122
	每万人公共图书馆图书资源量（册）	0.0197	0.0094
	每千人口医疗机构床位（张）	0.0203	0.0096

第一层指标	第三层指标	客观权重	组合权重
环境保护 （客观 0.0905） （组合 0.1357）	环境污染治理投资占 GDP 比重（%）	0.0269	0.0270
	每万元 GDP 废水排放总量（万吨）	0.0160	0.0200
	每万元 GDP 工业固体废物产生量（万吨）	0.0110	0.0129
	化肥施用量（万吨）	0.0109	0.0191
	单位地区生产总值能耗（吨（标准煤）/万元）	0.0116	0.0280
	每万元 GDP 电耗总量（千瓦）	0.0141	0.0287
生态保护 （客观 0.2124） （组合 0.1624）	保护区面积占辖区面积比重（%）	0.0357	0.0199
	本年新增水土治理面积（平方千米）	0.0240	0.0239
	湿地面积占辖区面积比重（%）	0.0287	0.0226
	人均水资源量（立方米/人）	0.0690	0.0518
	造林面积（平方千米）	0.0261	0.0165
	城市人均公园绿地面积（平方米/人）	0.0289	0.0277

由表 8 - 5 可见，根据熵值赋权法计算得到的各指标客观权重中，创新能力所占比重最高，达到 31.94%，其中又以"科研机构经费投入"差异程度最大；生态保护所占比重次之，达 21.24%，其中又以"人均水资源量"差异程度最大；民生改善所占比重与生态保护类似，为 21.14%，"居民恩格尔系数""人均教育财政支出"等差异程度较大。此外，对外开放中的"进出口总额占地区生产总值的比重"，环境保护中的"环境污染治理投资占 GDP 比重"，经济发展质量效率中的"人均地区生产总值"等均在所属递级结构中占有较大比重。在主观权重与客观权重相结合的组合权重中，经济发展质量效率和创新能力所占比重最大，分别达 26.13%和 24.59%，之后依次为生态保护 16.24%、环境保护 13.57%、民生改善12.24%、对外开放 7.25%。

第三节　黄河流域生态保护与高质量发展时空演化

本节从空间和时间两个维度分别测算 2003 ~ 2019 年黄河流域 9 个省份的生态保护和高质量发展水平，因此，评价对象 $m = 17 \times 9 = 153$ 个，评价指标 $n = 38$。各年度不同省份高质量发展指数如表 8 - 6 所示。

表8-6

2003~2019年黄河流域各省份高质量发展指数

地区	2003年	2004年	2005年	2006年	2007年	2008年	2009年	2010年	2011年	2012年	2013年	2014年	2015年	2016年	2017年	2018年	2019年
青海	0.28	0.33	0.38	0.38	0.37	0.33	0.34	0.33	0.32	0.28	0.28	0.28	0.30	0.31	0.33	0.36	0.33
四川	0.33	0.40	0.44	0.42	0.43	0.43	0.45	0.45	0.41	0.43	0.43	0.43	0.46	0.50	0.54	0.60	0.60
上游	**0.30**	**0.36**	**0.41**	**0.40**	**0.40**	**0.38**	**0.40**	**0.39**	**0.37**	**0.35**	**0.35**	**0.35**	**0.38**	**0.41**	**0.44**	**0.48**	**0.46**
甘肃	0.23	0.28	0.32	0.31	0.31	0.29	0.28	0.27	0.27	0.28	0.30	0.30	0.26	0.26	0.31	0.33	0.37
宁夏	0.22	0.26	0.29	0.29	0.28	0.22	0.31	0.32	0.33	0.31	0.32	0.31	0.27	0.28	0.34	0.31	0.33
内蒙古	0.30	0.38	0.49	0.46	0.44	0.42	0.50	0.49	0.48	0.47	0.49	0.46	0.43	0.45	0.47	0.46	0.45
陕西	0.30	0.37	0.46	0.42	0.43	0.40	0.51	0.48	0.44	0.44	0.46	0.44	0.43	0.45	0.44	0.50	0.50
山西	0.26	0.32	0.39	0.37	0.36	0.34	0.40	0.39	0.38	0.37	0.39	0.38	0.35	0.36	0.39	0.40	0.41
中游	**0.24**	**0.30**	**0.35**	**0.35**	**0.35**	**0.32**	**0.36**	**0.35**	**0.34**	**0.34**	**0.34**	**0.34**	**0.33**	**0.36**	**0.33**	**0.34**	**0.38**
河南	0.19	0.23	0.29	0.27	0.28	0.28	0.29	0.29	0.29	0.28	0.29	0.32	0.36	0.36	0.38	0.45	0.46
山东	0.41	0.51	0.62	0.63	0.65	0.64	0.65	0.65	0.66	0.67	0.69	0.68	0.64	0.65	0.66	0.68	0.70
下游	**0.28**	**0.35**	**0.42**	**0.42**	**0.43**	**0.42**	**0.43**	**0.43**	**0.43**	**0.43**	**0.44**	**0.45**	**0.44**	**0.46**	**0.46**	**0.49**	**0.51**
总体	**0.28**	**0.34**	**0.40**	**0.39**	**0.39**	**0.37**	**0.41**	**0.40**	**0.39**	**0.39**	**0.40**	**0.40**	**0.39**	**0.40**	**0.42**	**0.45**	**0.46**

一、黄河流域高质量发展空间格局

从空间视角对黄河流域 9 个省份 2003～2019 年高质量发展水平的总体情况进行统计汇总，各省份高质量发展水平的总体情况如表 8-7 所示。

表 8-7　　　　　黄河流域各省份高质量发展总体排名

省份	排名	平均值	标准差	标准误差	平均值的 95% 置信区间		最小值	最大值
					下限	上限		
青海	6	0.3237	0.0336	0.0082	0.3065	0.3410	0.2751	0.3763
四川	2	0.4554	0.0687	0.0167	0.4201	0.4907	0.3327	0.5974
甘肃	9	0.2929	0.0330	0.0080	0.2759	0.3099	0.2349	0.3727
宁夏	8	0.2936	0.0354	0.0086	0.2754	0.3118	0.2174	0.3411
内蒙古	3	0.4499	0.0484	0.0117	0.4250	0.4748	0.3009	0.5023
陕西	4	0.4390	0.0504	0.0122	0.4131	0.4649	0.3029	0.5102
山西	5	0.3369	0.0297	0.0072	0.3216	0.3521	0.2428	0.3765
河南	7	0.3112	0.0707	0.0171	0.2749	0.3475	0.1862	0.4601
山东	1	0.6353	0.0705	0.0171	0.5991	0.6716	0.4131	0.6997
总计		0.3931	0.1182	0.0096	0.3742	0.4120	0.1862	0.6997

由表 8-7 可见，黄河流域 9 个省份中，山东高质量发展总体水平排名第一，其高质量发展指数远高于其余 8 个省份（各年度平均值 0.6353）；排名最后的是甘肃和宁夏，高质量发展指数各年度平均值分别为 0.2929 和 0.2936。各年度间高质量发展水平差异最大的是河南，标准差为 0.0707；差异最小的是山西，标准差仅为 0.0297。对各省份间高质量发展水平的差异性进行方差分析，结果如表 8-8 所示。

表 8-8　　　　黄河流域各省份高质量发展水平差异性分析

项目	平方和	自由度	均方	F	显著性
组间	1.743	8	0.218	81.991	0.000
组内	0.383	144	0.003		
总计	2.125	152			

由表 8-8 可见，2003～2019 年，黄河流域各省份间的高质量发展指数存在显著性差异。图 8-2 展示了黄河流域 9 个省份 2003～2019 年高质量发展指数平均值、最大值和最小值的空间分布情况。

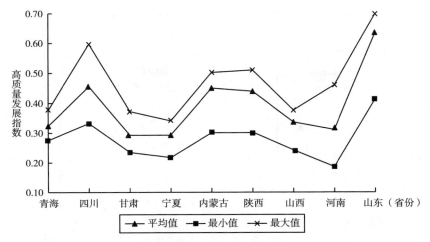

图 8 - 2　黄河流域各省份高质量发展指数的空间分布

由图 8 - 2 可见，黄河流域各省份 2003~2019 年高质量发展指数的空间分布呈现明显的两边高、中间低的 "W" 型，高位区域位于四川、内蒙古、陕西和山东 4 个省份，而青海、甘肃、宁夏、山西、河南 5 个省份位于高质量发展指数空间分布的低位点，反映了黄河流域各省份高质量发展水平具有高度的不均衡性，且不均衡的分布与地区所处的流域区位特性（上游、中游、下游）并不相关。

对黄河流域 9 个省份 2003~2019 年的高质量发展水平进行聚类分析，聚类集中过程的碎石图如图 8 - 3 所示。

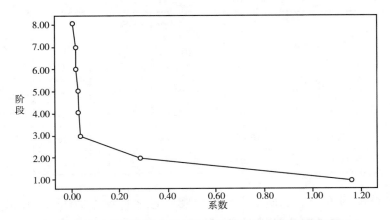

图 8 - 3　黄河流域各省份高质量发展空间聚类碎石图

由图 8 - 3 可见，从空间角度来看，黄河流域 9 个省份按其高质量发展水平指数可分为三类，而其聚类分析的谱系图如图 8 - 4 所示。

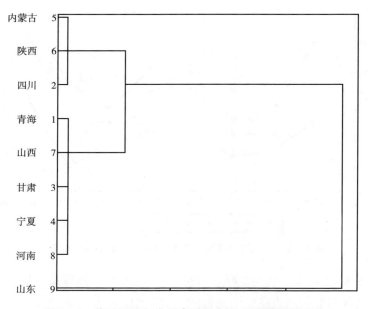

图 8 - 4　黄河流域各省份高质量发展空间聚类谱系图

由图 8 - 4 可见，黄河流域 9 个省份按其高质量发展水平指数划分的三大类中，山东省独自一类，内蒙古、陕西、四川 3 个省份为第二类，而青海、山西、甘肃、宁夏和河南 5 个省份为第三类。进一步对三个类别进行对比分析，对比结果如表 8 - 9 所示。

表 8 - 9　　　　　　　黄河流域各省份高质量发展指数分类对比

类别	平均值	标准差	标准误差	平均值的 95% 置信区间		最小值	最大值
				下限	上限		
1	0.6353	0.0705	0.0171	0.5885	0.6683	0.4131	0.6997
2	0.4140	0.0747	0.0105	0.4245	0.4534	0.2428	0.5974
3	0.3321	0.0716	0.0078	0.2955	0.3138	0.1862	0.5102
总计	0.3931	0.1182	0.0096	0.3657	0.4051	0.1862	0.6997

由表 8 - 9 可见，高质量发展指数最高的第 1 类（0.6353）和第 2 类（0.4140）均高于第 3 类平均值（0.3321），而第 3 类低于总体平均值（0.3931）。三类地区高质量发展水平的类间及类内差异分解情况如表 8 - 10 所示。

表 8 – 10 黄河流域高质量发展水平的类间差异分析

项目	平方和	自由度	均方	F	显著性
类间	1.336	2.000	0.668	126.989	0.000
类内	0.789	150.000	0.005		
总计	2.125	152.000			

由表 8 – 10 可见，按照黄河流域高质量发展指数划分的三个类别之间具有显著性差异。进一步采用最小显著性差异（least significant difference，LSD）方法分析黄河流域高质量发展三类地区的对比情况，如表 8 – 11 所示。

表 8 – 11 黄河流域高质量发展的类间多重比较

类别		平均值差值	标准误差	显著性	95% 置信区间	
					下限	上限
1	2	0.2213 *	0.0203	0.000	0.1811	0.2614
	3	0.3032 *	0.0193	0.000	0.2651	0.3413
2	3	0.0819 *	0.0128	0.000	0.0566	0.1073

注：* 表示平均值差值的显著性水平为 0.05。

由表 8 – 11 可见，根据 2003 ~ 2019 年黄河流域高质量发展指数划分的三个类别均具有显著性差异。因此，从黄河流域高质量发展指数的空间分布格局来看，可将其从空间上划分为三个层次，分别对应三类地区，其中第一层次的山东省高质量发展水平远高于其他层次，第二层次（内蒙古、山西、四川）较第一层次平均值低 0.2213，高于与第三层次的差值（0.0819），因此第二层次的均值更接近于第三层次。可见，从总体上来看，黄河流域高质量发展水平各省份间存在较大的不均衡，且大部分省份高质量发展水平不高。

二、黄河流域高质量发展水平时序演化

为考察黄河流域高质量发展水平的时序差异，从时间视角对黄河流域 9 个省份 2003 ~ 2019 年的高质量发展水平的总体情况进行汇总排序，则 9 个省份各年度高质量发展水平的演化情况如表 8 – 12 所示。

表 8 - 12   2003 ~ 2019 年黄河流域高质量发展水平时序演化情况

| 年份 | 排名 | 平均值 | 标准差 | 标准误差 | 平均值的 95% 置信区间 | | 最小值 | 最大值 |
					下限	上限		
2003	17	0.2785	0.0686	0.0229	0.2257	0.3312	0.1862	0.4131
2004	16	0.3403	0.0853	0.0284	0.2747	0.4059	0.2323	0.5111
2005	5	0.4041	0.1087	0.0362	0.3205	0.4876	0.2867	0.6202
2006	12	0.3917	0.1115	0.0372	0.3060	0.4775	0.2681	0.6349
2007	11	0.3923	0.1157	0.0386	0.3033	0.4812	0.2797	0.6529
2008	15	0.3714	0.1235	0.0412	0.2764	0.4663	0.2226	0.6447
2009	4	0.4097	0.1268	0.0423	0.3122	0.5072	0.2753	0.6502
2010	6	0.4034	0.1263	0.0421	0.3063	0.5005	0.2652	0.6549
2011	10	0.3926	0.1239	0.0413	0.2974	0.4878	0.2655	0.6622
2012	13	0.3869	0.1280	0.0427	0.2886	0.4853	0.2778	0.6651
2013	8	0.3990	0.1336	0.0445	0.2963	0.5017	0.2760	0.6885
2014	9	0.3951	0.1267	0.0422	0.2977	0.4924	0.2777	0.6810
2015	14	0.3858	0.1180	0.0393	0.2951	0.4765	0.2569	0.6351
2016	7	0.4024	0.1215	0.0405	0.3090	0.4959	0.2644	0.6484
2017	3	0.4229	0.1177	0.0392	0.3324	0.5133	0.3091	0.6569
2018	2	0.4487	0.1281	0.0427	0.3502	0.5471	0.3141	0.6815
2019	1	0.4581	0.1251	0.0417	0.3619	0.5543	0.3316	0.6997
总计		0.3931	0.1182	0.0096	0.3711	0.4151	0.1862	0.6997

由表 8 - 12 可见，2003 ~ 2019 年，黄河流域高质量发展水平最高的年份为最近的 2019 年（各省份平均值 0.4581），而发展水平最低的年份出现在 2003 年（各省份平均值 0.2785）。对各年度高质量发展水平的差异性进行方差分析，结果如表 8 - 13 所示。

表 8 - 13   2003 ~ 2019 年黄河流域各年度高质量发展水平差异性分析

项目	平方和	自由度	均方	F	显著性
组间	0.228	16	0.014	1.021	0.439
组内	1.897	136	0.014		
总计	2.125	152			

由表 8 - 13 可见，2003 ~ 2019 年，黄河流域各省份间的高质量发展指数无显著性差异。图 8 - 5 展示了黄河流域各省份 2003 ~ 2019 年高质量发展总体指数平均值、最大值和最小值的空间分布情况。

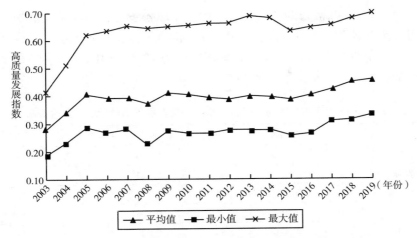

图 8 - 5 2003～2019 年黄河流域高质量发展水平的时序演化

由图 8 - 5 可见，黄河流域各省份 2003～2019 年高质量发展水平的时序演化呈小幅波动状态，最低点均在 2003 年，且 2015 年开始呈现小幅上升趋势。与分省份的高质量发展指数空间分布不同，按年度的时序演化中，最高值和最低值之间差距较大，但不同年度间差别不明显，这与黄河流域高质量发展的空间和时间差异性分析结果一致。

对黄河流域各省份 2003～2019 年的高质量发展时序数据进行聚类分析，所得谱系图如图 8 -6 所示。

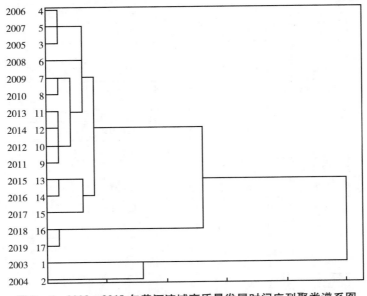

图 8 - 6 2003～2019 年黄河流域高质量发展时间序列聚类谱系图

由图 8 - 6 可见，2003～2019 年黄河流域各省份的高质量发展历程大致可分为四阶段：第一阶段为 2003～2004 年，第二阶段为 2005～2008 年，第三阶段为 2009～2014 年，第四阶段为 2015～2019 年。各省份不同阶段的差异性分析结果如表 8 - 14 所示。

表 8 - 14   2003～2019 年黄河流域各省份高质量发展不同阶段的差异性分析

地区	项目	平方和	自由度	均方	F	显著性
青海	组间	0.009	3	0.003	4.531	0.027
	组内	0.007	11	0.001		
	总计	0.017	14			
四川	组间	0.023	3	0.008	11.487	0.001
	组内	0.007	11	0.001		
	总计	0.030	14			
甘肃	组间	0.004	3	0.001	3.069	0.073
	组内	0.005	11	0.000		
	总计	0.009	14			
宁夏	组间	0.011	3	0.004	5.633	0.014
	组内	0.007	11	0.001		
	总计	0.018	14			
内蒙古	组间	0.030	3	0.010	13.813	0.000
	组内	0.008	11	0.001		
	总计	0.038	14			
陕西	组间	0.023	3	0.008	10.286	0.002
	组内	0.008	11	0.001		
	总计	0.032	14			
山西	组间	0.009	3	0.003	9.388	0.002
	组内	0.004	11	0.000		
	总计	0.013	14			
河南	组间	0.031	3	0.010	43.256	0.000
	组内	0.003	11	0.000		
	总计	0.034	14			
山东	组间	0.066	3	0.022	35.711	0.000
	组内	0.007	11	0.001		
	总计	0.073	14			
黄河流域	组间	0.123	3	0.041	3.212	0.025
	组内	1.674	131	0.013		
	总计	1.797	134			

由表 8－14 可见，在 95％ 的置信水平下，除甘肃外，整个流域及其他省份不同发展阶段之间均具有显著差异。进一步比较具有整个流域不同阶段的发展情况，LSD 多重比较结果如表 8－15 所示。

表 8－15　　　　2003～2019 年黄河流域高质量发展时序差异多重比较

阶段		平均值差值（I－J）	标准误差	显著性	95％置信区间	
					下限	上限
1	2	－0.0808*	0.0326	0.0150	－0.1454	－0.0163
	3	－0.0888*	0.0308	0.0050	－0.1496	－0.0279
	4	－0.0948*	0.0344	0.0070	－0.1628	－0.0267
2	3	－0.0079	0.0243	0.7450	－0.0561	0.0402
	4	－0.0140	0.0288	0.6280	－0.0709	0.0430
3	4	－0.0060	0.0266	0.8210	－0.0588	0.0467

注：＊表示平均值差值的显著性水平为 0.05。

由表 8－15 可见，黄河流域高质量发展的第 1 阶段与第 2 阶段、第 3 阶段和第 4 阶段相比，均具有显著差异。这说明黄河流域高质量发展水平自 2005 年后有显著提升，但第 2、第 3、第 4 阶段之间差异不显著。

三、分维度的黄河流域高质量发展水平对比分析

为进一步比较黄河流域各省份 2003～2019 年高质量发展各维度的时空演化情况，分别从创新能力、对外开放、经济发展质量效率、民生改善、环境保护、生态保护六个维度比较 9 个省份 17 年间发展水平的平均值、最小值和最大值的差异，如图 8－7 所示。

由图 8－7 可见，黄河流域 9 个省份高质量发展各维度水平的空间演化格局均呈现大幅波动状态，且各维度的具体分布形态有较大差异。从创新能力来看（见图 8－7（a）），青海、甘肃、宁夏、内蒙古、山西 5 个省份的创新能力低于黄河流域总体水平（0.2906），且 2003～2019 年变化不大，而其中尤以青海和宁夏的创新能力最为低下，尚不足 0.02。创新能力水平较高的省份依次为山东、四川、陕西和河南，从共性来看，这 4 个省份均具有较好的教育资源或区位优势，且由于历史原因，城市群规模较大，具备功能较为完备的创新生态系统。

对外开放方面（见图 8－7（b）），除青海外，其余省份基本呈现"两头高、中间低"的空间格局，除位于高点的四川和山东外，其余 7 个省份 2003～2019 年对外开放的总体水平基本类似。处于对外开放水平最高位的

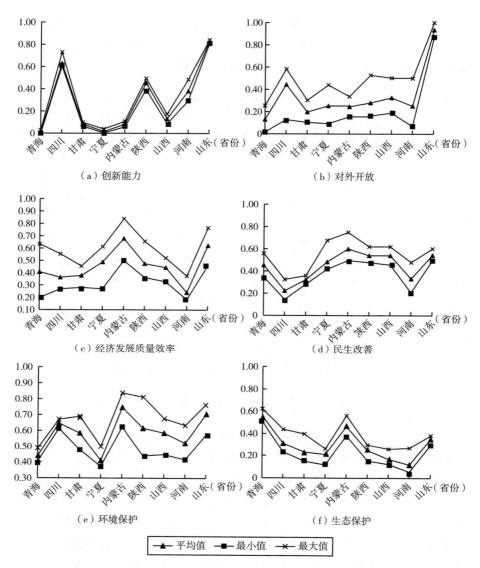

（a）创新能力　　　　　　　　　　（b）对外开放

（c）经济发展质量效率　　　　　　　（d）民生改善

（e）环境保护　　　　　　　　　　（f）生态保护

平均值　　■ 最小值　　× 最大值

图 8 - 7　黄河流域高质量发展各维度水平空间格局

山东在 2003 ~ 2019 年变化不大，而四川对外开放指数最高点和最低点之间差异明显，同样变化显著的省份还包括宁夏、陕西和河南。进一步分析 4 个省份 17 年对外开放的时序演化过程，如图 8 - 8 所示。

　　由图 8 - 8 可见，总体来看，对外开放变化显著的 4 个省份近年来发展趋势良好。除宁夏外，对外开放 17 年间波动较大的其他 3 个省份均呈现波动上升态势；其中四川在全面承接产业转移、"汶川"灾后重建和"西博会"等利好因素影响下，2008 年对外开放水平大幅上升；宁夏对外

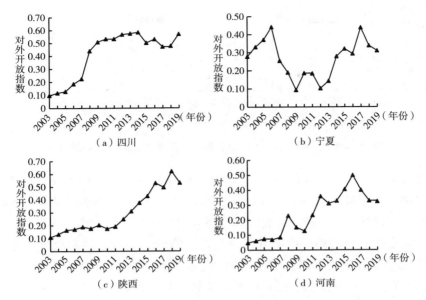

图 8-8 2003~2019 年对外开放变化显著省份时序演化

开放的时序演化则呈现"W"型,首先经历了从 2006 年高点到 2009 年最低点的下降过程,又经历了从 2012 年低点到 2019 年高点的上升过程,但近年来发展趋势整体向好。

经济发展质量效率方面(见图 8-7 (c)),黄河流域各省份空间分布上大致呈"W"型,其中经济发展指数最高点位于内蒙古和山东,最低点位于河南;各省份 2003~2019 年的时序演化均有较大波动,如图 8-9 所示。

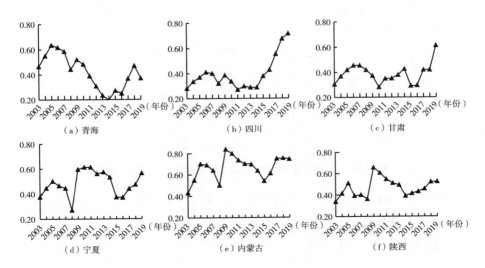

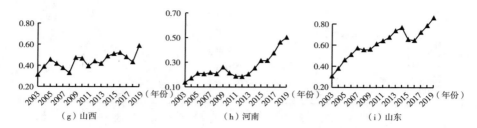

（g）山西　　　　　　　　　（h）河南　　　　　　　　　（i）山东

图 8 – 9　2003～2019 年黄河流域各省份经济发展质量效率的时序演化

由图 8 – 9 可见，河南和山东 2003～2019 年经济发展质量效率整体呈现波动上升态势，而青海整体下降幅度较大，2014 年到达最低点，此后上升态势良好；四川经济发展的演化态势大致呈现"U"型，2014 年后有较大幅度的上升趋势；而宁夏、内蒙古、陕西 3 个省份的演化大致呈倒"U"型，最高点均出现在 2009 年左右，但内蒙古 2015 年开始呈现较大幅度的上升态势；甘肃和山西演化形态类似，大致呈现小幅波动发展状态。

民生改善方面（见图 8 – 7（d）），黄河流域各省份在空间上大致呈"W"型分布，四川、甘肃、河南 3 个省份位于平均值以下，而内蒙古位于最高点，其次分别为山东、陕西和山西。从 2003～2019 年的变化幅度来看，宁夏、内蒙古和河南 3 个省份最小值和最大值之间差异程度最大，进一步比较其时序演化态势，如图 8 – 10 所示。

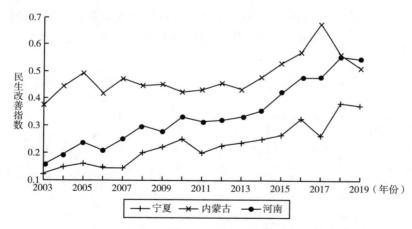

图 8 – 10　2003～2019 年黄河流域民生情况变化显著省份时序演化

由图 8 – 10 可见，2003～2019 年黄河流域民生情况波动较大省份的发展水平呈上升趋势。其中，宁夏和河南呈明显的波动上升态势，而内蒙古呈现较明显的"U"型发展，尤其 2014 年及之后，得益于内蒙古提出的

"十个全覆盖"工程的全面实施，其民生改善发展水平呈现加速上升趋势。

环境保护方面（见图 8-7（e）），除青海外，黄河流域各省份在空间上大致呈"W"型分布，四川、内蒙古、陕西、山东 4 个省份位于平均值以上，而青海、宁夏、河南 3 个省份位于临近空间的最低点。从时序演化来看，变化幅度较大的有甘肃、内蒙古、陕西、山西、河南和山东 6 个省份，主要分布在黄河流域的中游和下游，其时序演化如图 8-11 所示。

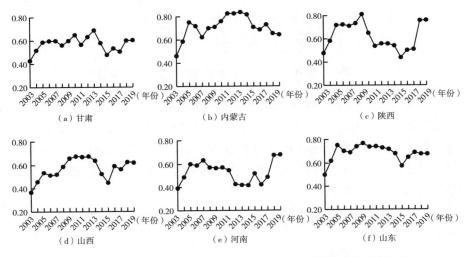

图 8-11　2003～2019 年黄河流域环境保护变化显著省份时序演化

由图 8-11 可见，黄河流域环境保护发展水平变化显著省份的共同特点是大致呈现倒"U"型，且在 2014～2015 年低点后，又有显著改善迹象。结合图 8-9 经济发展质量效率的趋势分析可见，经济增长与环境保护并非总是矛盾的，以内蒙古为例，图 8-9（e）中 2015 年后经济发展呈上升态势，而环境保护小幅下降后亦呈现出上升态势（见图 8-11（b））；山东则从 2016 年开始，由 2009～2014 年的"经济增长—环保下降"模式，转换到"经济增长—环保提高"的双赢模式，显现了山东2015 年后在推进转型升级方面取得的实效。

生态保护方面（见图 8-7（f）），除青海外，黄河流域各省份在空间上大致呈"W"型分布，但总体来看，下游地区生态保护状况落后于上游地区。生态保护水平最好的是青海，其次分别是内蒙古和山东；最差的是河南，其他低于平均水平的省份还包括山西、宁夏、甘肃和陕西 4 个省份。2003～2019 年时序演化变化幅度较大的有四川、甘肃、陕西和河南 4个省份，其时序演化如图 8-12 所示。

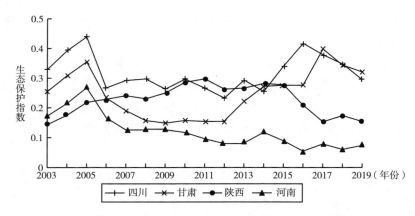

图 8 - 12　2003～2019 年黄河流域生态保护变化显著省份时序演化

由图 8 - 12 可见，2003～2019 年黄河流域生态保护变化显著的 4 个省份演化趋势各不相同。其中，四川和甘肃呈"U"型发展态势，而陕西大致呈倒"U"型，2015 年后生态状况出现大幅下滑，河南则呈波动下滑态势，虽 2016 年后有上升趋势，但上升幅度较小，且生态保护总体发展水平仍远低于 2005 年。

2003～2019 年黄河流域高质量发展各维度的整体演化趋势如图 8 - 13 所示。

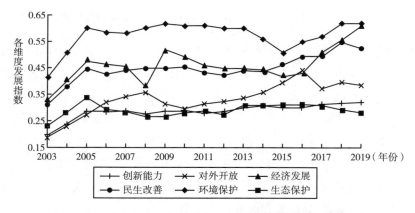

图 8 - 13　2003～2019 年黄河流域高质量发展各维度整体演化

由图 8 - 13 可见，近年来经济发展、民生改善和对外开放总体均呈现上升态势，环境保护 2015 年前呈下降趋势，但近年来也呈现出较好的上升趋势，说明经济结构调整及转型升级在发展质量方面取得了显著成效，但环境保护水平尚落后于大幅下滑前的 2013 年。因此，环境保护工作依旧任重道远。从黄河流域整体创新能力来看，近年来虽略有上升，但整体仍在低位徘徊；生态保护方面也不容乐观，虽然 2012 年后流域整体生态保护水平有所改观，但仍低于 2005 年的发展水平。可见，加强黄河流域生态环境保护水平，提高黄河流域创新发展能力，是推动黄河流域高质量发展的重中之重。

四、黄河流域各省份高质量发展短板分析

黄河流域高质量发展是经济、环境、生态、民生等的全面发展，而创新与开放为黄河流域高质量发展赋能，是实现黄河流域高质量发展的重要引擎和必由之路，厘清黄河流域各省份高质量发展的现有短板，对于制定有针对性的精准治理策略，推动黄河流域高质量发展具有重要意义。在上述评价分析的基础上，进一步总结各省份 2003～2019 年高质量各维度的发展水平，得到各省份各维度的总体水平对比情况如图 8－14 所示。

由图 8－14 可知，相对来说，黄河流域全流域高质量发展的短板集中在创新能力、对外开放和生态保护三个方面，因此，通过体制机制改革为创新发展、开放发展、生态保护提供更好的内外部环境，通过市场化手段提高创新资源要素流动，加快对外开放步伐，完善生态保护手段，激活微观主体活力，是加快推动黄河流域整体高质量发展的关键。从各省份 2003～2019 年各方面发展的总体水平来看，青海最主要的短板在创新能力方面，在 9 个省份中名列倒数第一，其次是对外开放。因此，青海应在提高科技创新管理能力和服务水平上下功夫，积极培育创新发展新动能，并将创新发展与"一带一路"倡议有机结合，努力打造开放型创新发展新高地。与青海类似的还有甘肃和内蒙古。四川、陕西、河南和山东的情况比较类似，高质量发展的主要短板是生态保护，应综合考虑不同区域的自然条件、生态区位、资源禀赋及社会经济差异性，依据主体功能区规划，贯彻落实生态保护与建设任务。宁夏的主要短板是创新能力，其创新能力在 9 个省份中位列倒数第二，对于宁夏这样的欠发达地区，一方面应通过政策支持推动科技创新，另一方面应通过政府研发投入、加强部门间和政策间资金统筹力度、优化资金支出结构、深化科技体制机制改革等措施完善财政支持机制、科技金融合作机制、东西部合作机制和人才支撑机制等。山西创新能力和生态保护两方面均存在短板，亟须构建完善的创新生态系统，通过创新驱动推动高质量转型发展，并通过跨省流域生态保护补偿等措施，保障山西生态保护和创新能力的全面提升。

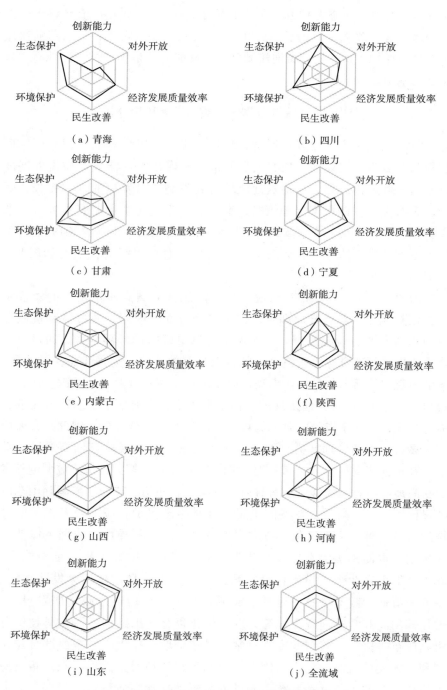

图 8-14　黄河流域高质量发展各维度总体水平对比

第四节　黄河流域创新生态系统适宜度评价

由黄河流域高质量发展综合评价结果来看，创新能力是制约黄河流域整体高质量发展的重要短板。然而，区域创新能力的提升受到诸多因素的影响，在不同的创新资源配置及创新环境下，创新主体的行为受到多方制约，最终产生不同的创新效率和创新效益。创新生态系统从自然界生态系统视角全面理解创新主体（包括从事技术创新活动的企业、高校、科研机构等）及创新环境的相互作用，将其定义为一定时空范围内，作为生态系统种群的创新主体与创新环境相互作用，在竞争与合作中不断进化和发育（演替），形成共生竞合、复杂开放、动态演化的非线性耗散自组织共生复杂开放系统（李万等，2014）。创新生态系统借用生物学隐喻来揭示创新要素对创新环境变迁、扰动形成的应答过程，并基于创新种群、群落、创新链、创新环境的复杂性，通过创新生态系统的生态位适宜性，评价创新生态系统的可持续发展能力和潜力，剖析系统存在的低效环节与困境因素。

一、黄河流域创新生态系统适宜度评价指标

黄河流域高质量发展创新生态系统是各区域科技研发与市场化应用一体化协作的创新过程，由科学研究、经济发展为主导的知识、技术、市场、管理创新等多元化体系组成，相关主体涉及政府部门、科研机构、社会组织以及企业等。创新生态系统中的创新主体在创新制度、技术研发、产业协同、创新环境等方面持续改进和优化，优化创新资源配置，实现创新活动及产业转型升级，推动黄河流域整体高质量发展。黄河流域创新生态系统的结构模型如图 8-15 所示。

创新生态系统内的创新群体与创新环境之间相互作用、相互影响，形成动态演化的有机整体，创新生态系统适宜度从经济发展和技术环境状况的视角，分析创新主体在创新生态系统内开展创新活动的有利性程度。因此，本节创新生态位适宜度的评价指标主要包括创新主体、创新资源、创新环境等方面。其中，创新主体主要由企业、科研机构和高等院校等组成，创新资源主要包括人、财、物等，创新环境则包括经济环境、技术环境、市场环境和社会文化环境等方面。为此，从创新主体、创新资源、创新环境三个维度设计黄河流域高质量发展创新生态系统适宜度的评价指标体系，具体内容如表 8-16 所示。

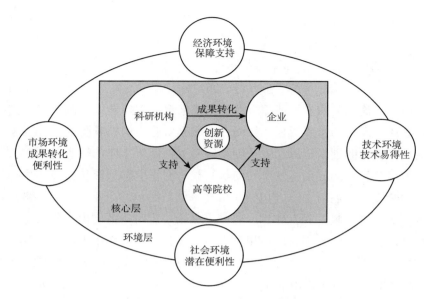

图 8 – 15 黄河流域高质量发展创新生态系统种群结构模型

表 8 – 16 　　黄河流域高质量发展创新生态系统适宜度评价指标

测量要素	测量指标	实测指标	指标属性
创新主体	企业	有 R&D 活动的规模以上企业数（个）	正
	高等院校	高等院校数（所）	正
	科研机构	R&D 机构数（个）	正
创新资源	人力资源	R&D 人员全时当量（万人年）	正
	科研经费	科研机构经费投入（万元）	正
		R&D 经费内部支出（万元）	正
	创新设备	高技术产业固定资产投资额（亿元）	正
创新环境	经济环境	人均地区生产总值（元）	正
		人均教育文化娱乐支出占消费支出的比重（%）	正
	技术环境	专利申请受理数（件）	正
		专利拥有量（件）	正
	市场环境	社会消费品零售总额（亿元）	正
		出口总额占地区生产总值的比重（%）	正
		技术市场成交额（亿元）	正
	社会文化环境	人均教育财政支出（元/人）	正
		万人高等学校在校学生数（人）	正
		每万人公共图书馆图书资源量（册）	正

二、创新生态系统适宜度模型

区域创新生态系统及生态位理论为以创新驱动为手段的黄河流域生态空间一体化高质量协同发展提供了理论支持。然而，创新发展是创新主体与创新资源、创新环境互动共生的系统过程，创新生态系统中发生生态位重叠或过度竞争等问题，均不利于生态系统的健康发展。在自然生态系统中，研究群体的最佳生态位可通过实验手段（Blazy & Carpentier, 2011），对于社会经济领域，学者们大多依据评价指标中一组数据的最大值（正向指标）或最小值（负向指标）来确定其最佳状态，即当区域内资源环境条件达到最优时，认为能够满足发展需求，生态位适宜度为 1。为此，本节基于生态位理论，依据黄河流域创新发展对创新资源环境的需求关系，构建创新生态系统的生态位适宜度评价模型，一方面，通过生态位适宜度反映创新生态系统现实生态位与最适宜生态位之间的差异；另一方面，通过进化动量进一步评估创新生态系统生态位适宜度的进化空间。

设 $V = \{V_1, V_2, \cdots, V_n\}$ 为创新生态系统适宜度的评价指标，则黄河流域不同省份的创新生态系统构成 m 维生态因子空间 E^m，$E^m = [Z_{ij}]_{m \times n}$，其中，$i = 1, 2, \cdots, m$；$j = 1, 2, \cdots, n$；$Z_{ij}$ 表示第 i 个创新生态系统在第 j 个生态因子上的实测值，则模型计算步骤为：

第一步，实测数值的归一化处理。为消除不同指标单位差异带来的量纲影响，对数据进行归一化处理：

$$Z'_{ij} = \frac{Z_{ij} - \min_i \{Z_{ij}\}}{\max_i \{Z_{ij}\} - \min_i \{Z_{ij}\}} \qquad (8-12)$$

其中，$\min_i \{Z_{ij}\}$ 表示第 j 个生态因子序列的最小值，$\max_i \{Z_{ij}\}$ 表示第 j 个生态因子序列的最大值，归一化处理后，各生态因子最大值为 1，最小值为 0。

第二步，生态因子的最佳生态位。设 Z_{aj} 指第 j 个生态因子的最优生态位，即：

$$Z_{aj} = \max \{Z'_{ij}\} \qquad (8-13)$$

第三步，创新生态系统适宜度。第 i 个创新生态系统的适宜度为：

$$Su_i = \sum_{j=1}^{n} \omega_j \frac{\min \{|Z'_{ij} - Z_{aj}|\} + \epsilon \max \{|Z'_{ij} - Z_{aj}|\}}{|Z'_{ij} - Z_{aj}| + \varepsilon |Z'_{ij} - Z_{aj}|} \qquad (8-14)$$

若令：$\gamma_{ij} = |Z'_{ij} - Z_{aj}|$，$\gamma_{\max} = \max \{\gamma_{ij}\}$，$\gamma_{\min} = \min \{\gamma_{ij}\}$，$\bar{\gamma}_{ij} = $

$\dfrac{1}{mn} \displaystyle\sum_{i=1}^{m} \sum_{j=1}^{n} \gamma_{ij}$，则式（8–14）等价于：

$$Su_i = \sum_{j=1}^{n} \omega_j \frac{\gamma_{\min} + \epsilon \gamma_{\max}}{\gamma_{ij} + \varepsilon \gamma_{\max}} \qquad (8-15)$$

其中，Su_i 表示第 i 个创新生态系统的适宜度，该值越大，说明该创新生态系统适宜度水平越高，创新种群的创新活动及其与创新资源、创新环境的互利共生条件就越好。ω_j 是第 j 个生态因子的权重，体现了生态因子对创新生态系统适宜度的重要程度，$\epsilon(0 \leqslant \epsilon \leqslant 0)$ 是模型参数，其值通常根据 $Su_i = 0.5$ 推算确定，则：

$$\varepsilon = \frac{\bar{\gamma}_{ij} - 2\gamma_{\min}}{\gamma_{\max}} \qquad (8-16)$$

第四步，生态因子的权重计算。采用熵权法计算生态因子的权数，首先计算第 j 个生态因子的熵值公式：

$$u_j = -\frac{1}{\ln m} \sum_{i=1}^{m} \varphi_{ij} \ln \varphi_{ij} \qquad (8-17)$$

其中，$\varphi_{ij} = \dfrac{Z'_{ij}}{\displaystyle\sum_{i=1}^{m} Z'_{ij}}$。

进一步计算第 j 个生态因子的权重：

$$\omega_j = \frac{1 - u_j}{n - \displaystyle\sum_{j=1}^{n} u_j} \qquad (8-18)$$

其次，u_j 表示第 j 个生态因子的熵值。

第五步，计算进化动量。设创新生态系统 i 各生态因子的现实生态位为 $Z'_i = \{Z'_{i1}, Z'_{i2}, \cdots, Z'_{in}\}$，最佳生态位为 $Z_a = \{Z_{a1}, Z_{a2}, \cdots, Z_{an}\}$，则创新生态系统 i 的进化动量为：

$$EM_i = \sqrt{\frac{\displaystyle\sum_{j=1}^{n} |Z'_{ij} - Z_{aj}|}{n}} \qquad (8-19)$$

其中，进化动量 EM_i 表示创新生态系统 i 生态位适宜度的进化空间（覃荔荔等，2011）。

三、黄河流域各省份创新生态系统适宜度演化

根据黄河流域创新生态系统适宜度评价指标，从《中国科技统计年鉴》

《中国统计年鉴》，以及中国国家统计局官方网站等选取 2011～2019 年黄河流域各省份创新生态系统适宜度评价指标数据，运用创新生态系统适宜度模型，计算各省份创新生态系统的适宜度及生态位进化动量，2011～2019 年平均值、最大值、最小值及在黄河流域中的排名情况如表 8－17 所示。

表 8－17　黄河流域各省份创新生态系统适宜度及进化动量计算结果

省份	创新生态系统适宜度				创新生态系统进化动量			
	平均值	最小值	最大值	排序	平均值	最小值	最大值	排序
青海	0.3074	0.3044	0.3097	8	0.9300	0.9225	0.9396	1
四川	0.4768	0.4300	0.5451	3	0.7380	0.6619	0.7801	7
甘肃	0.2965	0.2892	0.3033	9	0.9036	0.8874	0.9216	2
宁夏	0.3150	0.3006	0.3286	7	0.8993	0.8785	0.9272	3
内蒙古	0.3265	0.3148	0.3323	6	0.8505	0.8410	0.8597	5
陕西	0.4779	0.4615	0.4982	2	0.7168	0.6895	0.7412	8
山西	0.3266	0.3194	0.3342	5	0.8560	0.8438	0.8743	4
河南	0.4194	0.3772	0.4801	4	0.7642	0.6945	0.8063	6
山东	0.7797	0.7603	0.8027	1	0.4836	0.4468	0.5278	9

　　由表 8－17 可见，黄河流域各省份创新生态系统适宜度水平呈现出较大的差异性，且总体水平不高。排名第一的山东创新生态系统适宜度水平远高于排在第二位的陕西；陕西、四川、河南 3 个省份位于第二梯队，创新生态系统水平明显高于内蒙古、山西、宁夏、青海和甘肃 5 个省份，但排名第二的陕西创新生态系统适宜度尚不足 0.5，排名最后的甘肃适宜度水平更是不足 0.3，说明这些省份存在严重的创新生态系统短板问题，阻碍了创新主体的创新活动及创新效率。而从创新生态系统的进化动量来看，适宜度水平排名倒数第二的青海具有最高的进化动量，而适宜度水平排名倒数第一的甘肃进化动量仅排名第二，说明青海较甘肃具有更大的进化空间。进一步比较黄河流域创新生态系统和进化动量的空间格局，如图 8－16 所示。

　　由图 8－16 可见，黄河流域各省份创新生态系统适宜度与进化动量的空间分布格局大致呈连续的"W"型，但总体来看，中下游地区拥有较高的创新生态系统适宜度，有利于创新主体开展创新活动。一般情况下适宜度水平越低的地区进化动量较大，因此黄河流域中上游地区拥有较高的进化动量，创新生态系统适宜度的提升空间较大。同时，图 8－16 和表 8－17 显示，山东、陕西、四川、河南等省份进化动量排在最后几位，但它们的进化动量水平仍然大于 0.5，说明这些省份虽然创新生态系统适宜度水平远高于黄河流

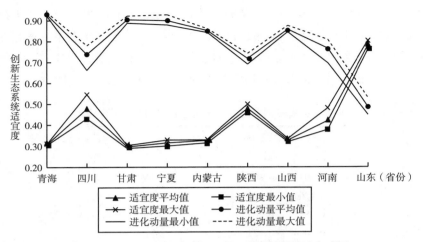

图 8-16　黄河流域各省份创新生态系统发展空间分布

域其他省份，但仍有较大的提升空间。进一步比较 2011~2019 年黄河流域
各省份创新生态系统适宜度水平的时序演化情况如图 8-17 所示。

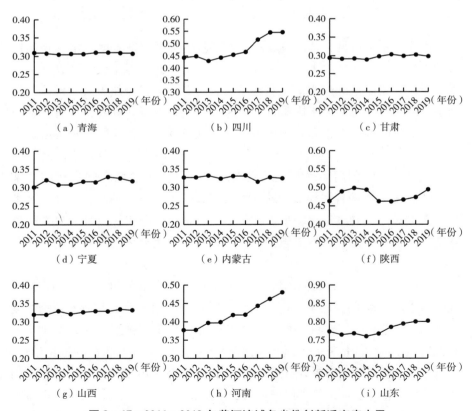

图 8-17　2011~2019 年黄河流域各省份创新适宜度水平

由图 8 - 17 可见，2011～2019 年黄河流域各省份创新生态系统适宜度的时序演化态势各不相同，总体来看，青海、甘肃、宁夏、内蒙古、山西5 个省份大致持平，四川、河南呈现较明显的上升态势，山东大致呈"U"型发展态势，而陕西呈倒"U"型，近年来又呈缓慢上升态势。

由于创新主体的创新活动依赖于创新资源和创新环境，因此，黄河流域创新生态系统中创新主体、创新资源和创新环境等各维度生态位适宜度的协同发展，是保障创新生态系统健康发展的关键。2011～2019 年，黄河流域各省份创新主体、创新资源、创新环境的空间分布格局总体情况如图8 - 18 所示。

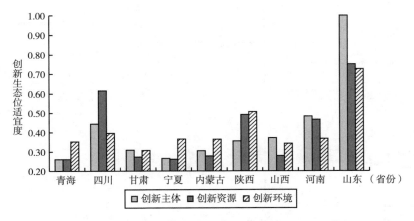

图 8 - 18　黄河流域各省份创新生态因子发展水平空间分布

由图 8 - 18 可见，黄河流域各省份创新生态系统各生态因子的协同发展水平各有差异，其中山东、河南、山西 3 个省份创新主体的发展水平高于创新资源和创新环境，说明该地区具备开展创新活动的主体条件，但创新环境是制约山东和河南创新生态系统适宜度水平提升的突出短板，应侧重于从社会经济、技术、市场、文化等方面为创新发展提供优良环境，而创新资源严重制约了山西创新生态系统的发展，应从加大创新投入方面提升创新生态系统的适宜度水平。四川和陕西创新资源雄厚，均高于河南，拥有开展创新活动的资源优势，但创新主体发展水平较为落后，应从提高企业创新积极性方面多做文章。青海、宁夏、甘肃、内蒙古 4 个省份整体创新生态系统适宜度水平较低，但青海、宁夏、内蒙古创新环境良好，应着力提高创新主体和创新资源的发展水平。此外，黄河流域相邻省份之间存在优势互补的基础，譬如，同为黄河流域上游的青海和四川，在国家"一带一路"倡议、西部大开发战略等背景下，可以充分发挥各自在技术、装备、人才、资源等方面的优势，通过信息共享及协同创新，补齐短板，提高区域创新生态系统的整体适宜度水平。进一步分析 2011～2019 年不同省份创新主体、创新资源、创新环境的时序演化过程如图 8-19 所示。

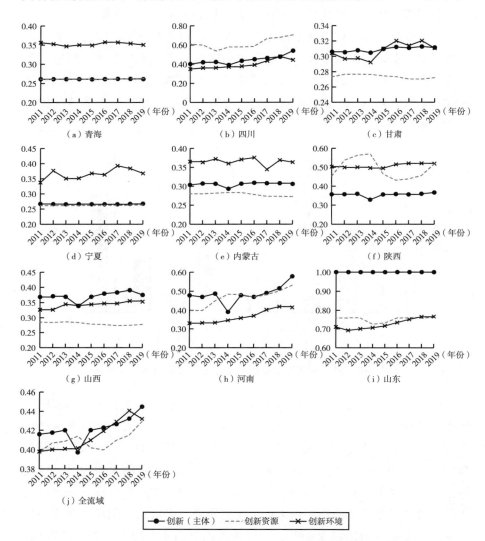

图 8-19　2011～2019 年黄河流域各省份创新生态因子发展演化

由图 8-19 可见，2011～2019 年黄河流域各省份各维度创新生态因子的演化趋势各不相同，但总体来看，创新主体的波动幅度最小，尽管河南 2014 年有较大降幅，但 2015 年后基本恢复前期状态；创新环境整体呈现上升态势，尤其甘肃 2015 年开始有较大幅度的提升；创新资源整体变化幅度不大，但呈现先升后降态势，这一点在陕西省表现得最为明显。从全流域发展态势来看，创新主体、创新资源和创新环境三者的发展水平均不高（小于0.5），均具有较大的提升空间。因此，黄河流域高质量发展应将提高创新能力，尤其是提升创新生态系统的适宜度水平作为重点工作，通过优势互补、资源共享、协同创新等措施推动区域间创新合作，更好地激发创新主体活力，实现创新驱动推进黄河流域整体高质量发展的目标。

第五节 管理启示

本章采用实证研究的方法，基于对黄河流域高质量发展的维度解析，从创新能力、对外开放、经济发展质量效率、民生改善、环境保护和生态保护六个维度构建黄河流域高质量发展评价指标体系。采用主观和客观组合的方式确定指标权重，对黄河流域2003~2019年的高质量发展水平进行综合评价，从省份、区域和全流域等不同尺度黄河流域高质量发展的时空演变特征，辨析各省份高质量发展中的低效环节及短板问题。进而从创新驱动黄河流域生态保护和高质量发展的现实需求出发，基于生态位理论对黄河流域创新生态系统的适宜度水平展开评价分析，明晰创新主体、创新资源与创新环境的演化过程及发展状态，探究高效提升黄河流域高质量发展适宜度水平的工作策略。研究结果发现：

第一，黄河流域各省份高质量发展水平存在较大差异，空间分布呈现两边高、中间低的"W"型，但不均衡的分布与地区所处的流域区位特性（上游、中游、下游）关联程度不大；聚类分析将其划分为三个层次：山东为第一层次，内蒙古、山西、四川三省为第二层次，而青海、山西、甘肃、宁夏和河南5个省份为第三层次，不同层次之间差异明显。从2003~2019年的时序演化趋势来看，黄河流域各省份的高质量发展历程大致可分为四阶段：第1阶段为2003~2004年，第2阶段为2005~2008年，第3阶段为2009~2014年，第4阶段为2015~2019年，总体相对比较平稳。

第二，对黄河流域高质量发展各维度的评价分析发现，黄河流域各省份高质量发展各有短板，主要集中在创新能力、对外开放和生态保护三个方面。其中，青海、甘肃和内蒙古最主要的短板在创新能力和对外开放，四川、陕西、河南和山东4个省份高质量发展的主要短板是生态保护，宁夏主要短板是创新能力，而山西创新能力和生态保护两方面均存在短板。

第三，黄河流域各省份创新生态系统适宜度水平呈现出较大的差异性，且总体水平不高。总体来看，黄河流域中下游地区拥有较高的创新生态系统适宜度，有利于创新主体开展创新活动，而中上游地区拥有较高的进化动量，创新生态系统适宜度的提升空间较大。虽然山东、陕西、四川、河南等省份创新生态系统适宜度水平远高于黄河流域其他省份，但它们的进化动量水平仍然大于0.5，说明这些省份仍有较大的提升空间。

第四，从黄河流域各省份创新生态系统各生态因子的协同发展水平来看，山东、河南、山西3个省份创新主体的发展水平高于创新资源和创新环境，创新环境是制约山东和河南创新生态系统适宜度水平提升的突出短板；四川和陕西创新资源雄厚，均高于河南，拥有开展创新活动的资源优势，但创新主体发展水平较为落后；青海、宁夏、甘肃、内蒙古整体创新生态系统适宜度水平较低，但青海、宁夏、内蒙古创新环境良好，应着力提高创新主体和创新资源的发展水平。此外，研究发现，黄河流域相邻省份之间存在优势互补的基础，譬如，同为黄河流域上游的青海和四川，在国家"一带一路"、西部大开发等背景下，可以充分发挥各自在技术、装备、人才、资源等方面的优势，通过信息共享及协同创新，补齐短板，提高区域创新生态系统的整体适宜度水平。

第九章 黄河流域生态保护与高质量发展的演化路径

黄河流域经济社会高质量发展以资源与生态环境承载力为约束，以绿色创新发展为根本，是一个涵盖生态、自然资源、环境、人类生活、社会经济等多维度的"五维一体"复合系统。黄河流域是我国重要的粮食生产核心区、能源富集区和化工、原材料、基础工业基地，又是承载多元生态功能的重要生态资源保护区域，在我国经济社会发展和生态安全方面具有重要地位。然而，由于历史、自然条件等多方面原因，黄河流域经济社会发展相对滞后，流域生态环境具有较强的脆弱性。随着人类经济活动的日益增多，黄河流域水资源短缺、水环境污染、水资源开发利用率过高等问题日益严峻，黄河流域各省份发展不平衡、上中游7个省份发展不充分等问题日益突出。

本章在实证比较黄河流域各省份经济社会发展现状及绿色全要素生产率时空演化的基础上，基于多智能体建模技术，构建黄河流域各省份经济社会高质量发展计算实验模型，通过多情景下的演化模拟分析，辨析不同政策情景下黄河流域各省份经济发展、资源消耗、生态环境的发展趋势与演化规律，明确黄河流域各省份高质量发展的低效环节和阻滞因素；然后从资源环境约束下的经济与生态协调发展视角出发，对比分析黄河流域各省份生态保护和高质量发展的绩效演化趋势，探究绿色创新、规制约束、生态补偿、上下游联动等政策策略的系统性优化方案，探索推动黄河流域生态保护与高质量发展的可行路径。

第一节 黄河流域生态与经济协同发展的情景分析

黄河流域是我国第二大淡水流域，粮食和肉类产量约占全国的1/3，煤炭、天然气、石油储量分别占全国基础储量的 75.47%、61.43% 和 34.32%①，是我国重要的粮食主产区和资源型工业基地。黄河流域还是我国重要的生态屏障，流域内林草面积占流域总面积的 50% 以上，是我国陆地生态系统重要的碳汇和碳储存区域，黄河流域的发展受到先天脆弱性与经济发展需求的双重压力。2021 年 6 月，国家发改委和自然资源部印发了《全国重要生态系统保护和修复重大工程总体规划（2021 - 2035 年）》，提出要以增强黄河流域生态系统稳定性为重点，上游提升水源涵养能力、中游抓好水土保持、下游保护湿地生态系统和生物多样性。黄河流域生态保护和高质量发展战略落实的关键在于推动各产业立足资源优势和发展实际，有效化解生态保护与产业发展的矛盾。

一、黄河流域生态与经济协同发展的可行性

黄河流域各省份生态环境承载的要求不同，产业发展水平也具有较大差异，部分产业在某些区域甚至不适合继续发展。因此，难以形成全门类产业的经济带，也不具备形成经济带的可行性。然而，立足各地区的资源禀赋、发展基础、相对优势和生态环境，黄河流域拥有分类施策构建生态与经济协同发展的现代化产业体系的先天条件和后发优势。

首先，黄河流域发展农业的环境优越，农产品品质高，沿黄 9 个省份的农业发展已经形成明显的发展水平差异，为构建优势互补、分工协作的现代农业产业体系提供了重要基础。从黄河流域农业产业的发展水平来看，目前大致可划分为四个层次：第一层次为山东、河南、四川，第二层次为陕西和内蒙古，第三层次为甘肃和山西，第四层次为宁夏和青海。2019 年，第一层次农业增加值远高于全国平均水平，山东、四川和河南的农林牧渔业增加值分别是全国平均水平的 2.31 倍、2.08 倍和 2.05 倍②，是我国重要的农产品生产与加工基地。第二层次是我国特色农产品主产区，农产品资源丰富、品类繁多。随着社会消费水平的提高和需求多元化的增长，该区域农林牧渔业增加值增长势头良好。第三层次和第四层次的省份主要位于黄河流域中上游，农业产业发展水平低下、生态环境约束趋紧叠加农产品缺乏特色，导致该地区与全国农业增加值平均水平存在较大差距，且近年来呈下降趋势。立足各省份差异化的生态环境约束标

---

① 中国社会科学院工业经济研究所．黄河流域高质量发展的时代内涵和实现路径［EB/OL］．http：//gjs. cssn. cn/kydt/kydt_kycg/202011/t20201111_5215419. shtml. 2020.

② 《中国统计年鉴》（2020）。

准、农业产业发展能力和资源禀赋,上游以水土涵养为先,确保农产品原料的绿色品质,推动传统农业向节水农业、绿色农业、现代农业转型;下游扩大农产品轻加工规模,使农产品进入增值环节,并积极顺应国内外农产品市场供求变化,推动农业产业链双循环格局的形成,有效破解生态保护与农业产业发展矛盾。

其次,从第二产业传统产业转型升级、现代制造业链式发展及新兴产业振兴发展的先天条件来看,受区位、资金和人才等因素制约,黄河流域9个省份分化严重。其中,青海、甘肃、宁夏、内蒙古、山西等中上游地区煤炭、石油、有色金属等矿场资源丰富,资源型传统产业比重大,单位GDP能耗高,受生态环境约束和生产要素成本上升等因素影响,产品附加值持续下降,高能耗、高污染、高成本、低效率等问题凸显,新旧动能转换面临巨大挑战,亟须与山东、河南、四川等现代制造业发展水平较高的省份进行深度合作,以有针对性的市场供给为导向完成传统产业转型升级,在生态环境承载范围内精细分工、区域协作、链式生存。四川制造业可借助成渝双核城市群的辐射带动蓄力储能,河南、山东可借助中原城市群、京津冀城市群和长三角城市群的先进技术、资本和人才,促进实体经济与数字技术的深度融合,推进产业数字化改造和绿色化、智能化升级,提高黄河流域产业链与价值链的协同并进,有效破解黄河流域自主创新能力不足、高端人才缺乏、管理体系落后等问题,突破发展"瓶颈",促进符合生态环境承载要求的现代产业发展或传统产业生态化改造。

再次,黄河流域在文旅产业发展方面具有独特的自然环境和人文禀赋。黄河流域文化旅游资源丰富,分布着大量的古文化遗迹,如龙山文化、仰韶文化等。除青海和宁夏外,黄河流域其余7个省份的旅游产业发展水平均高于全国平均水平。其中,2018年四川、山东旅游的收入分别为11454亿元[①]和10851亿元[②],是全国平均水平的6.20倍和5.88倍[③],而青海和宁夏虽然文化旅游资源禀赋较高,但因气候条件、交通设施、区位条件等原因,旅游收入只有全国水平的30.27%[④]和18.17%[⑤]。整体来看,黄河流域旅游资源相似性与相异性并存,以保护、传承和弘扬黄河文化为宗旨,以旅游业为纽带,以交通运输为桥梁,黄河流域的文化旅游产

---

① 《四川统计年鉴》(2020)。
② 《山东统计年鉴》(2020)。
③ 《中国统计年鉴》(2020)。
④ 《青海统计年鉴》(2020)。
⑤ 《中国民族统计年鉴》(2020)。

业具有建立旅游产业联盟的先天条件。依托黄河流域的历史遗迹、红色文化、游牧农耕文化及民俗文化等开发"丝绸之路"游、红色文化游、黄土乡村游、民俗特色游等，通过科学合理的合作机制，各地区加强技术合作与人才交流，将创新创意、生态文明思想融入旅游产品，推动线上线下发展新模式，共建黄河流域生态、文化、旅游全域产业链。

最后，从交通物流业发展与生态环境保护的协同关系来看，黄河流域不同地区同样受到区位条件、生态约束、人口规模和经济密度等因素的制约与影响。在"互联网 + 产业链"的发展模式下，山东、河南、四川 3 个省份 2019 年的交通运输、仓储和邮政业增加值分别是全国平均水平的 2.70 倍、2.20 倍和 1.09 倍，而青海、宁夏、甘肃则分别只有全国平均水平的 9.14%、13.2% 和 32.5%[①]，且陷入设施短板阻滞产业转型升级的困境，极易形成经济发展滞后—基础设施落后—流通效率低下—产品市场不发达的恶性循环局面。以生态优先为前提的大保护与大发展，应发挥政府的顶层设计作用，合理布局全流域的基础设施和基本公共服务，提高基础设施体系的产业适配性，补齐产业发展所需的设施短板，以服务于生态和经济的协调发展为目标完善基础设施网络。

二、黄河流域生态与经济协同发展的政策背景

近年来，随着黄河流域各省份工业化和城市化的加快，资源短缺和生态环境保护问题日益成为经济社会发展难以挣脱的"瓶颈"问题。产业结构不合理、发展方式不可持续、生活方式不够环保、污染治理不协同、环保监管不联动、公众参与不积极等原因，导致黄河中上游水土流失严重，生态功能退化，严重危及黄河流域的生态安全，对中下游地区的经济、社会、生态环境也产生严重的负面影响。为此，黄河流域中上游区域制定了一系列生态环境保护政策法规等，对保护流域生态环境发挥了重要作用，但事关流域全局、立足国家层面的"黄河保护法""黄河水污染防治条例"等至今未出台。黄河下游较发达地区开展的工业结构和布局调整以及淘汰落后产能等工作，举步维艰。管理的碎片化、地方化、条块化限制了黄河生态环境保护工作的整体推进。黄河流域的生态环境问题，表象在黄河，根子在流域。开展上下游联动的全流域生态环境保护，遵循"共同抓好大保护、协同推进大治理"的战略思路设计并构建黄河流域高质量发展政策体系，对于黄河流域全域的经济与社会高质量发展具有重要意义。

---

① 《中国统计年鉴》（2020）。

2020 年 1 月，习近平总书记在中央财经委员会第六次会议上强调，应"立足于全流域和生态系统的整体性，共同抓好大保护、协同推进大治理"①，坚持生态优先，绿色发展，因地制宜、分类施策。黄河流域实施统一规划，上下游省界实行严格的出入境水质监测，统筹兼顾沿线地区水资源的开发、利用和调节、调度，共同维护水体生态功能，严守生态保护红线，进而通过用水方式的转变，倒逼产业结构调整和区域经济布局优化，以生态环境保护统领生产力要素配置和沿河经济活动，推动黄河流域经济走上绿色低碳循环发展的道路，这为黄河流域高质量发展指明了方向。

黄河流域生态保护和高质量发展应立足上中下游的特征和差异，制定覆盖全域的差异化生态环境保护策略。上游水源涵养区是黄河流域生态环境保护的重要屏障，应注重生态保护与生态修复，加大优质生态产品开发力度，持续提升水源涵养功能。中游作为粮食主产区和科技工业发展区，应以增强黄土高原蓄水保土能力为重点，加大支流污染治理，大力发展现代农业，提高农产品质量。下游经济较为发达，企业和人口密集，应加大生态环境监管力度，充分发挥环境税收、绿色信贷、绿色债券、排污权交易等制度作用，加快形成政策组合的优势互补，推进岸线资源集约高效利用。同时，可以通过鼓励上中下游地方政府就水量保障和水质改善问题达成协议，落实和推广应用流域生态补偿机制，形成"成本共担、效益共享"的跨区域协同治理机制。

事实上，黄河流域 9 个省份不仅是一个生态共同体，更是一个经济共同体。黄河流域生态环境的脆弱性致使沿岸各省份在经济社会发展等方面均存在着巨大差异。习近平总书记在黄河流域生态保护和高质量发展座谈会上的讲话指出，"推动黄河流域生态保护和高质量发展，要注重保护和治理的系统性、整体性、协同性，着力创新体制机制"。② 为此，应从复杂系统视角解析黄河流域高质量发展系统，考虑相关利益主体的利益协调机制、均衡发展机制及协同治理机制，充分运用绿色创新、生态环境保护、生态补偿等多种规制政策工具与手段，从系统论视角出发解析黄河流域经济社会高质量发展的内在机理，探究不同政策工具对整体和局部的作用机制，为优化治理方式、完善高质量发展政策体系提供理论依据。

---

① 习近平主持召开中央财经委员会第六次会议强调 抓好黄河流域生态保护和高质量发展 大力推动成渝地区双城经济圈建设［EB/OL］. tv. cctv. com/2020/01/03/ARTlpZ6ZRg48ufuECiO2wdPe200103. shtml.

② 习近平在黄河流域生态保护和高质量发展座谈会上的讲话［EB/OL］. www.qstheory. cn/dukan/qs/2019 – 10/15/c_1125102357. htm.

基于此，本章运用社会科学计算实验方法，在实证研究的基础上，基于历史数据归纳不同政策情景下的黄河流域各省份经济社会发展响应机制与规律，构建黄河流域高质量发展计算实验模型，从绿色创新、生态环境保护、上下游治理协同联动及生态补偿等政策视角出发，模拟不同政策协同情景下黄河流域各省份高质量发展的演化过程，探索推进流域整体经济社会高质量发展的可行路径。

第二节　黄河流域生态保护与高质量发展子系统解析

从系统论视角出发，黄河流域可视为一个相对独立的环境系统，而人类在流域上的经济活动依赖于流域系统的结构和功能，这使得流域系统的输入、输出和运行机制由纯粹的自然系统演变为自然过程与社会经济过程交互作用的复合系统演化过程。黄河流域的经济社会发展实质上是基于自然资源、生态环境和社会经济活动的相互作用、相互依存和相互制约的统一体，以人为主体的社会经济系统以自然环境为依托，以价值流动为命脉，以经济体制与环境政策为调节驱动，与以水资源为主体的自然生态系统在特定区域内协同作用，形成复合系统。黄河流域的自然、生态、经济与社会复合系统具有独立的特征和结构，并有着独特的运行规律，系统自身与外部环境存在千丝万缕的联系，能够经过调控、优化利用流域内各种资源的开发和利用，提高流域整体的生态经济功能和效益。

黄河流域高质量发展涉及资源、环境、生态、社会、经济等各种组成要素，具有经济和生态可持续发展两项基本功能。然而，经济发展和生态环境之间存在着对立统一的复杂非线性关系。通常来说，经济发展导致流域人口、物质、能量的大量集聚及资源的大量消耗，并由于生态关系的失衡而降低系统的生态功能；而严格的生态环境约束及生态功能维持必然需要制约经济增长，从而削弱系统的经济功能，这是两者之间对立的一面。另外，复合系统经济的高效运行及经济功能的良好发挥，为生态修护和环境保护奠定了雄厚的物质，有助于完善系统生态功能治理体系。同时，生态功能的改善能够提高流域居民的民生福祉及身心健康，有利于吸引资金、人才等经济发展要素，对经济功能的充分发挥具有重要的推动作用，因此，两者之间又是统一的。

可见，黄河流域高质量发展系统是资源子系统、生态环境子系统、经济子系统、社会子系统等组成的复杂系统。系统资源、生态环境及其与经济、社会系统的耦合由三个层次的系统耦合发展形成：一是单个子系统内部耦合协调发展；二是两个子系统之间的耦合协调发展；三是各个系统之间的耦合协调发展。三个层次的系统通过相互之间的相互影响、相互依赖和相互作用等多种形式的影响机制构成了一个具有自身特点、结构和功能的复杂系统。这个有自身特点、结构和功能的复杂系统可以使用式（9-1）表示：

$$MCS \in \{S_1, S_2, S_3, S_4, Rel, Rst, Ob\}, S_i \in \{E_i, C_i, F_i\}, i = 1, 2, 3, 4$$
$$(9-1)$$

其中，S_i 表示第 i 个子系统，E_i、C_i、F_i 分别指子系统的特点、结构和功能；Rel 表示各系统耦合中所产生的各种相互影响、相互依赖和相互作用的耦合联系，称作系统耦合集合，既包括四个子系统各自内部的耦合关系，也包括子系统之间的耦合关系；Rst 表示子系统面临的诸多限制形成的集合；Ob 表示各子系统所要达到的目标。

黄河流域资源—环境—经济—社会系统的耦合结构如图9-1所示。

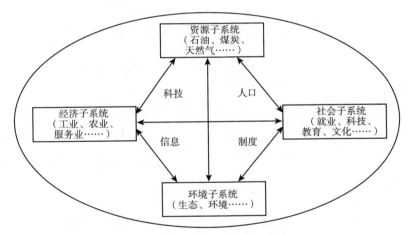

图9-1　黄河流域资源—环境—经济—社会系统的耦合结构

黄河流域资源—环境—经济—社会系统包括各种资源、生态环境、经济、社会系统过程，还有信息和科技水平、劳动力、金融资本和社会资本等相互影响、相互作用和相互依赖。其中，社会子系统中的劳动力（人口）是系统耦合的主体，资源子系统是经济系统发展的物质基础，信息和科技（水平）则是系统资源与经济系统耦合的重要桥梁，各种金融资本和社会资本形成是系统耦合的中间影响物质。黄河流域高质量发展不仅要求子系统内部的协调发展，还要实现各子系统之间的协调发展，是各子系统内部和子系统之间发展的系统性、协调性、收益性和持续性。以资源子系统与经济子系统的耦合关系为例，黄河流域高质量发展中两者之间的协调发展有效函数为：

$$\theta_e^0(A/B) = \min\ (\theta_e(A/B)) \qquad (9-2)$$

$$\text{s. t.} \begin{cases} \sum_{j=1}^n x_{Aj}\gamma_{A/Bj} + s^- = x_{A0}\ \sigma_e(A/B) \\ \sum_{j=1}^n y_{Bj}\gamma_{A/Bj} - s^+ = y_{B0} \\ \forall\ \gamma_{A/Bj} \geqslant 0 \quad j = 1,2,\cdots,n; s^+ \geqslant 0; s^- \geqslant 0 \end{cases}$$

其中，$\theta_e^0(A/B)$ 表示资源子系统 A 对经济子系统 B 的协调发展效度。

资源、生态环境、经济、社会四个子系统的协调效度、发展效度和协调发展效度计算公式表示为：

$$X_e(1,2,\cdots,k) = \frac{\sum_{i=1}^4 X_e(i/\ \bar{l}_{k-1}) \times X_{ek-1}(i/\ \bar{l}_{k-1})}{\sum_{i=1}^4 X_{ek-1}(\bar{l}_{k-1})} \qquad (9-3)$$

$$Z_e(1,2,\cdots,k) = \frac{\sum_{i=1}^4 Z_e(i/\ \bar{l}_{k-1}) \times Z_{ek-1}(i/\ \bar{l}_{k-1})}{\sum_{i=1}^4 Z_{ek-1}(\bar{l}_{k-1})} \qquad (9-4)$$

$$F_e(1,2,\cdots,k) = Z_e(1,2,\cdots,k)/X_e(1,2,\cdots,k) \qquad (9-5)$$

其中，X_e、Z_e、F_e 分别指四个子系统的协调效度、协调发展效度和发展效度；$k=4$，$\bar{l}_{k-1}$ 指单个子系统 i 以外其他任何 $k-1$ 个子系统不同形式的集合；公式 $Z_{ek-1}(\bar{l}_{k-1})$ 指 $k-1$ 个子系统相互之间的协调发展效度；公式 $Z_{ek-1}(i/\ \bar{l}_{k-1})$ 指子系统 i 与其他任何 $k-1$ 个子系统的协调发展效度。

第三节　黄河流域生态保护与高质量发展系统情景建模

为了进一步研究黄河流域不同尺度下各子系统协同演化的动态过程及演化规律，揭示创新政策、环境规制、生态补偿等政策情景对黄河流域各省份经济社会高质量发展的影响机理，量化比较不同情景下黄河流域经济发展、资源消耗、生态环境等的协同演化趋势，明晰黄河流域高质量发展的演化路径，本章以黄河流域高质量发展面临的经济、生态环境、资源、社会等复杂约束为背景，立足流域9个省份经济社会发展的现状与资源条件，在实证研究的基础上，将影响黄河流域高质量发展的因素归纳为流域资源环境承载能力、高质量发展保障能力、地区高质量发展潜力、地区创新发展能力四个维度，以2010～2019年的实证数据为依据，构建黄河流域高质量发展多智能体计算实验模型，作为对实证研究的验证与补充。

一、模型假定与规则设计

在经济发展新常态下，黄河流域各省份高质量发展以创新驱动为根本，推动经济发展的同时，重视降低资源消耗、保护生态环境。计算实验模型以实证研究获取的各省份技术创新效率、经济发展增速及资源消耗、污染排放等数据为基础，基于多主体系统（MAS）描述黄河流域社会—经济—生态系统模型的各子系统和要素及其相互关系。计算实验中所涉及的主体主要有两类：一类为反映政府特征和行为的政府主体；另一类是反映经济社会特征和行为的经济主体。此外，系统模型追踪一些变量，主要有经济总量与结构、科技创新水平、资源消耗、生态环境情况等。这些变量是通过相关主体的相互作用关系来体现，子系统及其要素之间的非线性、延迟、反馈循环等导致的主体之间的交互使得系统产生了错综复杂的动态演化。进一步设定以下要素构成及计算关系：

1. 各省份资源环境承载能力。资源环境承载能力包括自然资源变量（水资源、土地资源、森林覆盖率、生态适应性等）、人口承载力、环境资源变量（包括工业废气中污染物的相对排放量、废水排放量等），资源环境承载力是黄河流域高质量发展的关键约束因素。由于系统模型用于对未来环境承载力的估计，因此传统的计算区域资源环境承载力的方法并不适用，本章采用资源环境容量来衡量区域资源环境承载力大小。函数关系为：

$$B_t = f_b(Sou_t^i, Pep_t, Env_t^j) \tag{9-6}$$

其中，B_t为t年度地区的资源承载能力，Sou_t^i为t年度i类自然资源的存量，Pep_t为t年度的人口总量，Env_t^j为t年度j类环境资源的存量，上述变量的取值均为以2019年为基期的相对值。

2. 地区高质量发展潜力。对某地区高质量发展的要素能力进行量化，包括地区生产总值、单位产值能耗、单位产值污染物排放量等，函数关系为：

$$G_t = f_g(Gdp_t^i, Eng_t^i, Pol_t^i) \qquad (9-7)$$

其中，G_t 为 t 年度该地区的高质量发展潜力综合评价结果，Gdp_t^i、Eng_t^i、Pol_t^i 分别为 t 年度 i 类产业的地区生产总值、单位产值能耗、单位产值污染物排放量，取值均为以 2019 年为基期的相对值。

3. 地区创新发展能力。对地区的科技发展水平和创新能力的表征，包括科技水平（科技人才、研发机构、专利数量等）、劳动力、可投入研发资金等，函数关系为：

$$N_t = f_n(Tec_t, Lab_t, Fin_t) \qquad (9-8)$$

其中，N_t 为 t 年度该地区的创新发展能力，Tec_t、Lab_t、Fin_t 分别为 t 年度该区域的科技水平、劳动力、可投入研发资金，取值均为以 2019 年为基期的相对值。可投入研发资金与地区 GDP 总量及研发投入力度有关：

$$Fin_t = \sum Gdp_t^i \times \sigma_t \qquad (9-9)$$

其中，σ_t 为 t 年度研发投入占 GDP 的比重。由于科研开发与创新活动具有不确定性，研发投入推动科技水平进步需要满足下述条件：

$$1 - e^{-\theta_w \times Fin_t} \geq u(0,1) \qquad (9-10)$$

其中，θ_w 是科技进步的速度控制参数，u 随机分布在（0，1），反映了创新活动的不确定性。

如果上式（9-10）条件成立，表明研发投入的创新活动取得一定成果，科技水平、地区生产总值、单位产值能耗、单位产值污染物排放分别按下式调整：

$$Tec_t = Tec_{t-1} + \theta_{e1} \times u(0,1) \times (Tec_{max} - Tec_{t-1}) \qquad (9-11)$$
$$Gdp_t^i = Gdp_{t-1}^i + \theta_{e2} \times u(0,1) \times (1 - \rho_t) \times (Gdp_{max} - Gdp_{t-1})$$
$$\qquad (9-12)$$
$$Eng_t^i = Eng_{t-1}^i - \theta_{e3} \times u(0,1) \times \rho_t \times (Eng_{t-1} - Eng_{min}) \qquad (9-13)$$
$$Pol_t^i = Pol_{t-1}^i - \theta_{e4} \times u(0,1) \times \rho_t \times (Pol_{t-1} - Pol_{min}) \qquad (9-14)$$

其中，θ_{e1}、θ_{e2}、θ_{e3}、θ_{e4} 分别为科技水平、地区生产总值、单位产值能耗、单位产值污染物排放的变化速度控制参数，Tec_{max}、Gdp_{max} 分别为科技水平和地区生产总值的最大增长速度极限值（预测年份的地区生产总值仅考虑科技进步的贡献部分），Eng_{min}、Pol_{min} 分别为单位产值能耗和单位产值污染物排放的降低速度极限值，ρ_t 表示研发活动对环境绩效的重视程度，与所在地区的产业政策相关。

单位产值能耗和单位产值污染物排放改变环境资源变量，函数关系表示为：

$$Env_t^j = f_e\left(\sum \left(Gdp_t^i \times Eng_t^i \right), \sum \left(Gdp_t^i \times Pol_t^i \right) \right) \qquad (9-15)$$

劳动力变量与地区经济发展水平和宜居水平相关（资源环境承载能力的函数），并引起区域人口变化，人口变量、环境资源变量的变化改变地区资源环境承载能力，假定当区域资源环境承载能力达到能够承受的阈值时，区域环境恶化，劳动力流失，科技进步速度 θ_w 下降。

4. 高质量发展保障能力。用以考量政府、社会、公众等对该地区高质量发展的支持程度，包括基础设施建设、服务保障、信息共享、环境保护与治理等，与提高环境绩效的参数 ρ_t 具有函数关系：

$$\rho_t = f_v(V_g, V_s, V_p, V_c) \qquad (9-16)$$

其中，V_g、V_s、V_p、V_c 分别代表政府、社会、公众对发展的参与支持程度及相关政策完善程度。

5. 基于实证数据的规则提取方法。在实证数据分析的基础上，采用概率语言集表达历史数据集的经验规则。具体来说，采用语言集 $S = \{s_0:$ 低，$s_1:$ 较低，$s_2:$ 一般，$s_3:$ 较高，$s_4:$ 高$\}$ 对 2010～2019 年各年度影响全要素生产率的各项指标数据、地区政策信息数据等进行描述，并归类为地区资源环境承载能力、高质量发展保障能力、地区高质量发展潜力、地区创新发展能力四个维度，各维度的综合评价结果采用概率语言集表示为：

$$X_{t,i} = \left\{ s_\alpha(p^{(\alpha)}) \mid s_\alpha \in S, 0 \leq p^{(\alpha)} \leq 1, \alpha = 0,1,2\cdots,\tau, \sum_{\alpha=0}^{\tau} p^{(\alpha)} = 1 \right\}$$

$$(9-17)$$

其中，$X_{t,i}$ 为 t 年度各维度指标的综合评价结果，$s_\alpha(p^{(\alpha)})$ 为概率语言变量，是与语言项 s_α 相关的概率 $p^{(\alpha)}$。

历史数据中各年度之间的演化规则表示为：$X_{t-1,i} \rightarrow X_{t,i}$，即在历史数据综合评价结果的基础上，预测年度四个维度发展之间的均衡关系（如高质量发展保障能力现状基础上的预期发展水平）以上期各因素评价结果为依据，从历史数据集中寻找与上期评价结果最接近的可能性。比较规则参考于苏敏等（Yu et al.，2018）的距离测度方法：

假定 $h_s(p) = \{s_\alpha(p^{(\alpha)}) \mid \alpha = 0,1,2\cdots,\tau\}$ 和 $h'_s(p) = \{s'_\beta(p^{(\beta)}) \mid \beta = 0,1,2\cdots,\tau'\}$ 是两个概率语言集，则两者的距离定义为：

$$d(h_s(p),h'_s(p)) = \left\{\frac{1}{2}\left[\frac{1}{\tau}\sum_{(s_\alpha(p^{(\alpha)}))}\min_{(s_\alpha(p^{(\alpha)}))\in h_s(p)}\left(\left|f^*(s_\alpha)\,p^{(\alpha)} - f^*(s'_\beta)\,p^{(\beta)}\right|\right)^r\right.\right.$$

$$\left.\left. +\frac{1}{\tau'}\sum_{(s'_\beta(p^{(\beta)}))}\min_{(s'_\beta(p^{(\beta)}))\in h'_s(p)}\left(\left|f^*(s'_\beta)\,p^{(\beta)} - f^*(s_\alpha)\,p^{(\alpha)}\right|\right)^r\right]\right\}^{\frac{1}{r}}$$

$$(9-18)$$

其中，f^* 是语义尺度函数，可定义为：

$$f(s_\alpha) = \frac{\alpha}{\tau}, \alpha = 0,1,\cdots,\tau \qquad (9-19)$$

显然，当 $r=1$ 时，公式（9-18）简化为海明-豪斯多夫距离。

6. 生态环境空间作用的定量方法。根据托布勒（Tobler，1970）的地理学第一定律，空间上相近的区域具有更高的交互强度，黄河流域上下游生态环境的相互影响中，距离是一个重要因素，上游地区对下游地区的生态环境影响呈现距离衰减特性。参考地理学中的距离衰减估算方法，距离对于空间交互的影响采用 Wilson 最大熵模型（Colwell，1982）表示为：

$$G_{ij} = A_i P_i B_j P_j f(d_{ij}) \qquad (9-20)$$

其中，G_{ij} 为地区 i 与地区 j 之间的生态环境影响程度，P_i 和 P_j 反映两个地区的规模，A_i 和 B_j 分别为地区规模的归一化因子，距离衰减函数 $f(d_{ij})$ 表示以距离 d 为自变量的函数，刻画距离因素的影响。

本模型采用指数型距离衰减函数：

$$f(d) = e^{-\gamma d}, \gamma > 0 \qquad (9-21)$$

其中，γ 为距离衰减函数因子。

二、参数设置

本书在实证基础上设置系统模拟需要的公共参数及各省份的属性参数，具体应用中，各参数值均首先进行标准化。对于技术进步速度、科技水平、地区生产总值、单位产值能耗、单位产值污染物排放等的变化速度参数，系统采用多次模拟训练并与实证研究对比的方式进行调整。

系统主要变量及其初始赋值规则如表 9-1 所示。

表 9 - 1　　　　　　　　　　计算实验主要变量及初始赋值规则

变量/参数	含义	赋值区间	赋值规则
T	模拟周期	50.00	固定值
θ_w	科技进步速度控制参数	0.01	训练值
θ_{e1}	技术水平提高速度控制参数	0.01	训练值
θ_{e2}	地区生产总值增长速度控制参数	0.01	训练值
θ_{e3}	单位产值能耗降低速度控制参数	0.01	训练值
θ_{e4}	单位产值污染物降低速度控制参数	0.01	训练值
γ	距离衰减函数因子	5.00	训练值
σ_t	研发投入占 GDP 比重	0.05	根据实证
Gdp_{max}	地区生产总值最大增长速度	0.20	根据实证
Eng_{min}	单位产值能耗最大降低速度	0.20	根据实证
Pol_{min}	单位产值排污最大降低速度	0.20	根据实证
Tec_{max}	技术水平最大提高速度	0.20	根据实证

具体的属性参数设置影响系统的模拟结果,因此参数设置中尽量考虑与实证结果的对应,并考虑普适性和代表性,模拟实验的结果仅用于不同情景的比较。

第四节　黄河流域生态保护与高质量发展演化模拟

为比较不同情景下黄河流域生态保护和高质量发展的演化路径,设计如下情景进行对比实验:

情景 O:无生态环境约束的粗放式发展模式。各产业根据利润最大化原则开展经济活动,研发投入专注于提高生产效率,降低生产成本。

情景 I:经济激励的绿色创新发展模式。通过经济激励等手段推动绿色创新高质量发展。

情景 I_EN:绿色创新与全流域无差异生态环境约束的组合发展模式。一方面通过经济激励等手段推动绿色创新,另一方面对黄河流域各省份采用无差异的生态与环境保护约束。

情景 I_ED:绿色创新与上、中、下游差异化生态环境约束的组合发展模式。一方面通过经济激励等手段推动绿色创新,另一方面对黄河流域上、中、下游各省份采用差异化的生态与环境保护约束,同时,下游省份根据上游生态环境水平给予补偿。

基于黄河流域 9 个省份的历年统计年鉴和相关调查资料,给出高质量发展演化模拟的初始值（以 2019 年的经济、社会、资源、环境情况为基准），经过计算实验得到不同情景下各省份经济、社会、资源、环境的演化统计结果，以年度为模拟演化周期，演化周期设定为 50 年。为消除随机因素对演化结果产生的影响，每种情景模拟 100 次，取多次模拟的平均值作为最终演化结果进行展示。

一、不同情景下黄河流域各省份经济发展趋势演化路径分析

以 2019 年为基期，分别模拟黄河流域各省份在不同发展模式下的演化路径，各情景下 50 周期内各省份不同情景下的经济发展演化趋势如图 9－2 所示。

由图 9-2 可见，在不同情景下，黄河流域各省份 50 年间的经济发展趋势各不相同，但总体来看，在模拟演化的中后期，除上游的青海外，情景 I_ED（绿色创新与上、中、下游差异化生态环境约束模式）在人均 GDP 增长方面具有较大的优势。具体来看，情景 O 在模拟演化的前期占优，但该发展模式下的经济增长整体呈现明显的倒 "U" 型，长期来看不可持续；情景 I 在不同省份具有不同的演化路径，其中，青海、四川、内蒙古呈现缓慢上升态势，陕西和山西波动不明显，而宁夏、甘肃、河南、山东呈倒 "U" 型，虽长期趋势优于粗放发展模式，但中后期仍然呈现下降趋势，体现了单一的经济激励政策在不同科技水平及资源环境条件约束

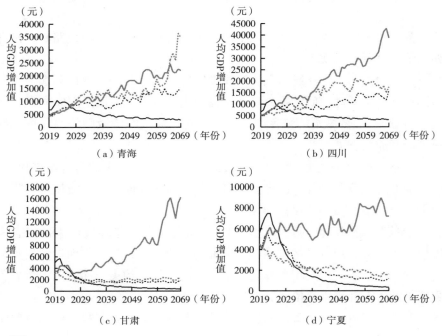

（a）青海　　　　　　　　　　　（b）四川

（c）甘肃　　　　　　　　　　　（d）宁夏

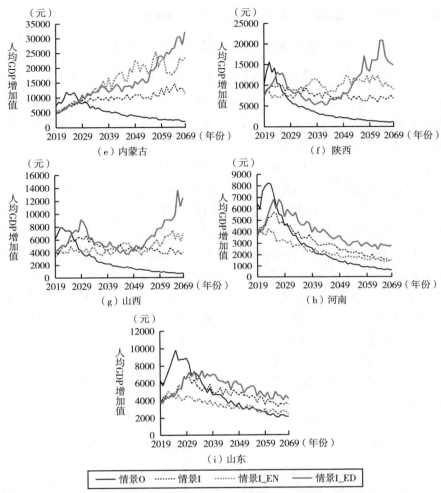

图 9 - 2   2019~2069 年不同情景下黄河流域各省份经济发展演化趋势

下的局限性，也彰显了青海、四川、内蒙古加大科技创新扶持力度对推动地方经济发展的重要性；情景 I_EN 在大部分省份的演化趋势与绿色创新情景 I 类似，但在青海、四川、陕西和山西 4 个省份，其人均 GDP 增长在模拟演化中后期明显优于情景 I，体现了生态环境保护对该地区经济增长的促进作用；情景 I_ED 下，虽然各省份在模拟演化后期均取得了高于其他情景的人均 GDP 增加值，但各省份的演化路径并不一致，其中青海、四川、内蒙古整体呈上升态势，但青海是唯一的在情景 I_EN 下人均 GDP 增长优于 I_ED 的省份。甘肃、陕西、山西呈 "U" 型，而河南、山东呈缓和的倒 "U" 型。可见，要实现黄河流域的高质量发展，经济政策的制定不仅要区分上、中、下游的地理位置特征，还要根据不同地区的资源禀赋及生态环境特点，充分考虑资源环境约束，制定差异化的政策策略。

二、不同情景下黄河流域各省份经济发展阻滞因素分析

由不同情景下黄河流域各省份50年的经济发展演化趋势来看，不同情景对不同省份经济发展的影响效应具有显著差异。为进一步分析各省份不同情景下经济发展出现差异的原因，针对各省份不同时期经济发展的资源、生态约束进行深入剖析。

（一）不同情景下青海发展趋势演化路径分析

青海地处黄河流域的上游，是"丝绸之路"必经之地，也是"一带一路"的重要通道。但青海地处三江源自然保护区，地广人稀，生态环境脆弱，工业发展严重受限，2019年地区生产总值2965.95亿元，人均地区生产总值48981元，在黄河流域9个省份中排名倒数第三。青海第一产业、第二产业、第三产业比重分别为10.2%、39.1%和50.7%[1]，经济发展亮点很少，经济结构过度依赖固定资产投资，且其固定投资构成中，民间投资只占不到1/3，经济增长主要依赖政府投资拉动。青海省不同情景下经济发展各阶段的阻滞因素如图9-3所示。

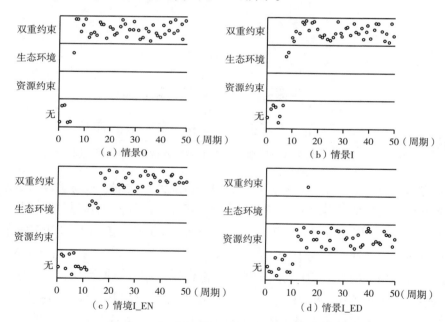

图9-3 不同情景下青海经济发展各周期的阻滞因素

---

① 《中国统计年鉴》（2020）。

由图 9-3 可见，各情景演化模拟的前期，由于未达到资源与生态环境约束上限，因此图 9-2（a）中 GDP 增长均呈上升趋势，但情景 O 下的经济增长最先受到资源与生态环境的双重约束；情景 I 虽通过绿色创新提高了经济发展的可持续性，但在现有的科技水平和创新效率下，10 周期后仍然会受限于资源与生态环境约束；情景 I_EN 与情景 I 类似，但双重约束周期较情景 I 延后；情景 I_ED 下，由于执行了更加严格的生态环境约束，因此绿色创新更加注重环境优先，因此，在模拟演化的中后期，经济发展主要受限于资源约束。进一步分析不同情景下青海的资源消耗总量与污染排放总量的演化情况如图 9-4 所示。

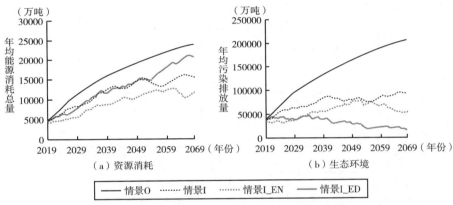

图 9-4　2019~2069 年不同情景下青海资源消耗与生态环境情况演化路径

由图 9-4 可见，情景 O 下的资源消耗与环境污染总量均远远高于其他情景。由于其他情景的发展模式均以绿色创新为基础，可见绿色创新对于降低青海的经济发展资源消耗及生态环境影响至关重要。由图 9-4（b）可知，由于青海位于黄河流域上游，在情景 I_ED 下执行最严格的生态环境约束，因此该情景下的污染排放最低；但严格的生态环境同时也削弱了绿色创新能力，因此该情景下的资源消耗高于情景 I 和情景 I_EN（见图 9-4（a））。因此，青海高质量发展既要重视生态环境保护，又要充分认识到加大生态环境约束对经济发展的抑制作用，从提高区域绿色创新发展角度出发，加大创新投入及人才引进，在提高科技发展水平、推动经济结构转型升级、降低资源消耗等方面做足文章。

（二）不同情景下四川发展趋势演化路径分析

同青海一样，四川也地处黄河流域上游，但与青海不同的是，四川地域辽阔、人口众多、资源丰富，具备经济高质量发展的深厚基础和广阔空间。四川资源要素分布和经济发展条件在不同区域存在较大差异，堪称全国经济的一个缩影。2019年，四川地区生产总值46615.82亿元，人均地区生产总值55774元，在黄河流域9个省份中排名第五。四川第一产业、第二产业、第三产业比重分别为10.3%、37.3%和52.4%①，完善创新发展机制，做好区域协调发展统筹部署，促进区域创新链、产业链、资源链、政策链的深度融合，是四川高质量发展的工作重点。四川不同情景下经济发展各阶段的阻滞因素如图9-5所示。

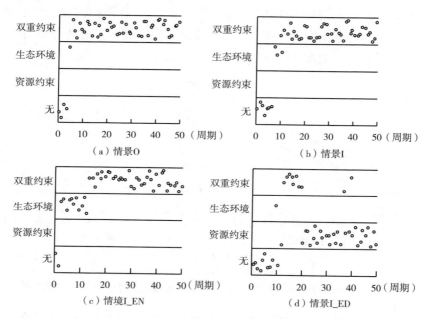

图9-5　不同情景下四川经济发展各周期的阻滞因素

由图9-5可见，各情景演化模拟的前期，由于未达到资源与生态环境约束上限，因此图9-2（b）中GDP增长均呈上升趋势，但情景O下的经济增长最先受到资源与生态环境的双重约束；情景I虽通过绿色创新提高了经济发展的可持续性，但在现有的科技水平和创新效率下，第8周期后仍然会受限于资源与生态环境约束；情景I_EN与情景I_ED相比，虽然两者均加大了生态环境约束，但由于上游的青海采取了更为严厉的生态环境约束，因此情景I_ED受到生态环境约束的周期延后。同时，与青海类似，地处黄河流域上游的四川在经济发展的早期同样加大了生态环境约束，因此，在模拟演化的后期，其经济发展较少受到生态环境的制约。该模式下在模拟演化的后期经济发展势头较好，这一点与青海略有不同，体

　　①　《中国统计年鉴》（2020）。

现了上游加大生态环境约束对下游经济产生的正面作用。进一步分析四川不同情景下的资源消耗总量与污染排放总量的演化情况如图9-6所示。

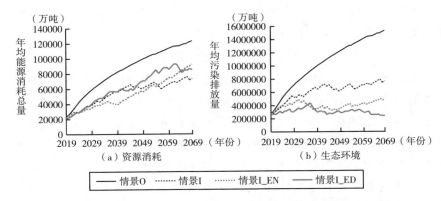

图9-6   2019～2069年不同情景下四川资源消耗与生态环境情况演化路径

由图9-6可见，情景O下的污染排放总量远高于其他情景，但情景I_ED的能源消耗情况与其他情景类似，这可能是由于严格的生态环境约束降低了产业的绿色创新投入（见图9-6（a））。由图9-6（b）可见，相较于单一绿色创新的情景I，加入了生态环境严格约束的情景I_EN和情景I_ED对降低污染排放作用显著，而实行更加严格的生态保护约束的情景I_ED对降低污染排放效果更佳。

进一步分析不同情景下上游地区对四川生态环境的影响情况如图9-7所示。

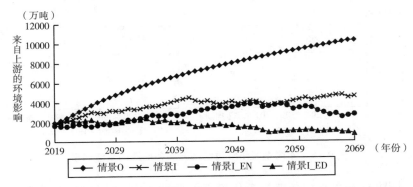

图9-7   2019～2069年不同情景下黄河流域上游省份对四川生态环境的影响

由图9-7可见，情景O下，黄河流域上游省份对四川生态环境的影响较为严重，且具有愈演愈烈的演化趋势，而情景I_ED下，来自上游的影响呈缓慢下降的趋势。情景I和情景I_EN演化态势类似，由于情景I下上游省份经济增长较为缓慢，因此其对下游的生态环境影响小于情景 I_EN。由此可见，黄河流域上下游联动的生态环境保护对于沿岸省份的经济、生态、环境乃至社会发展具有重要意义，实行分段控制的生态环境约束策略能够更好地保障下游区域的经济发展。

（三）不同情景下甘肃发展趋势演化路径分析

甘肃地处黄河流域中上游，地貌复杂多样，以矿产、石油、中药材、自然资源等为主，属于资源输出省份，缺少能支撑经济、民生的主导产业。产业之间缺乏关联性。2019 年甘肃地区生产总值 8718.3 亿元，人均地区生产总值 32995 元，在黄河流域 9 个省份中排名倒数第一。甘肃第一产业、第二产业、第三产业比重分别为 12.0%、32.8% 和 55.1%①，发展产业、地区、产业内部之间的协作关系，推动集团化企业的发展，主动推进城市非中心化，制定科学的城市发展规划，繁荣农业经济，是甘肃高质量发展的工作重点。甘肃不同情景下经济发展各阶段的阻滞因素如图 9－8 所示。

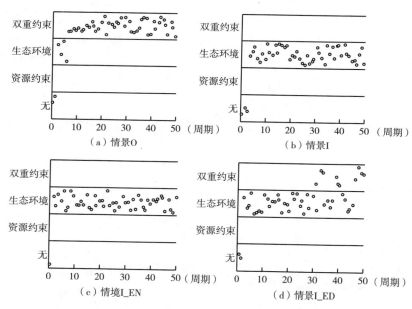

图 9－8　不同情景下甘肃经济发展各周期的阻滞因素

由图 9－8 可见，各情景演化模拟的前期，由于未达到资源与生态环境约束上限，因此图 9－2（c）中 GDP 增长均呈上升趋势。但 3 周期左右，各情景下的经济发展均首先受到生态环境的制约，且演化过程大致相

① 《中国统计年鉴》（2020）。

似，只有情景I_ED在模拟演化的后期，受到资源与生态环境的双重制约。结合图9-8（c）经济发展的演化趋势，可知生态环境是制约甘肃经济发展的关键因素。进一步分析甘肃不同情景下的资源消耗总量与污染排放总量的演化情况如图9-9所示。

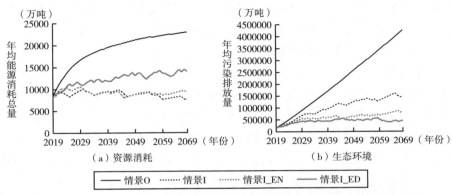

图9-9　2019~2069年不同情景下甘肃资源消耗与生态环境情况演化路径

由图9-9可见，情景O下的能源消耗总量和污染排放总量均远高于其他情景。由图9-9（a）可见，情景I与情景I_EN下的能源消耗水平基本一致，而情景I_ED高于上述两种情景。但是，在情景I_ED下，甘肃生态环境保护效果最好，这也解释了图9-2（c）中该情景下经济发展持续向好的原因。情景I与情景I_EN相比，前者生态保护效果明显落后于后者，可见，对于甘肃来说，实行更加严格的生态环境保护约束，不仅有利于改善生态环境，而且可更好地保障经济发展的可持续性，对于实现经济发展与环境保护的"双赢"具有重要意义。

进一步分析不同情景下上游地区对甘肃生态环境的影响情况如图9-10所示。

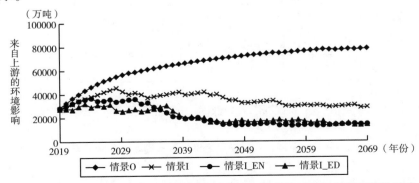

图9-10　2019~2069年不同情景下黄河流域上游省份对甘肃生态环境的影响

由图9-10可见，情景O下，黄河流域上游省份对甘肃生态环境的影响较为严重，且具有上升趋势，而情景I_ED与情景I_EN演化趋势大致类似，来自上游的影响均呈现缓慢下降的趋势，但总体影响高于上游省份对甘肃省的影响。情景I下，来自上游省份的生态环境影响基本维持平稳态势，整体影响大于加入了生态环境约束的情景I_EN和情景I_ED。对于甘肃来说，是否实施分段约束的生态环境约束，在模拟演化的后期并无显著差异。

（四）不同情景下宁夏发展趋势演化路径分析

宁夏地处黄河流域中游，资源匮乏，地广人稀，固有的自然、地理条件和历史原因决定了其开发有先天性困难。但西气东输战略通道、"丝绸之路"的重新拓展，以及中阿合作论坛的建立，诸多因素决定了宁夏在西部开发中的首要和前沿地位。2019年，宁夏生产总值3748.48亿元，人均地区生产总值54217元，在黄河流域9个省份中排名倒数第四位。宁夏第一产业、第二产业、第三产业比重分别为7.5%、42.3%和50.3%①，产业结构不优，一二三产融合发展不足，区域发展不平衡、不协调问题严重，科技服务不强，企业创新能力弱等是影响和制约宁夏高质量发展的主要因素。大力扶持创新能力强的产业，促进产业间协调发展，加大绿色产业支持力度，是宁夏高质量发展的工作重点。宁夏不同情景下经济发展各阶段的阻滞因素如图9-11所示。

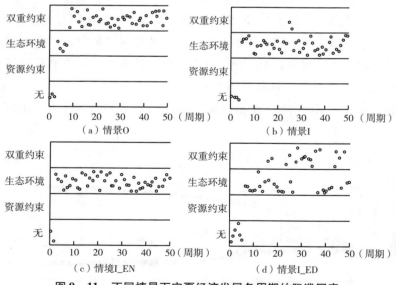

图9-11　不同情景下宁夏经济发展各周期的阻滞因素

① 《中国统计年鉴》（2020）。

由图 9-11 可见，宁夏不同情景下经济发展各阶段的阻滞因素与甘肃基本类似，各情景演化模拟的前期，由于未达到资源与生态环境约束上限，因此图 9-2 (d) 中 GDP 增长均呈上升趋势。但 5 周期左右，各情景下的经济发展均首先受到生态环境的制约，且演化过程大致相似，只有情景 I_ED 在模拟演化的中后期，同时受到资源与生态环境的双重制约。结合图 9-11 (d) 经济发展的演化趋势，可知生态环境是制约宁夏经济发展的最重要因素。进一步分析宁夏不同情景下的资源消耗总量与污染排放总量的演化情况如图 9-12 所示。

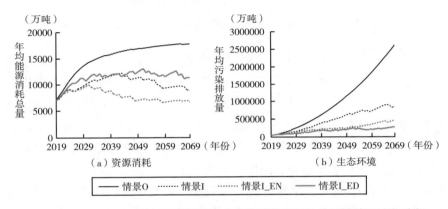

图 9-12　2019~2069 年不同情景下宁夏资源消耗与生态环境情况演化路径

由图 9-12 可见，宁夏不同情景下的资源消耗与生态环境演化情况也与甘肃大致类似。情景 O 下的能源消耗总量和污染排放总量均远高于其他情景。由图 9-12 (a) 可见，情景 I 与情景 I_ED 下的能源消耗水平基本一致，而情景 I_EN 下的资源消耗低于前两者，考虑宁夏位于黄河流域中游，情景 I_ED 较情景 I_EN 受到更严格的生态环境约束，一定程度上削弱了产业绿色创新能力。但由图 9-12 (b) 可见，情景 I_ED 下生态环境保护效果最优，这也解释了图 9-2 (b) 中该情景下经济发展持续向好的原因。情景 I 与情景 I_EN 相比，前者生态保护效果明显落后于后者，可见，对于宁夏来说，实行更加严格的生态环境保护约束，不仅有利于改善生态环境，也可更好地保障经济发展的可持续性，对于实现经济发展与环境保护的"双赢"具有重要意义。

进一步分析不同情景下上游地区对宁夏生态环境的影响情况如图 9-13 所示。

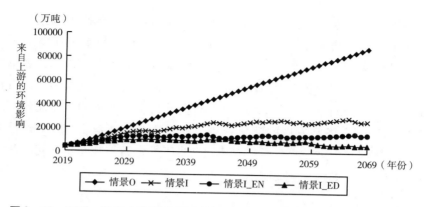

图 9 – 13 2019～2069 年不同情景下黄河流域上游省份对宁夏生态环境的影响

由图 9 – 13 可见，上游省份对宁夏生态环境的影响趋势也与甘肃类似。情景 O（无生态环境约束的粗放式发展模式）下，黄河流域上游省份对宁夏生态环境的影响较甘肃更为严重，且具有明显的上升趋势，而情景 I_ED 与情景 I_EN 演化趋势大致类似，但在模拟演化的中后期，情景 I_ED 效果更优，这一点与甘肃略有不同。情景 I 下，来自上游省份的生态环境影响基本维持平稳态势，整体影响大于加入了生态环境约束的情景 I_EN 和情景 I_ED。可见，实施分段约束的生态环境约束，在模拟演化的后期能够降低上游生态环境对宁夏的影响。

（五）不同情景下内蒙古发展趋势演化路径分析

内蒙古地处黄河流域中下游，人均自然资源占有量是全国平均水平的 3.4 倍[1]，自然资源的开发利用程度低，资源开发的潜在优势大，但组合匹配条件不理想，水资源相对短缺，给资源开发带来一定难度。2019年，内蒙古地区生产总值 17212.53 亿元，人均地区生产总值 67852 元，在黄河流域 9 个省份中排名第二位，仅次于山东。内蒙古第一产业、第二产业、第三产业比重分别为 10.8%、39.6% 和 49.6%[2]，科技创新能力不强、新动能支撑不足等是影响和制约内蒙古高质量发展的主要因素。加快产业结构转型升级、大力实施创新驱动发展战略，是内蒙古高质量发展的工作重点。内蒙古不同情景下经济发展各阶段的阻滞因素如图 9 – 14 所示。

由图 9 – 14 可见，内蒙古不同情景下经济发展各阶段的阻滞因素与黄河流域上游及中上游省份有较大区别。尽管各情景演化模拟的前期，由于

---

[1][2] 《中国统计年鉴》（2020）。

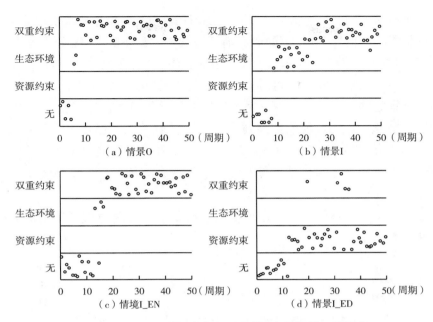

图9-14　不同情景下内蒙古经济发展各周期的阻滞因素

未达到资源与生态环境约束上限，因此图9-2（e）中GDP增长均呈上升趋势，且上涨周期略长于前述省份。但10周期左右，除情景I_ED外，各情景下的经济发展均受到生态环境与资源约束的双重制约。结合图9-2（e）经济发展的演化趋势，可知生态环境与资源约束是制约内蒙古经济发展的主要因素。进一步分析内蒙古不同情景下的资源消耗总量与污染排放总量的演化情况如图9-15所示。

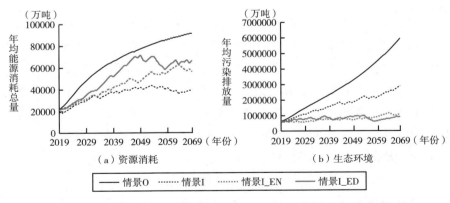

图9-15　2019~2069年不同情景下内蒙古资源消耗与生态环境情况演化路径

由图9-15可见，内蒙古不同情景下的资源消耗与生态环境演化情况与甘肃有所不同。虽然情景 O 下的能源消耗总量和污染排放总量均远高于其他情景，但情景 I_ED 下的能源消耗呈现倒"U"型，模拟演化后期与情景 I_EN 基本类似，均远高于无严格生态环境约束的情景 I，说明严格的生态环境约束较大程度上制约了产业绿色创新能力。由图 9 – 15（b）可见，情景 I_EN 与情景 I_ED 下生态环境保护效果最优，且演化趋势类似，说明差异化的生态环境保护措施对内蒙古影响不大，但情景 I 下的污染水平明显高于情景 I_EN 和情景 I_ED，内蒙古创新发展中应加大绿色创新力度，不仅通过绿色创新降低资源消耗，更应从提高生态环境水平上下功夫。

进一步分析不同情景下上游地区对内蒙古生态环境的影响情况，如图 9 – 16 所示。

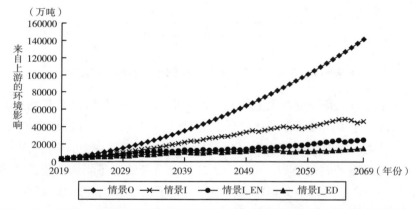

图 9 – 16　2019 ~ 2069 年不同情景下黄河流域上游省份对内蒙古生态环境的影响

由图 9 – 16 可见，上游省份对内蒙古生态环境的影响趋势也与甘肃类似，只是情景 O 下，黄河流域上游省份对内蒙古生态环境的影响较宁夏更为严重，且呈现加速上升趋势，而情景 I_ED 与情景 I_EN 演化趋势大致类似，但在模拟演化的中后期，情景 I_ED 效果更优。情景 I 下，来自上游省份的生态环境影响略有上升，整体影响大于加入了生态环境约束的情景 I_EN 和情景 I_ED。可见，实施分段约束的生态环境约束，在模拟演化的中后期能够显著降低上游经济发展对内蒙古生态环境的影响。

（六）不同情景下陕西发展趋势演化路径分析

陕西地处黄河流域中下游，是古代"丝绸之路"的起点。陕西是我国文化的源头和世界文明的交流中心，科教优势足，立体交通枢纽优势明显，旅游业发展具有较好的基础和规模，但陕西开放程度不够，人口与产

业集聚处于劣势，基础服务设施差。2019 年，陕西地区生产总值
25793.17 亿元，人均地区生产总值 66649 元，在黄河流域 9 个省份中排名
第三位。陕西第一产业、第二产业、第三产业比重分别为 7.7%、46.4%
和 45.8%①，发挥区位优势，发展"枢纽经济""门户经济""流动经济"，
构建陆空内外联动、东西双向互济的全面开放新格局，是陕西高质量发展
的工作重点。陕西不同情景下经济发展各阶段的阻滞因素如图 9 - 17
所示。

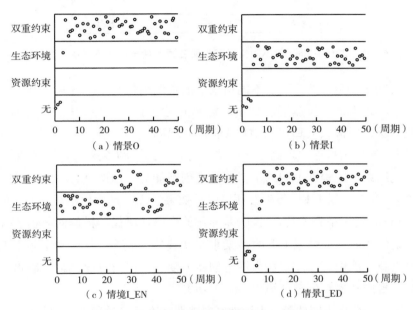

图 9 - 17　不同情景下陕西经济发展各周期的阻滞因素

　　由图 9 - 17 可见，陕西不同情景下经济发展各阶段的阻滞因素与黄河
流域上游及中上游省份有较大区别。尽管各情景演化模拟的前期，由于未
达到资源与生态环境约束上限，因此图 9 - 2（f）中 GDP 增长均呈上升趋
势，但经济发展的中后期均受到生态环境或资源方面的制约。由图 9 - 17
（b）可见，在绿色创新情景 I 下，模拟演化的中后期，制约经济发展的主
要因素是生态环境约束，而情景 I_EN 主要受生态环境约束，但中后期也
受到生态环境与资源的双重制约。情景 I_ED 与情景 I_EN 不同，大部分年
份受到生态环境与资源的双重制约。进一步分析陕西不同情景下的资源消
耗总量与污染排放总量的演化情况如图 9 - 18 所示。

---

　　① 《中国统计年鉴》（2020）。

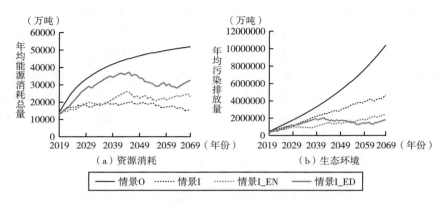

（a）资源消耗　　　　　　（b）生态环境

——情景O　·········情景I　········情景I_EN　——情景I_ED

图 9 – 18　2019～2069 年不同情景下陕西资源消耗与生态环境情况演化路径

由图 9 – 18 可见，陕西不同情景下的资源消耗与生态环境演化情况与内蒙古大致类似。虽然情景 O 下的能源消耗总量和污染排放总量均远高于其他情景，但情景 I_ED 下的能源消耗呈现倒"U"型，模拟演化后期与情景 I_EN 较为接近，均高于无严格生态环境约束的情景 I，说明严格的生态环境约束一定程度上制约了产业绿色创新能力。由图 9 – 18（b）可见，情景 I_EN 与情景 I_ED 下生态环境保护效果最优，且演化趋势类似，但情景 I_ED 略优于情景 I_EN，说明差异化的生态环境保护措施对陕西省产生了一定的影响，而情景 I 下的污染水平明显高于情景 I_EN 和情景 I_ED，陕西创新发展中还应注重加大绿色创新力度，不仅通过绿色创新降低资源消耗，更应从提高生态环境水平上下功夫。

进一步分析不同情景下上游地区对陕西生态环境的影响情况如图 9 – 19 所示。

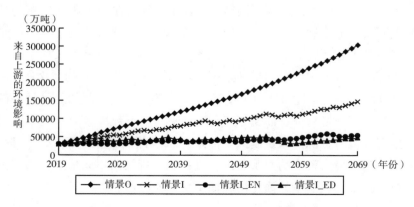

——◆——情景O　——✕——情景I　——●——情景I_EN　——▲——情景I_ED

图 9 – 19　2019～2069 年不同情景下黄河流域上游省份对陕西生态环境的影响

由图9-19可见，上游省份对陕西生态环境的影响趋势虽与内蒙古类似，但情景O下，黄河流域上游及中上游省份对陕西生态环境的影响较内蒙古更为严重，且呈现加速上升趋势，情景I下，虽上游省份影响远低于情景O，但与上游其他省份相比，模拟演化的中后期，其上升趋势愈加明显。情景I_ED与情景I_EN演化趋势大致类似，可见，是否实施分段约束的生态环境约束，对于陕西生态环境的影响不明显。

（七）不同情景下山西发展趋势演化路径分析

山西地处黄河流域中下游，能源资源丰富，文化底蕴深厚，历史悠久，但科技和人才要素支撑不够，整体创新能力不强，生态环境问题突出，开放型经济水平不高。2019年，山西地区生产总值17026.68亿元，人均地区生产总值45724元，在黄河流域9个省份中排名倒数第二位。山西第一产业、第二产业、第三产业比重分别为4.8%、43.7%和51.4%[1]，依靠科技创新实现动力转换、打造高质量发展的空间载体、构建现代化产业体系，是山西高质量发展的工作重点。山西不同情景下经济发展各阶段的阻滞因素如图9-20所示。

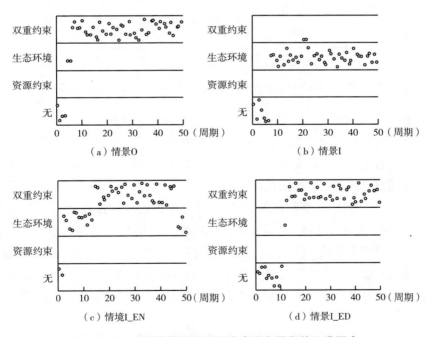

图9-20 不同情景下山西经济发展各周期的阻滞因素

---

① 《中国统计年鉴》（2020）。

由图 9 - 20 可见，情景 O 在经历短暂的无约束发展阶段后，自第 7 周期左右开始受到生态环境与资源的双重约束。绿色创新的情景 I 突破了资源约束，但生态环境成为阻碍经济可持续发展的主要因素，在现有的创新能力与绿色发展水平下，经济发展自 10 周期左右开始受到生态环境承载力的制约。加入生态环境约束的情景 I_EN 和情景 I_ED 下，在演化模拟的中后期，受到生态环境与资源约束的双重制约，但结合图 9 - 2（g）中经济发展趋势分析，情景 I_EN 和情景 I_ED 的经济增长情况明显优于情景 O和情景 I。进一步分析山西不同情景下的资源消耗总量与污染排放总量的演化情况如图 9 - 21 所示。

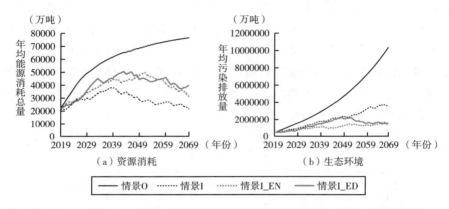

图 9 - 21　2019 ~ 2069 年不同情景下山西资源消耗与生态环境情况演化路径

由图 9 - 21 可见，山西情景 O 下的能源消耗总量和污染排放总量与黄河流域其他省份大致类似，均远高于其他情景，情景 I 下的演化模拟态势也与陕西有相似之处，都是资源消耗方面最优（见图 9 - 21（a））。情景 I_ED 与情景 I_EN 下的能源消耗均呈现倒 "U" 型，演化态势较为接近。在生态环境方面，情景 I_ED 和情景 I_EN 在演化模拟的后期比较接近，中期情景 I_EN 优于情景 I_ED。情景 I 在演化模拟的前期和中期与情景 I_ED 接近，但在后期明显落后于情景 I_ED（见图 9 - 21（b））。总体来看，山西的创新发展能力受严格生态环境约束的影响较小，但在创新发展中还应加大绿色产业发展力度。差异化的生态环境保护措施在模拟演化的后期对山西影响较大。

进一步分析不同情景下上游地区对山西生态环境的影响情况如图 9 - 22 所示。

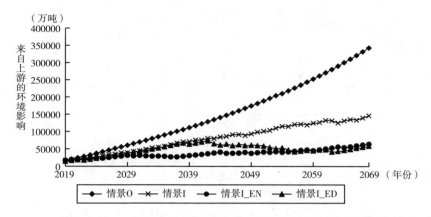

图 9 – 22 2019 ~ 2069 年不同情景下黄河流域上游省份对山西生态环境的影响

由图 9 – 22 可见，上游省份对山西生态环境的影响趋势与其他省份有相似之处，体现在情景 O 下，黄河流域上游及中上游省份对山西生态环境的影响较为严重，且呈现加速上升趋势。与其他省份不同的是，情景 I_ED 下，上游省份对山西生态环境的影响呈现倒"U"型，且其"U"型的高位附近，上游影响明显高于情景 I 下。无严格生态环境约束的情景 I 下，来自上游省份的影响远低于情景 O，但明显高于情景 I_EN 和情景 I_ED。长期来看，实施黄河流域全域生态环境分段约束策略，对于山西生态环境受上游影响的消减作用是正向的，但并不明显。

（八）不同情景下河南发展趋势演化路径分析

河南地处黄河流域下游，区位、交通优势凸显，人口数量多，经济体量大，消费市场大，投资额度大，市场主体多，产业门类齐全，产业基础比较雄厚，但最大的短板是科教人才，省域经济社会发展水平依然低于全国平均水平，实现高质量发展的基础和能力尚不充分。2019 年河南地区生产总值 54259.2 亿元，人均地区生产总值 56388 元，在黄河流域 9 个省份中排名第四位。河南第一产业、第二产业、第三产业比重分别为 8.5%、43.5% 和 48.0%[①]，切实补齐科技创新短板，发挥河南的文化、区位、产业、市场等独特优势，深度融入"一带一路"建设大局，形成"一带引领、平台支撑、全域开放"的新格局，是河南高质量发展的工作重点。河南不同情景下经济发展各阶段的阻滞因素如图 9 – 23 所示。

---

① 《中国统计年鉴》（2020）。

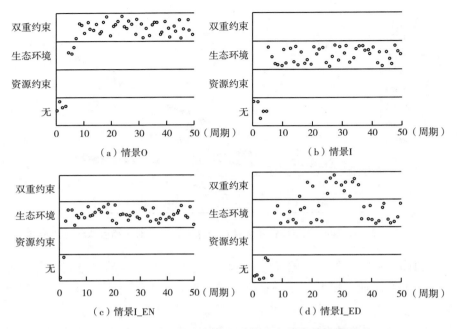

图9-23　不同情景下河南经济发展各周期的阻滞因素

由图9-23可见，情景O在经历短暂的无约束发展阶段后，自7周期左右开始受到生态环境与资源的双重约束。绿色创新的情景Ⅰ突破了资源约束，但生态环境成为阻碍经济可持续发展的主要因素，在现有的创新能力与绿色发展水平下，经济发展自6周期左右开始受到生态环境承载力的制约。加入生态环境约束的情景Ⅰ_EN和情景Ⅰ_ED下，主要的经济发展制约因素是生态环境，在演化模拟的中期，情景Ⅰ_ED一度受到生态环境与资源约束的双重制约。结合图9-2（h）中经济发展趋势分析，情景Ⅰ_ED的经济增长情况明显优于其他情景，但情景Ⅰ_EN下的经济发展态势在模拟演化的前期和中期都逊于情景Ⅰ，在模拟演化的后期，两者较为接近，说明黄河全域分段实施的生态环境政策对河南经济发展具有重要意义。进一步分析河南不同情景下的资源消耗总量与污染排放总量的演化情况如图9-24所示。

由图9-24可见，河南情景O下的能源消耗总量和污染排放总量与黄河流域其他省份大致类似，均远高于其他情景。由图9-24（a）可见，加入了绿色创新的情景Ⅰ、情景Ⅰ_EN和情景Ⅰ_ED下，资源消耗大幅降低，且三种情景均呈现倒"U"型。由图9-24（b）可见，严格生态环境约束的情景Ⅰ_EN下，污染排放明显低于其他情景，而同样是加入了生态环境约束的情景Ⅰ_ED却与无生态环境约束的情景Ⅰ更为接近，这可能是

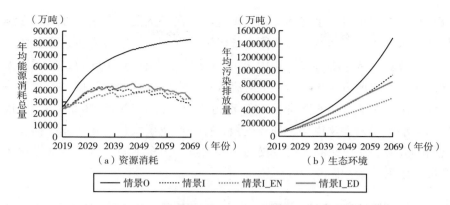

图 9 – 24　2019~2069 年不同情景下河南资源消耗与生态环境情况演化路径

由于河南地处黄河流域下游，分段实施的黄河流域全域生态环境约束使得情景 I_ED 下的生态环境约束力度小于情景 I_EN。

进一步分析不同情景下上游地区对河南生态环境的影响情况如图 9 – 25 所示。

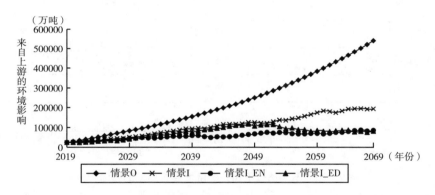

图 9 – 25　2019~2069 年不同情景下黄河流域上游省份对河南生态环境的影响

由图 9 – 25 可见，上游省份对河南生态环境的影响趋势与山西类似。在情景 O 下，黄河流域上游及中上游省份对河南生态环境的影响较为严重，且呈现加速上升趋势。情景 I_ED 下，上游省份对河南省生态环境的影响呈现倒 "U" 型，且其 "U" 型的高位附近，上游影响明显高于情景 I 下。无严格生态环境约束的情景 I 下，来自上游省份的影响远低于情景 O，但明显高于情景 I_EN 和情景 I_ED。长期来看，实施分段约束的生态环境约束，对于河南生态环境受上游影响的削减作用是正向的，但并不明显。

（九）不同情景下山东发展趋势演化路径分析

山东地处黄河流域下游，黄河入海口、黄河三角洲的优越位置造就了其独特的土壤植被、生态环境和地理优势，在经济发展方面，山东许多领域在全国处于领先地位，是我国东部经济大省，工业体系完备，金融体系发达，农业经济基础雄厚。2019 年山东地区生产总值 71067.53 亿元，人均地区生产总值 70653 元，在黄河流域 9 个省份中排名第一位。山东第一产业、第二产业、第三产业比重分别为 7.2%、39.8% 和 53.0%[①]，加快新旧动能转换，强化优势、补齐短板，提升产业层次、优化产业结构、实现转型升级，是山东高质量发展的工作重点。山东不同情景下经济发展各阶段的阻滞因素如图 9 – 26 所示。

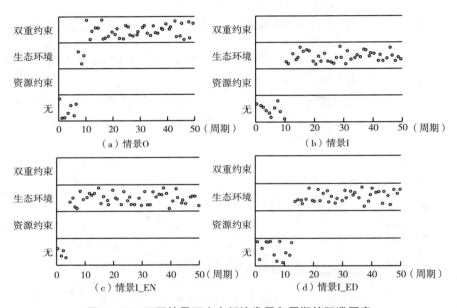

图 9 – 26　不同情景下山东经济发展各周期的阻滞因素

由图 9 – 26 可见，情景 O 在经历短暂的无约束发展阶段后，自 10 周期左右开始受到生态环境与资源的双重约束。加入了绿色创新的情景 I、情景 I_EN 和情景 I_ED 均突破了资源约束，但生态环境成为阻碍经济可持续发展的主要因素。结合图 9 – 2（i）中经济发展趋势分析，情景 I_ED 的经济增长情况明显优于其他情景，但情景 I_EN 下的经济发展态势在模拟演化的中后期逊于情景 I，说明黄河全域分段实施的生态环境政策对山东经济发展具有重要意义。进一步分析山东不同情景下的资源消耗总量与污染排放总量的演化情况如图 9 – 27 所示。

①　《中国统计年鉴》（2020）。

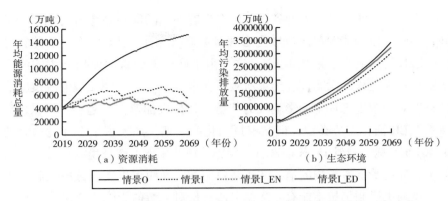

图9－27 2019～2069年不同情景下山东资源消耗与生态环境情况演化路径

由图9－27可见，山东情景O下的能源消耗总量与黄河流域其他省份大致类似，远高于其他情景，但其生态环境演化态势与其他省份不同，虽然情景O下的污染排放最高，但绿色创新对其生态环境影响不显著，应进一步加大绿色产业发展力度。由图9－27（a）可见，加入了绿色创新的情景Ⅰ、情景Ⅰ_EN和情景Ⅰ_ED下，资源消耗大幅降低，且三种情景均呈现倒"U"型，且模拟演化的后期，情景Ⅰ_EN的资源消耗降低幅度优于其他情景。由图9－27（b）可见，严格生态环境约束的情景Ⅰ_EN下，污染排放明显低于其他情景，而同样是加入了生态环境约束的情景Ⅰ_ED却与无生态环境约束的情景Ⅰ更为接近，这可能是由于山东地处黄河流域下游，分段实施的黄河流域全域生态环境约束使得情景Ⅰ_ED下的生态环境约束力度小于情景Ⅰ_EN。

进一步分析不同情景下上游地区对山东生态环境的影响情况如图9－28所示。

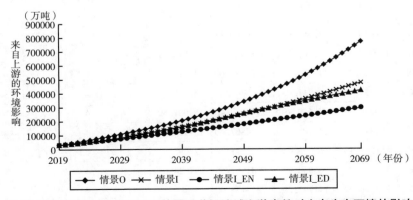

图9－28 2019～2069年不同情景下黄河流域上游省份对山东生态环境的影响

由图 9 – 28 可见，上游省份对山东生态环境的影响趋势与其他省份不同，实施分段约束的黄河流域生态环境策略（情景 I_ED）下，上游省份的生态环境影响高于情景 I_EN，这是由于同样地处黄河流域下游的河南实施了较为宽松的生态环境约束所致。在情景 O 下，黄河流域上游及中上游省份对山东生态环境的影响较为严重，且呈现加速上升趋势。情景 I 与情景 I_ED 演化态势类似，但在模拟演化的后期，加入了生态环境约束的情景 I_EN 优于情景 I。长期来看，实施分段约束的生态环境约束，对于山东生态环境受上游影响的消减作用是负向的，说明仅仅实施分段控制的生态环境约束机制仍然不能有效降低上游省份对下游的影响，应区分不同省份的实际情况，制定更为精细的生态环境差异化约束策略。

三、基于情景的黄河流域各省份发展情况对比分析

从不同情景下黄河流域各省份 50 年的演化模拟可见，创新政策及生态环境保护政策等情景的组合对各省份经济发展、资源消耗、生态环境等均会产生长期的影响，且不同省份的影响效应具有较大的差异性。情景 O 下各省份经济增长、资源消耗、生态环境及对下游生态环境的影响情况如表 9 – 2 所示，"均值排序"指相应维度在情景 O、情景 I、情景 I_EN、情景 I_ED 下 50 年模拟演化年度平均值的对比结果，其中经济增长指人均 GDP 的年均增加值，为正向指标，"1"表示最优；资源消耗、生态环境和影响下游为负向指标，"1"同样表示最优。

表 9 – 2　　黄河流域各省份情景 O 下各维度发展情况对比排序

省份	各周期均值_情景 O				均值排序_情景 O			
	经济增长	资源消耗	生态环境	影响下游	经济增长	资源消耗	生态环境	影响下游
青海	11650.25	16460.93	140490.11	7356.87	4	4	4	4
四川	170335.71	85103.21	10430415.00	66880.01	4	4	4	4
甘肃	21328.36	19184.24	2128716.60	49712.45	3	4	4	4
宁夏	8929.30	15311.95	1009006.50	52867.58	2	4	4	4
内蒙古	59270.51	66669.79	2942370.40	153081.69	4	4	4	4
陕西	80319.17	41108.57	4578867.40	157932.48	4	4	4	4
山西	51381.14	60608.01	4287611.20	224095.52	4	4	4	4
河南	141309.92	66852.93	5981967.50	297824.63	2	4	4	4
山东	223396.87	111192.29	17217165.00	—	1	4	4	—

注：色块颜色由浅到深表示排序结果由最优到最差。

由表9-2可见，除经济增长的4个数据外，在情景O下，黄河流域各省份资源消耗、生态环境及对下游的影响均位居倒数第一，说明虽然粗放式的经济模式在个别省份对本地区的经济增长有利，但是以牺牲生态环境为代价，该发展模式对下游地区的生态环境也会造成很大影响。

由表9-3可见，绿色创新对降低资源消耗、优化生态环境、降低本地区环境污染对下游的影响等具有显著效果，尤其在降低资源消耗方面，甘肃、内蒙古、陕西、山西4个省份该情景下的资源消耗达到最优；生态环境和对下游影响方面，该情景明显优于粗放发展模式的情景O；在经济增长方面，山东、河南、宁夏3个省份落后于粗放发展的情景O。

表9-3　　　黄河流域各省份情景I下各维度发展情况对比排序

省份	各周期均值_情景I				均值排序_情景I			
	经济增长	资源消耗	生态环境	影响下游	经济增长	资源消耗	生态环境	影响下游
青海	15450.36	11799.64	75008.79	3926.87	3	2	3	3
四川	219439.40	54970.65	6135319.7	36179.37	3	2	3	3
甘肃	22694.15	8846.17	1013780.4	22271.67	2	1	3	3
宁夏	8869.36	10245.05	469406.02	24594.85	3	2	3	3
内蒙古	71990.12	35578.52	1709489.1	89057.09	3	1	3	3
陕西	102047.13	17895.28	2537886	84071.45	3	1	3	3
山西	62569.09	28929.15	2030434.5	106122.33	2	1	3	3
河南	136472.67	36077.92	4254877.6	211837.88	3	2	3	3
山东	201533.46	61046.84	14936784	—	3	3	2	—

注：色块颜色由浅到深表示排序结果由最优到最差。

由表9-4可见，加入严格的生态环境约束并不总是对经济产生负面影响，从50年经济的年均增长值来看，加入了严格环境约束的情景下，内蒙古、陕西取得了最优的经济增长；该情景下的资源消耗情况远远好于粗放发展的情景O，与绿色创新的情景I相比，绿色创新与生态环境保护双重组合的情景I_EN略胜一筹；而在生态环境和对下游的影响方面，该情景明显优于情景O和情景I。

表 9 - 4　　黄河流域各省份情景 I_EN 下各维度发展情况对比排序

省份	各周期均值_情景 I_EN				均值排序_情景 I_EN			
	经济增长	资源消耗	生态环境	影响下游	经济增长	资源消耗	生态环境	影响下游
青海	18451.96	9064.92	56192.16	2937.88	2	1	2	2
四川	258358.59	53122.8	4010785.90	21964.45	2	1	2	2
甘肃	20989.10	9271.00	593202.26	13340.78	4	2	2	2
宁夏	8324.35	7876.64	243600.44	12763.61	4	2	2	2
内蒙古	94928.05	44085.16	787153.95	40579.80	1	2	1	1
陕西	108755.5	20922.59	1349889.50	39129.28	1	2	1	1
山西	57418.3	38773.23	1095447.90	57254.48	3	2	1	1
河南	115455.25	35022.77	3056135.40	152156.02	4	1	1	1
山东	172713.63	46903.43	12232450.00	—	4	1	1	

注：色块颜色由浅到深表示排序结果由最优到最差。

由表 9 - 5 可见，黄河流域实施分段控制的生态环境保护策略，在经济增长方面远胜于其他情景，但在降低资源消耗方面，该情景明显逊色于情景 I 和情景 I_EN；在生态环境和对下游的影响方面，该情景明显优于情景 O 和情景 I，但较情景 I_EN 差别不大。可见，实施分段控制的黄河流域全域生态环境保护策略，能够更好地保障经济的长期增长，但在现有的技术水平和绿色创新条件下，大部分省份将受限于资源承载能力。因此，应在全域生态环境保护的同时，大力发展绿色产业、新兴产业，通过改变现有的产业结构，实现产业、科技、生态、环境、社会的全面高质量发展。

表 9 - 5　　黄河流域各省份情景 I_ED 下各维度发展情况对比排序

省份	各周期均值_情景 I_ED				均值排序_情景 I_ED			
	经济增长	资源消耗	生态环境	影响下游	经济增长	资源消耗	生态环境	影响下游
青海	19018.51	12941.77	32695.17	1712.49	1	3	1	1
四川	342864.00	61524.9	3088360.3	21516.52	1	3	1	1
甘肃	40393.65	12357.85	436312.02	9024.54	1	3	1	1
宁夏	13645.62	11461.19	176289.76	9236.82	1	3	1	1
内蒙古	88228.44	52568.74	817342.66	42530.06	2	3	2	2
陕西	108517.61	29579.60	1430490.50	49998.64	2	3	2	2
山西	69682.36	40420.05	1412879.90	73845.33	1	3	2	2
河南	156672.64	38999.83	4162523.90	207239.86	1	3	2	2
山东	217203.87	48659.22	15923150.00	—	2	2	3	—

注：色块颜色由浅到深表示排序结果由最优到最差。

第五节　不同情景下黄河流域整体演化趋势对比分析

黄河流域全域治理的关键在于改变传统"九省治黄、各管一段"的局面。从上述各省份的发展状况及演化过程分析来看，各省份发展阶段、工作重点各不相同，不同情景下上、中、下游及黄河流域全域的经济发展演化趋势如图9－29所示。

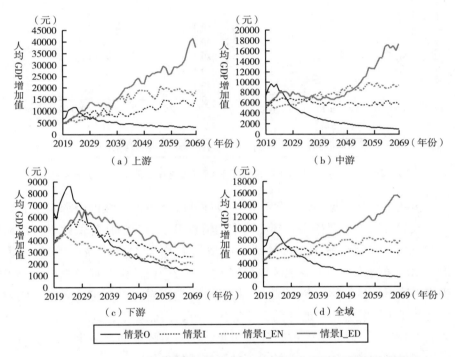

图9－29　2019～2069年不同情景下黄河流域整体经济发展情况演化模拟

由图9－29可见，从长期的演化趋势来看，情景I_ED在黄河流域整体经济发展中最优，除下游外，情景I_EN明显优于情景I，在绿色创新的基调下，严格的生态环境保护对黄河流域的经济发展具有正向作用，尤其从黄河流域全域视角来看，分阶段控制的生态环境保护策略在经济发展方面远远优于其他情景。由于黄河流域中上游地区高质量发展受制于营商环境、人居环境、薪酬福利、发展空间等条件制约，面临着巨大的绿色创新竞争压力。

进一步分析不同情景下黄河流域整体资源消耗情况如图9－30所示。

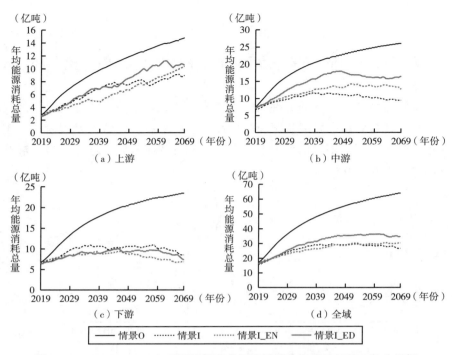

（a）上游　　　　　　（b）中游

（c）下游　　　　　　（d）全域

——情景O　　······情景I　　·····情景I_EN　　——情景I_ED

图 9－30　2019～2069 年不同情景下黄河流域整体资源消耗情况演化模拟

　　由图 9－30 可见，绿色创新能够较好地降低黄河流域的资源消耗，且整体来看，未加入严格生态环境约束的情景下，资源消耗降低效果总体来看优于分段控制全域生态环境约束的情景 I_ED。具体来说，情景 I_ED下，由于黄河流域中上游地区执行较下游更为严格的生态环境约束，一定程度上降低了区域绿色创新能力。因此，长期来看，中上游地区在绿色创新的情景 I 下能够更好地降低资源消耗；对黄河流域下游地区来讲，由于情景 I_EN 下，结合图 9－29（c）可见，上下游统一的严格生态环境约束制约了经济增长，因此，该情景下的资源消耗最优。

　　进一步分析不同情景下单位 GDP 的资源消耗情况如图 9－31 所示。

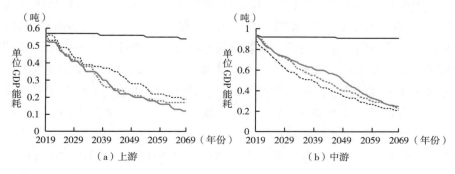

（a）上游　　　　　　（b）中游

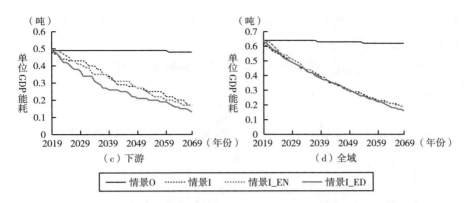

图 9 - 31　2019 ~ 2069 年不同情景下黄河流域单位 GDP 资源消耗情况演化模拟

由图 9 - 31 可见，整体来看，加入了绿色创新的三种情景对降低黄河流域全域的单位 GDP 资源消耗情况基本类似，但在上游和下游地区，情景 I_ED 最优，而中游地区情景 I 最优。

进一步分析不同情景下黄河流域整体生态环境情况如图 9 - 32 所示。

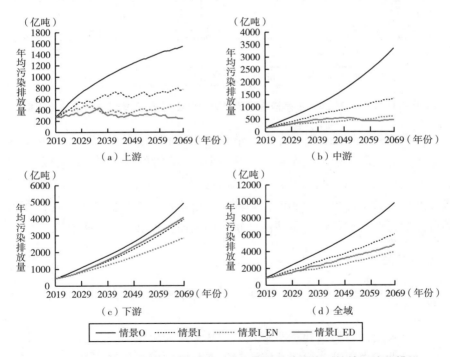

图 9 - 32　2019 ~ 2069 年不同情景下黄河流域整体生态环境情况演化模拟

由图 9 - 32 可见，整体来说，加入生态环境约束的情景 I_EN 和情景 I_ED 在黄河流域生态环境保护方面效果最优。具体来说，由于情景 I_ED

下，上游地区采用较中下游更为严格的生态环境约束。因此，该情景下上游地区生态环境最优。

进一步分析不同情景下单位 GDP 的污染排放情况如图 9 - 33 所示。

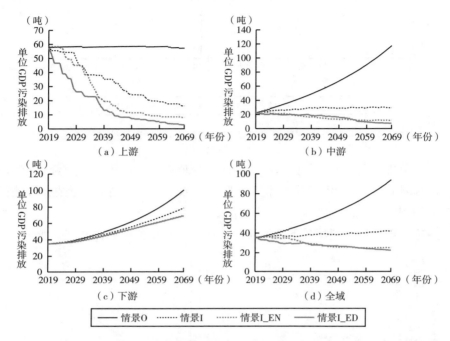

图 9 - 33　2019～2069 年不同情景下黄河流域单位 GDP 污染排放情况演化模拟

由图 9 - 33 可见，整体来看，情景 I_ED 对降低单位 GDP 污染排放效果最优，尤其黄河流域上游地区，情景 I_ED 下的单位 GDP 污染排放明显优于其他情景。结合经济发展、资源消耗和生态环境各方面考虑，对黄河流域上中下游实施分段控制的生态环境约束策略，适当加强中上游的生态环境保护力度，对于推动黄河流域整体的高质量发展具有重要意义。

第六节　管理启示

本章采用社会科学计算实验方法，基于黄河流域高质量发展的生态环境与资源承载力限制，构建了资源与生态环境约束下的经济社会发展多智能体模型，以实证研究数据为参数依据，模拟了绿色创新、生态环境约束、生态补偿等不同政策情景下黄河流域各省份生态保护和高质量发展的演化路径。演化模拟结果显示，在现有的发展模式下，黄河流域所有省份的经济发展均将受到不同程度的资源与生态环境制约，而不同的政策情景显著影响黄河流域各省份经济发展、资源消耗、环境污染等的演化趋势，在突破资源与生态环境约束瓶颈方面表现出不同的作用机制，且同一政策情景在不同省份产生的效果也各不相同。

（1）绿色创新经济激励政策对降低资源消耗、优化生态环境、降低本地区环境污染对下游的影响等具有显著效果，尤其在降低资源消耗和生态环境方面。但从推动经济增长视角来看，山东、河南、宁夏3个省份在单一的绿色创新激励模式下，经济增长总体来看落后于粗放式发展模式。

（2）严格的生态环境约束并不总是对经济产生负面影响，从50年演化模拟的经济增长趋势来看，实施严格环境约束的情景下，内蒙古和陕西反而取得了最优的经济增长。同时，该情景下的资源消耗情况远远好于粗放发展模式，与绿色创新经济激励情景比较发现，绿色创新与生态环境保护双重组合的情景在推动经济发展和降低资源消耗方面效果更优；在生态环境和对下游的影响方面，该情景也明显优于粗放式发展模式和绿色创新激励模式。

（3）实施分段控制的生态环境保护策略，在经济增长方面对黄河流域各省份的影响远胜于其他情景，但在降低资源消耗方面，该情景明显逊色于绿色创新激励情景和创新与环境约束组合情景；在生态环境和对下游的影响方面，该情景明显优于粗放式发展模式和绿色创新激励情景，但与创新和环境约束组合情景差异不大。可见，实施分段控制的黄河流域全域生态环境保护策略，能够更好地保障经济的长期增长。由于黄河流域中上游地区高质量发展受制于营商环境、人居环境、薪酬福利、发展空间等条件制约，面临着巨大的绿色创新竞争压力，实施上下游联动、优势互补、合理分工的协同发展模式不仅能够实现可持续的经济增长，且能够更高效地降低资源消耗、减少环境污染，长期来看，能够更好地推动黄河流域全域的高质量发展。

本章的情景建模及演化模拟实验以现有的产业结构为背景，是对复杂的经济、社会、生态资源互动系统的抽象刻画与概括简化。模型没有考虑产业转型升级与新兴产业发展情况，反映在资源消耗与环境污染总量方面，整个演化过程呈现持续上升的态势。现实系统的黄河流域生态保护与高质量发展系统具有更加复杂的系统结构、功能目标与互动关系，还应根据各地区资源禀赋及先天条件合理规划产业布局，从提高科技创新能力、激活内生发展动力、发展绿色产业等方面统筹考虑"五维一体"系统协调发展的政策体系优化策略。

第十章 黄河流域生态保护与高质量发展适应性治理

黄河流域高质量发展的关键在于构建全流域协调发展的新机制，形成主体功能明显、优势互补、高质量发展的整体布局。然而，黄河流域生态资源高效、集约开发利用所呈现出的分散化时空布局、多样化开放方式、多元化参与主体等，决定了黄河流域生态保护与高质量发展系统是一个复杂的社会—经济—生态复合系统，传统治理理论中的科层管理已不能适应流域生态与经济社会可持续、高质量发展的现实需求，亟须利用多元主体的共同参与和权力分享，协调利益主体之间的权责分配关系，实现决策目标的动态性、管理过程的公开和管理体制的弹性，降低自然和社会因素的不确定性。为此，本章以黄河流域各省份合理分工、优化配置、高质量协同发展为目标，基于适应性治理理论与方法，构建多主体参与的治理体系，完善多中心协同治理结构与机制，增强黄河流域社会—经济—生态系统的弹性和经济发展的韧性，从激活黄河流域高质量发展的内生动力出发，推进全流域绿色、可持续、健康发展，实现生态保护与高质量发展的长效目标。

第一节 黄河流域社会—经济—生态系统适应性治理理念

黄河流域是一个自然水文过程，更是一个相对独立的自然资源—生态环境—人类社会复合空间系统，具有复杂的时空结构和层次结构。黄河流域生态保护和高质量发展功能目标多样、涉及要素众多、要素间关系复杂。黄河流域生态资源具有典型的公共资源属性，极易诱发"公地悲剧"和外部效应，是一类"公共池塘资源管理"问题。奥斯特罗姆（Ostrom，2009）认为，利益相关者共同参与，构建耦合于社会—经济—生态系统的治理子系统，将人类社会系统与自然生态系统紧密结合，是有效解决此类问题的关键。基于社会—经济—生态耦合系统的复杂动态特性，融合多学科对人与自然相互作用问题研究的理论与实践成果，适应性治理理论应运而生。

生态保护与生态资源开发利用立足生态系统的服务功能，是生态系统服务于社会系统的重要过程，也是社会—经济—生态系统耦合、协调发展的关键。霍林（Holling，1973）认为，社会—经济—生态系统在外界不可预期的扰动和影响下，是一个复杂的自适应系统，具有非线性、不可预测性、自组织性等特点。社会—经济—生态系统的个体被看作适应性主体，主体之间、主体与环境之间的非线性交互过程，就是主体的适应过程。当社会—经济—生态系统中的主体面对外界干扰时，能够通过学习和积累经验调整自身规则并适应这种变化，从而使系统具有保持结构与功能稳定的能力，实现系统"韧性"。为此，霍林等人在描述微观主体间的相互作用及其在跨层次和宏观层面"涌现"出的复杂行为时，引入生态学中的恢复力和适应性等概念，构建微观层面和宏观层面的桥梁，为适应性治理奠定了理论基础。

随着黄河流域城市化、工业化发展，生态、资源、环境的承载能力日益成为制约黄河流域社会—经济—生态系统高质量发展的"瓶颈"。由于黄河流域社会—经济—生态系统中的行为主体具有有限的信息和决策能力，因此，多元利益主体的集体行动需要建立在主体间多元互动、信息交流与决策过程机制的基础之上，并充分考虑主体适应性及不同文化情景下主体行为决策与交互机制的差异。适应性治理将复杂性、适应性和不确定性视为社会—经济—生态复合系统的固有属性，重视多元主体的利益冲突，通过协商对话不断完善制度策略，使其更加契合系统均衡发展的动态需求，是一种意在增强治理弹性的多中心的可持续治理模式。适应性治理通过提供涉及诸多人类因素和自然因素的多目标分析框架，基于多主体参与重构治理体系，设计多中心协同的治理结构及多利益冲突的"协商—反馈—学习"式治理机制，进而通过多目标均衡策略，提升社会—经济—生态系统应对内外部冲击的韧性和可持续协同发展能力。

可见，适应性治理是为应对动态非线性、不确定性和复杂性而提出的理论，并通过建立韧性管理策略，更好地调节生态、经济和社会之间的矛盾与冲突，从而为经济社会变革中的"转型治理"和多元主体间的"协作治理"提供了建构基础。适应性治理以社会结构的自组织为基础，通过社会结构调节社会—经济—生态系统的状态，使对抗性管理通过社会运作规则的调节转变为合作性管理，契合了韧性管理的基本思路。黄河流域高质量发展适应性治理旨在建立适应性的社会权力分配与行为决策机制，使黄河流域社会—经济—生态复合系统能够可持续地提供人类所需的生态系统服务，帮助人们理解和应对系统多稳态、非线性、不确定性、整体性以及复杂性，更好地匹配社会经济子系统与生态子系统的功能，使其可持续地为人类提供福祉。

为此，黄河流域生态保护与高质量发展的适应性治理应重点关注以下几方面的内容：

第一，构建政府、市场、社会"三位一体"的治理体系，明确适应性主体之间的非线性关系，是提高黄河流域社会—经济—生态系统适应性能力的基础。适应性治理摒弃了传统的自上而下的管理过程，重视主体间的交互和多元利益的满足，并赋予主体学习能力。具有弹性决策能力和学习能力的主体之间、主体与环境之间彼此信息共享、交互学习并构成复杂网络，为快速达成共识创造了条件，并在宏观层面表现出应对外部冲击的持续适应能力。然而，具体治理措施的实施过程中，由于各主体均基于自身条件与利益诉求产生反馈，主体间目标的不一致性可能减弱治理措施的实际效力。也就是说，适应性治理并不是外部干预下各主体自发的适应性学习，而应当重视主体间的非线性反馈关系。事实上，大量适应性主体的反馈同样干扰特定主体的行为决策，在考虑单个主体的决策模式时，外部干预和主体间的反馈交互同等重要，这是保证适应性治理获得整体优化效应的根本。

第二，设计多中心协同的治理结构，明晰其多元化合作治理模式与框架，是优化黄河流域社会—经济—生态系统结构适应性的关键。环境问题往往涉及经济、政治、社会和生态的复杂关系，其非线性的复杂演化难以预测，这为传统的管理模式带来了一定挑战。适应性治理基于政府、市场、社会等多元主体在黄河流域高质量发展中的功能定位、权责范围及可支配资源，明确不同层次的适应性循环及主体间在不同阶段产生的各种相互作用，重视系统中各类主体在推动要素有序流动、高效配置中的不同作用和地位，重视系统的时序演化并及时调整治理策略，同时强调不同尺度治理结构与治理策略的协同。譬如，在处理黄河流域某个区域的生态保护与高质量发展问题时，可以先深入解析问题的结构，建立不同层次、不同中心的小循环并分析其适应性机理，进而解析各个小循环不同阶段之间的关键要素和关联关系，逐层揭示瓶颈问题的生成过程和未来变化，从而针对关键节点寻求解决问题的方案并制定精准治理的策略。

第三，黄河流域自然资源尤其是水资源短缺问题严重，构建破解资源配置中多元利益冲突的"协商—反馈—学习"适应性治理机制，是提升黄河流域社会—经济—生态系统过程适应性的关键。适应性治理由传统管理的关注技术转向更多关注主体的行为，并通过制定一系列的制度、规则、政策等，规范和约束主体行为，达到主体间利益均衡的目的。同时，制度、规则、政策等的制定采用"协商—反馈—学习"的迭代循环方式进行调整，并将自上而下的约束和自下而上的反馈相结合，推动治理机制的日臻完善。为此，在设计资源、资本、科技、劳动力等要素流动的激励相容约束机制、补偿机制、风险防控机制时，应基于主体的自适应特性揭示其微观层面的进化过程，识别"要素配置—市场规则—制度安排"的交互反馈机制规律，并在此基础上明晰提升黄河流域生态保护与高质量发展水平的适应性治理过程，完善多元利益冲突的治理机制。

第四，黄河流域高质量发展是经济、社会、科技、文化、生态环境"五维一体"协同发展的多目标均衡系统，通过适应性治理实现多目标均衡，是提升黄河流域高质量发展功能适应性的必由之路。适应性治理以学习为导向，通过在不同层次、不同尺度、不同领域的灵活协作提高系统恢复力，降低系统脆弱性，从而形成一整套协调政治、经济、社会和自然生态系统发展关系的制度安排，并将其应用于动态、持续的社会实践，通过现实系统的自组织运行，不断被检验和修正。适应性治理以多中心的制度安排为引领，来自不同类别的适应性主体交互作用、相互适应、协同合作，实现系统整体多元目标的均衡发展。

第二节 黄河流域生态保护与高质量 发展空间治理体系

黄河流域高质量发展以生态保护为前提，以"三重创新"为引擎，以"四轮驱动"为动力，以"五维一体"均衡发展为目标，治理内容纷繁复杂，但均以实现和维护人民权利为核心，并通过政府、市场、社会组织和公民的共同参与，推进互信合作、减少冲突，实现各主体的激励相容，以积极应对经济、社会、民生等方面的问题与挑战，在完善制度安排的过程中，有效化解社会矛盾，促进社会包容与和谐发展，提升人民福祉。

一、黄河流域生态保护与高质量发展空间治理结构

黄河流域高质量发展的治理已超越了传统的经济治理，而重在根据不同空间的主体功能定位，通过资源的空间配置实现各地区间相对均衡的可

持续发展，是一种强调经济、社会、生态空间均衡的全流域空间治理模式，如图 10-1 所示。

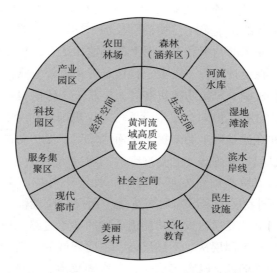

图 10-1 黄河流域生态保护与高质量发展空间治理的范畴

黄河流域生态保护与高质量发展具备流域空间治理的三个显著特点：
（1）基于水陆统筹的系统治理。从黄河流域的地理生态区域来看，黄河流域依托黄河水系从源头到入海的自然水循环，在无人力干预的自然环境下，其自身具有调节各部分结构和功能，使之处于动态平衡的能力。因此，对于黄河流域的空间治理首先必须遵循自然规律，从系统论的思想出发，重视对"人"的生产生活行为管控和对"地"的空间资源优化配置，在流域空间综合治理中充分尊重水陆演化规律及其交互影响关系，形成水陆统筹的治理格局。（2）在流域生态资源承载力约束下优化治理策略。黄河流域生态环境、资源供给（尤其是水供给）、纳污自净等承载能力有限，产业发展必须立足水资源和水环境承载能力，并以此为基石保护环境、节水节能、优化产业结构，提升空间治理能力和水平。（3）发动多元主体共同参与治理。黄河流域的跨界空间特性决定了其空间治理不仅仅是跨地区、跨部门的多层次治理，还是涉及相关企业、社会组织、沿岸居民等利益相关者的多中心协同治理，政府、市场、社会的多元参与和协商共治，才能从根本上实现人与自然的和谐共生。

黄河流域空间治理的关键是统筹流域内经济社会发展和生态保护的关系，追求全流域在经济发展、社会发展和可持续发展不同维度空间发展的平衡，并根据不同地区之间的地理空间与资源禀赋差异，规划其经济发展

（以提供工农业产品为主）或可持续发展（以提供生态产品为主）重点追求目标（郭晗和任保平，2020）。总的来看，黄河流域上游地区以生态涵养为主，重点发展绿色循环产业，中游立足丰富的能源化工资源，加快绿色创新和资源型产业转型升级，下游依托区位优势和科技优势，积极对接京津冀、长三角等地区，构建全面开放发展新格局，推动先进制造业和现代服务业集群发展。不同的子空间根据提供工农业产品或生态产品的选择，形成差异化、互补化的分工体系。为此，黄河流域高质量发展的高效治理必须高度重视流域发展的系统性、整体性与协同性，将以下几个方面作为黄河流域空间治理体系的核心要素：（1）组织体系。构建多元利益主体参与的治理共同体，包括国家、各级政府、非政府组织、企业和沿岸居民等，通过治理共同体推动黄河流域"共建共治共享"格局的形成。（2）治理客体。治理客体主要围绕着黄河流域生态保护与高质量发展公共资源的治理难题而展开。（3）治理模式。构建政治引领、法治为纲、德治为魂、自治为本、共治为基的"五治一体"多层次联动治理模式，治理主体间通过谈判和协商达成共识，形成制度安排。（4）治理机制。将自上而下的规划布局与自下而上的适应性反馈相结合，实现上下互动的参与式治理。（5）治理目标。以人为本追求善治，实现人与自然的和谐共生，推动黄河流域经济社会可持续发展，保障公共利益最大化。黄河流域生态保护与高质量发展空间治理体系如图 10 - 2 所示。

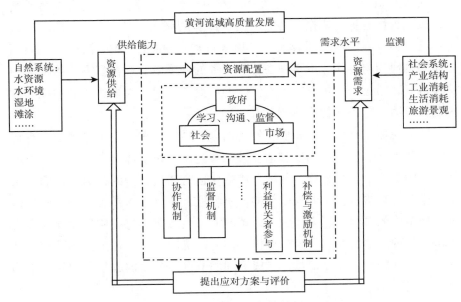

图 10 - 2　黄河流域生态保护与高质量发展空间治理体系

参与黄河流域高质量发展空间治理的主体在治理体系中扮演着不同的不可或缺的角色，他们相互作用，分工协作，铸就一种整合性、协同性的治理体系结构。黄河流域跨区域空间治理体系中政府与政府、政府与市场、政府与其他社会组织及公众之间因协同治理需求而形成了错综复杂、相互依赖的网络关系，并因周遭环境的变化而产生不同的行为选择，表现出对环境的自适应特性。换言之，黄河流域的空间治理是一个多主体参与的复杂适应系统，体系结构是多中心、多主体的共同治理，突破了传统的政治与行政、政府与市场简单分离的线性思维。

二、黄河流域生态保护与高质量发展多主体协同关系

协同是自组织行为产生的重要条件。黄河流域社会—生态系统能否协调发展，取决于参与主体间的协同能力。协同学理论（哈肯，1989）揭示了复杂系统中子系统间协调合作关系的本质，即通过子系统间的合作，在系统层面产生新的系统结构，并实现微观层次无法实现的新功能。

黄河流域生态保护与高质量发展的治理体系中既包含多元主体间的协同，也包括同类主体间的协同。主体与主体间的协同包括协商、同意、决策和集体行动四个层次：主体间通过"协商"途径寻求解决问题的有效办法，在主体间的协商过程中，各方既充分表达了自己的偏好和诉求，又充分了解彼此间的分歧，并在说服对方的同时调整自身诉求；各方的互动交流促成了共识的达成，形成一致性的意见，使得"同意"成为协商的结果；以一致性意见为依据，各方根据合作契约做出"决策"；主体决策最终付诸行为，在宏观层面表现为"集体行动"。可见，协同治理不仅强调主体间的协商与合作，更重视在跨界事务的处理中，构建多方主体参与的协作机制，通过协作机制实现主体间的协商，以促使共识达成和形成集体规则，付诸多方协同的集体行动。

黄河流域生态保护与高质量发展治理体系中的每一个主体都是具有自治性、智力性、相互作用性和适应性的智能体，智能体具有能动性，能够从经验中学习，积累经验，并随环境变化适时调整自身的行为，从而使系统产生新的结构状态，涌现出新的系统特性，使治理体系表现出不同于传统治理结构的自组织能力。因此，黄河流域生态保护与高质量发展的多主体协同治理是他组织和自组织有机协同的系统性治理，各个主体既相对独立，又相互联系、相互依赖，形成不同的节点，进而构成复杂的网络结构整体（见图 10 – 3）。

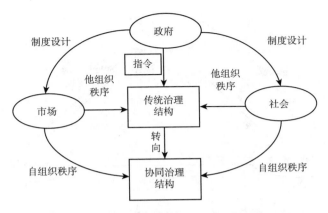

图 10 – 3　黄河流域高质量发展多主体协同治理结构

　　在黄河流域高质量发展多主体治理体系中，政府是参与式治理的设计者，政府治理依然是整个治理体系下最重要的次级体系之一，扮演着基本公共服务提供者、社会公平正义维护者和市场秩序缔造者的角色。在顶层设计方面，政府以设计者的身份构建多元主体的参与规则和机制，根据多元主体参与治理的需求，推进治理体制机制创新。社会治理是参与式治理的掌舵者，黄河流域社会—经济—生态系统中诸多利益群体与复杂利益关系的有效平衡及矛盾冲突的有效化解依赖于系统的自我调节，社会自治和自组织的管理具有更高的合法性和有效性。社会治理是社会基层多元利益群体的博弈与合作，社会各群体的参与保障了各方利益和诉求的充分表达，并通过参与治理更好地承担自身的义务，有效提高治理效能。市场治理保障了黄河流域资源配置形成有序竞争的局面，是黄河流域高质量发展的动力源泉和活力所在。由于生态环境具有经济外部性特性，提升市场治理水平，一方面应保证市场在资源配置中发挥基础性、决定性作用；另一方面应发挥政府和社会的引导和监督作用，增强企业的社会责任感，使得政府、市场、社会有机配合，形成合力，共同构成参与式治理中最重要的三个维度，三者协同治理方式如图 10 – 4 所示。

　　黄河流域高质量发展中的多主体协同治理既包括治理主体之间的协同，也包括经济—社会—生态各子系统之间的协同。这种多元化的协同模式将系统中的各种要素在统一目标、内在动力和相对规范的结构形式中整合起来，通过既竞争又协作的自组织非线性作用，形成具有韧性稳定性的宏观时空结构及有序功能结构，从而实现黄河流域空间治理的整体性、系统性效应。其中，多主体协同下的集体自组织行为实现了治理资源配置效用的最大化和系统整体治理效能的提升，是治理能力现代化的重要体现。

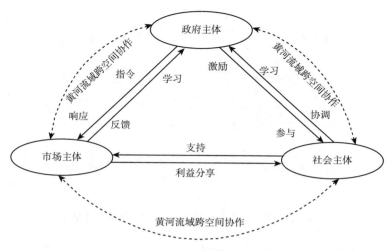

图 10 - 4 黄河流域高质量发展多主体协同治理方式

第三节 黄河流域生态保护与高质量
发展利益冲突治理机制

协同意愿、共同目标和信息沟通是实现协同治理的三个基本要素。黄河流域要实现生态保护与高质量发展的空间治理目标，不仅需要微观主体的积极参与，还需要主体之间具有共同的利益，因此，协调多元利益是实现黄河流域生态保护与高质量发展协同治理目标的关键。非协商性自上而下的传统管理方式以政府强制性手段为保障，客观上阻断了多方利益主体之间的互动与协同，因而难以根据不同情景因地制宜地均衡发展与保护之间的关系，在解决复杂社会问题方面难免顾此失彼。黄河流域高质量发展所涉及的各类公共资源问题、公共服务问题以及社会公共事务，关系到每个社会个体的切身利益，具有"公共性""大众性"等典型特征，必然离不开社会组织及公众的有效参与，类似问题的有效解决，也离不开市场、社会组织高效协同地参与治理。因此，完善政府、市场、社会"三位一体"治理体系下的多层次、立体化系统性多元利益冲突协同治理机制，是提升黄河流域高质量发展适应性治理水平的核心与关键。

一、多元主体价值理念协同机制

目标的一致性程度、利益的分配和共享、信息共享是影响和支配黄河流域高质量发展治理方向和效果的关键因素。因此，价值体系在黄河流域高质量发展治理过程中居于主导和引领地位。整合多元化的价值体系，构建与新时期五大发展理念相匹配的价值理念，以人为本，坚持公平、公正、公开，以社会主义核心价值观作为构建黄河流域生态保护与高质量发展治理价值共识的基础，通过"共建、共治、共享"模式，协调多元主体的价值冲突与利益分化，是实现黄河流域高质量发展"善治"的根本。

黄河流域生态保护与高质量发展的各类参与主体具有多样化的需求，但个体行为只是弱小、单一的行为，个体的利益诉求通常通过社会网络中的某个或某些特定的"社团结构"（组织、机构、利益集团等）得到表达。这些特定"社团结构"的社会组织成员通常具有相同或相近的利益偏好、共同的价值观或利益关系，个体的利益诉求通过集合形式表达，个体价值诉求通过组织利益得以实现，能够形成有组织、有秩序的利益表达（范如国，2014）。各种社会组织，包括社区、公共论坛等，都是社会的基本群体单元，在多元个体的价值重塑中具有重要作用。此外，政府对处于权力位置主体的有效制约，是规范各类社会组织，实现社会公平与正义的关键。黄河流域多元利益冲突中多主体的价值整合协同要素如图 10 – 5 所示。

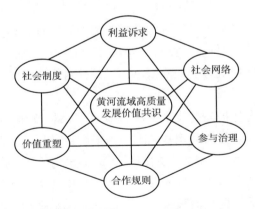

图 10 – 5　黄河流域高质量发展多主体价值理念协同要素

随着国家治理体系的日臻完善，我国政府不断在管理职能和组织结构上开展体制机制创新，市场在社会发展中的地位日益得到重视，基层社会组织也可以在参与治理的过程拥有更多可以支配的社会资源和工具，并能够行使支持、监督政府行政作为的权利。公众参与治理的途径和方式不断得到拓展，听证会、电视问政、网络等成为政府与公众沟通的桥梁，政府的施政需要得到公众的认可和参与，尤其在与公众生活密切相关的公共政策制定领域，公众参与治理的方式畅通了双方的互动语境，有助于快速达成价值共识，推动多元价值的整合协同，为政策实施扫清了障碍。为此，在拓宽公众参与渠道的同时，应规范公众参与程序，建立开放的行政决策制度，改革政府组织机构，从立法和制度上保障公众参与制度的落实，提高公众参与的积极性和主动性，保障多中心协同治理合作局面的形成。此外，政府还应加大向社会组织购买公共服务的比重，以理顺政府管理部门与公共服务供给主体之间的关系，完善市场机制，提高科学管理水平。

应该注意的是，复杂系统内部各要素之间、子系统与要素之间、子系统之间协调一致的行为，孕育了系统的整体特质与目标方向，但系统构成要素和结构的层次性和差异性才是社会系统发展的根本原因。社会主体的利益永远不可能完全一致，追求同质性的社会管理思维必定是低效的治理模式。因此，多元主体的价值理念整合并不是简单的统一，而是主流价值观的协同。

二、适应性治理学习机制

黄河流域生态保护与高质量发展提出的生态保护和经济社会发展"两难"问题，对其所处的社会—生态系统提出了更高地应对"变化"的能力需求，相应地，其治理系统也应具备更优异的社会学习能力。借由包含自反性的学习方式来解决自然资源管理中的不确定性，已成为学者们研究的焦点。相关研究主要包括对经验学习、变革学习和社会学习在实现资源适应性治理方面作用机理的理论探讨，以及针对行为对象的学习模式探讨等方面。

黄河流域生态保护与高质量发展在应对多元利益冲突时的"适应性"能力，源自多主体在价值共识基础上，为平衡自身利益以及实现资源利用最大效能而调整自身行为的"学习能力"。这种学习能力强调参与交互，是基于自利的协调和基于情景的综合策略，并从策略选择转变为行为的自适应。基于不同情景调整治理策略，并通过形成规则约束政府、市场、社会之间的资源配置关系，促进多元主体的分享式互动，提高治理效率，实现协同治理目标。因此，多元主体的学习机制既是主体间交流沟通、信息交互的手段，也是根据系统变化适时反馈调整，优化治理规则与策略的途径，是黄河流域生态保护与高质量发展适应性治理的重要实现机制。

个体决策建立在自身的知识积累、经验实践和合作规则与约定等基础之上，并通过在不断实践中提高认识产生新知识。为此，将 EWA（experience-weighted attraction）理论分析框架引入黄河流域生态保护与高质量发展适应性治理实践，通过多主体微观层面的 EWA 学习规则设计黄河流域社会—生态系统内行为选择的学习模式，在对学习规则的不断调整中实现个体行动、组织结构和社会—生态系统的适应性能力，解决黄河流域生态保护与高质量发展多元主体利益冲突中的动态调适问题。具体来说，微观层面的个体学习包含社会学习中个体独立的决策过程，也包含学习过程中的社会交互和他人的影响，这两者通过知识库和学习过程的循环反馈来实现。其中，知识库包括外部知识、个体知识和共同知识，是个体价值理念、心智模型及行为模式的体现：（1）外部知识来源于个体所在环境的本地知识和外部环境经验，是历史经验的积累；（2）个体知识包括个体偏好和个体经验知识，由个体背景、教育经历、家庭等自身属性及经历形成；（3）共同知识包括合作规则和共同的经验知识，是个体之间历史互动中相互影响、相互约束、协商交流中产生的知识，个体间互动学习的过程也是知识库不断丰富完善的过程。黄河流域生态保护与高质量发展治理主体的学习过程如图 10 – 6 所示。

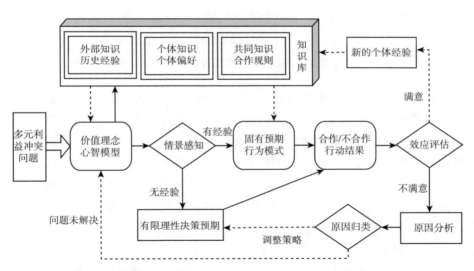

图 10 – 6　黄河流域生态保护与高质量发展治理主体的学习过程

基于 EWA 的治理主体学习及行为决策不仅仅考虑个体利益诉求与偏好特质，而且融合了社会学习的思想，将个体决策纳入群体利益进行综合评估整合，形成组织策略及合作规则，并通过组织与组织之间的互动交互，涌现出新的系统特征。因此，个体能够通过行为策略的调整进一步影响组织内及组织间关系的协调，并在协调过程中产生对应的合作规则。所有的规则和规范反馈到宏观层面，能够进一步影响宏观层面的制度安排体系，从而实现自下而上的调整反馈机制。由此，学习机制通过自上而下的制度安排和自下而上的互动反馈，使微观层面的个体学习在多个层面得到协同整合，从个体到组织，从合作规则到制度系统，学习机制以规则为表达形式贯穿于黄河流域生态保护与高质量发展系统性治理的全过程，推动了治理模式的适应性协商与调整，如图 10 - 7 所示。

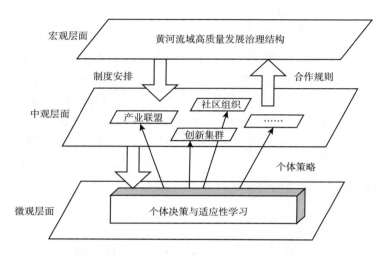

图 10 - 7 黄河流域生态保护与高质量发展适应性治理的实现机制

基于 EWA 的学习模式通过"知识（信息）共享"嵌入个体行为策略，在微观层面形成个体决策，并通过个体间的互动交流在中观层面群体内及群体间的社会组织合作规则，进而反馈到宏观层面产生特定情景的治理模式和规则体系。EWA 学习模式综合了不同主体间的"协商—反馈—学习"适应性循环调适过程，是黄河流域高质量发展中多元利益冲突治理的核心基础机制。基于多主体协同的学习机制，可以设计适用于不同治理情景的激励相容、约束机制、利益平衡机制、信息交互机制等，在复杂的利益诉求群体中建立健全利益冲突调解机制，实现系统性的黄河流域生态保护与高质量发展体制机制及政策创新，共同推动黄河流域生态保护和高质量发展的高效协同治理。

第四节 黄河流域生态保护与高质量发展
多目标均衡治理策略

黄河流域生态保护与高质量发展涉及经济发展、社会民生、科技进步、文化传承、生态修复、环境保护等多个领域，随着经济社会发展对生态资源和环境保护提出的更高要求，黄河流域经济社会发展的现实需求、生态资源的高效配置与合理利用以及生态环境的科学保护与协同治理成为黄河流域高质量可持续发展亟须解决的现实问题。黄河流域地域辽阔，流经的9个省份经济社会发展状况、生态资源禀赋条件等各不相同。黄河流域生态资源配置与生态环境治理既要考虑上下游的利益关系，又要兼顾地区发展的不均衡性和资源利用的高效性及公平性。其实质是一个多目标优化问题，即在生态环境承载力及满足社会生产生活基本需求的前提约束下，实现生态资源利用效能的最大化及生态环境影响的最小化。

一、多目标动态平衡约束机制

黄河流域生态保护与高质量发展的多目标动态平衡机制属于制度模式多样性和制度互补性的研究范畴，是黄河流域经济社会发展生态环境约束条件下，就业系统、市场组织框架、金融系统、宏观经济政策等目标基于特定结构条件实现互补，形成一定时期稳定的社会经济治理机制。当经济社会系统中的某个系统受到冲击时，多目标动态平衡机制将通过反馈机制作出调整，产生适应于新的发展条件的互补性制度。可见，多目标动态平衡治理能力同样源自学习反馈机制，高质量发展的多目标动态平衡已由传统的生产供给为中心转向要素质量升级，并从经济建设为中心转向社会发展及可持续发展为中心。

黄河流域生态保护与高质量发展的多目标动态平衡旨在通过制度的调整达成高质量消费与高质量生产供给的相互促进，以民生事业塑造经济效率系统，实现效率与福利的动态平衡，重点包括以下内容：（1）经济发展服务于社会发展和民生改善。生态保护与相应制度设置的目标权衡核心在于民生事业发展具有动态效率支撑，这也是公众参与社会治理的基础。（2）以产业结构升级促进发展质量与效率的提升。科技创新作为产业升级的基础，其目标着力于知识过程的建立，知识创新、垄断、扩散作为新的报酬递增机制，是科技创新激励补偿的源泉。（3）以生态补偿和环境保护倒逼生产效率提升。从可持续发展视角来看，实施黄河流域全域的生态资源集约利用与环境保护协同治理，大力发展绿色、生态经济，是绿色效率补偿的潜力所在。

为协调各类系统制度及其目标，政府成为黄河流域生态保护与高质量发展多目标动态平衡的重要推动者，并被赋予了经济社会联系中的利益博弈合作角色，嵌入非线性的经济社会关联网络，既是黄河流域多目标发展的顶层设计者，又是动态平衡的协调者。政府不再直接干预和激励生产企业的供给端行为，而是将产出供给的激励交给市场，政府专注于提高公共服务质量及可持续性，平衡效率和福利水平。同时，政府专注于创新体系的建立，通过提供基础研发平台、设计功能性产业政策等，塑造有利于创新的营商环境。在生态环境保护方面，采用更多的经济型环境规制措施，制定差异化的环境税费、排污权、生态补偿政策等，并通过完善多主体参与制度，推动政府、市场、社会的协同共治。

二、区际利益平衡治理机制

探索建立毗邻地区、上下游地区的利益平衡机制，对于推动黄河流域全域生态保护与高质量发展具有重要意义。黄河流域区际利益平衡主要体现在经济方面，是经济利益的调整，不涉及行政、法律等方面的激励或惩罚。这种利益平衡不仅涉及补偿问题，也涉及处罚问题，通过补偿与处罚促进全流域协调发展是建立利益平衡机制的目的。黄河流域区际利益平衡治理机制主要考虑以下内容：（1）从节约集约利用资源方面，提高经济效率。（2）从保护生态环境方面，推动绿色发展。（3）从保障公平正义方面，全面调动市场主体的活力和社会的创造力。（4）从缩小地区差距方面，实现共同富裕。（5）从完善治理架构方面，形成现代化的治理体系。

黄河流域区际利益平衡机制的设计应在平衡多种要求的基础上，考虑多元目标的实现，实施利益平衡的主体、手段与方式可以在治理体系框架内灵活配置。譬如，对危害市场公平竞争的行为可以通过政府处罚的形式，而处罚所得可以用来设立市场一体化发展基金，用于推进公共服务均等化等。为更好地推动黄河流域生态保护与高质量发展进程，沿线区省联合制定控制耗能、排放的行业标准，探索建立跨区域的生态修复与环境保护补偿机制，完善区际生态保护与高质量发展协同联动治理策略，是区际利益平衡机制的有效补充。

对于现存的多种形式的利益平衡机制，包括转移支付、补贴等，应加强梳理、归并和调整完善。同时，利用互联网、物联网、大数据、云计算、人工智能等数字技术，对黄河流域经济社会发展的相关信息进行整合，加快形成先进、融合、开放、绿色的数字软硬体系，推动治理手段的数字化转型，使数字技术成为建立科学的区际利益平衡机制的有力支撑。

第十一章 黄河流域生态保护与高质量 发展政策评估

推动黄河流域生态保护与高质量发展，亟须以制度供给侧结构性改革为主线，着力强化制度创新和制度供给，优化政策配套，落实各类主体责任，提高各类主体参与的积极性，形成流域一体化发展新格局。本章利用全国 31 个省份的面板数据，采用合成控制法，综合评估"十一五""十二五""十三五"时期黄河流域 9 个省份生态保护与经济、社会发展相关政策对绿色全要素生产率的作用效应，揭示相关政策影响绿色全要素生产率的作用机理，总结借鉴政策经验，优化现有政策体系，提出可行性政策建议。

第一节 黄河流域生态保护与经济发展政策概况

1996 年 7 月，我国第四次全国环境保护会议提出保护环境的实质就是保护生产力，明确了生态保护与经济发展的辩证关系。1997 年，党的十五大报告强调了现代化建设中实施可持续发展战略的重要性和必要性。2000 年 11 月，国务院印发了《全国生态环境保护纲要》，强调通过生态环境保护，确保国民经济和社会的可持续发展。2005 年，中央人口资源环境工作座谈会提出了生态文明的概念，指出应"完善促进生态建设的法律和政策体系，制定全国生态保护规划，在全社会大力进行生态文明教育"。2012 年，党的十八大明确提出大力推进生态文明建设，努力建设美丽中国，实现中华民族永续发展。至此，大力弘扬生态文明，打破资源环境的"瓶颈"制约，探索转型发展的新路径，建设生态文明的现代化中国，成为中国特色社会主义的重要内涵，也成为国家和地方层面制定经济社会发展政策的重要依据。

与长三角、京津冀、粤港澳等区域相比，黄河流域以中西部省份为主，面临生态环境严峻、经济需要大力发展等问题，亟须将保护与发展相结合，有目标、有对策、有方向地开展统筹谋划，并采取严格分段施策、因地制宜的方针，上游以提高水源涵养能力为主，中游突出抓好水土保持和污染治理，下游注重保护河流生态系统，提高生物多样性，共同抓好大保护，协同推进大治理，促进全流域高质量发展。为此，从中央到地方均出台了大量推动黄河流域生态保护、可持续发展、区域间联合协作的相关政策。在"北大法意"法律法规数据库中，以"黄河流域""生态""经济""协作"等为关键词进行全文检索，按发文年度对 847 项政策进行统计，1996～2020 年黄河流域 9 个省份生态保护、经济发展与区际合作的相关政策法规制定情况如图 11-1 所示。

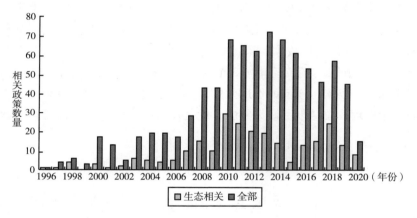

图 11-1　1996～2020 年黄河流域 9 个省份生态与经济政策制定情况

由图 11-1 呈现的 1996～2020 年黄河流域政策法规制定数量来看，黄河流域的经济社会发展问题日益得到重视，且与生态相关的政策数量自 2007 年后也有大幅上升。对该时间段内检索到的政策文本进行逐项筛选并进行关键词条标注，借助 CiteSpace 可视化工具关键词进行信息挖掘和系统性总结，黄河流域"生态"相关的政策法规知识图谱如图 11-2 所示。

由图 11-2 可见，黄河流域生态保护政策涉及产业、技术、市场、基础设施建设、区际协作关系等经济、社会发展多个领域，包括政府监管、市场调节、技术创新、循环经济发展等多种模式，以黄河上中游生态保护与修复为重点，围绕水污染防治、资源节约、节能减排、环境保护等关键领域，大力发展现代服务业，打造循环产业链，通过生态产业、生态农业、现代农牧业、环境友好型工业等产业调整与转型升级，实现黄河流域生态文明与经济社会发展的总体目标。

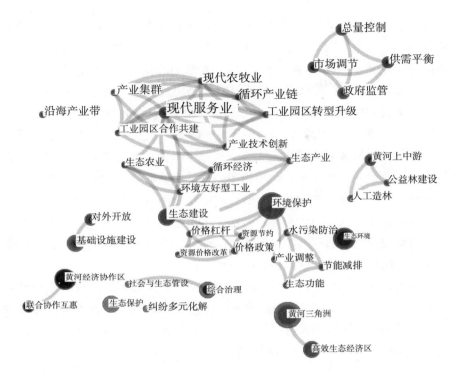

图 11 - 2   1996 ~ 2020 年黄河流域 9 个省份生态政策文本的知识图谱

第二节   政策变迁对绿色全要素
生产率影响的效应评估

　　绿色全要素生产率（*GTFP*）在传统的经济增长分析框架下引入了能源投入、污染物排放非期望产出等诸多因素，能够构建更加复杂、全面的指标，全面测算区域经济发展的投入产出效率。本章采用第七章介绍的DEA-Malmquist 指数模型，全面测算 2003 ~ 2019 年黄河流域各区域及全国30 个省份（由于西藏数据严重缺失，予以剔除）的绿色全要素生产率，并以此作为衡量黄河流域生态、经济相关政策效应的目标对象，分阶段评估"十一五""十二五""十三五"时期黄河流域生态保护与经济发展相关政策的综合效应，结合上中下游的功能定位，总结政策经验，分析政策短板与不足。

一、黄河流域生态保护政策效应评估模型

黄河流域生态保护相关政策通过推动产业结构升级、加快科技创新、

发展生态经济等，降低污染物排放、提高水资源利用效率，实现全流域绿色发展、高质量发展。由于现实中很难找到与政策实施的实验组各方面均相似的非政策实施控制组对照样本，阿巴迪和加尔德萨巴（Abadie and Gardeazabal，2003）提出了一种通过对控制组加权平均构造出一个"反事实"控制组的政策评估方法——合成控制法（synthetic control methods，SCM）。该方法通过构造每个政策干预个体的"反事实"参照组，即合成控制对象，模拟黄河流域在未实施全流域生态保护相关政策下的情况，以对比相关政策的实施效果。这相当于一种准实验研究，即在研究期内的同一时间点对同一地区进行对比实验，政策实施前后实验组和控制组的差值即为政策效应。作为一种非参数方法，该方法放宽了双重差分法所必需的平行趋势假设检验和样本随机性假设。此外，合成控制法通过数据驱动确定权重，提高了政策评估的精确性与可靠度。

假设有 $S+1$ 个地区，包括政策实施的 1 个区域和其他没有实施政策的 S 个区域。只有地区 i 受到政策干预并且政策实施时间为 T_0 期到观察期末；同时其余 S 个区域没有政策干预，可作为地区 i 的控制地区。当满足这些条件时，地区 i 政策实施的因果效应为：

$$\Delta_{it} = Y_{it}(1) - Y_{it}(0) \qquad (11-1)$$

其中，$i=1$，$\cdots$，S；$t=1$，$\cdots$，T。Y_{it} 表示第 i 个地区在 t 时期的绿色全要素生产率。$Y_{it}(1)$ 表示地区 i 在 t 时期受到生态保护政策干预的结果，$Y_{it}(0)$ 表示地区 i 在 t 时期没有受到政策干预的结果。

容易看出当政策实施后，即 $T_0 \leqslant t \leqslant T$ 时，两者差值 Δ_{it} 就是政策实施效果。然而，反事实 $Y_{it}(0)$ 在现实中无法观测，此时可以用 S 个没有受到政策干预的地区进行合成控制。地区 1 的反事实结果可以用式（11-2）表示：

$$Y_{it}(0) = \alpha_t + \delta_t Z_i + \gamma_t \tau_i + \varepsilon_{it} \qquad (11-2)$$

其中，α_t 是时间固定效应；Z_i 为 i 地区可观测变量，表示不受政策影响的控制变量；δ_t 是未知参数变量，γ_t 是无法观测的共同因子变量，τ_i 是系数变量，ε_{it} 是地区 i 不能观测且均值为 0 的短期冲击。

更一般地，可以使用式（11-3）表示地区 i 在 t 时期的绿色全要素生产率：

$$Y_{it}(1) = Y_{it}(0) + \Delta_{it} D_{it} \qquad (11-3)$$

其中，虚拟变量 D_{it} 表示地区 i 在 t 时期的政策干预状态，若取值为 1 表示地区 i 在 t 时期受到政策影响，取值为 0 表示未受到政策影响。

为方便叙述，假设地区 1 在 T_0 期受到政策冲击，而其他 S 个地区没有受到政策冲击，则当 $t > T_0$ 时，政策效应为 $\Delta_{1t} = Y_{1t}(1) - Y_{1t}(0)$。

为求出 $Y_{1t}(0)$，现定义权重向量 $W = (w_2, \cdots, w_{s+1})$，其中 $w_j \geqslant 0$，$j = 2, \cdots, S+1$，表示地区 j 在合成地区中的权重，且 $w_2 + \cdots + w_{s+1} = 1$。向量 W 的不同取值代表了对地区 1 的合成控制。结果变量可以通过对控制组加权平均而得：

$$\sum_{j=2}^{S+1} w_j Y_{jt} = \alpha_t + \delta_t \sum_{j=2}^{S+1} w_j Z_i + \gamma_t \sum_{j=2}^{S+1} w_j \tau_j + \sum_{j=2}^{S+1} w_j \varepsilon_{jt} \qquad (11-4)$$

式（11-4）中如果存在权重向量 $(w_2^*, \cdots, w_{S+1}^*)$，使得：

$$\sum_{j=2}^{S+1} w_j^* Y_{j1} = Y_{11}, \sum_{j=2}^{S+1} w_j^* Y_{j2} = Y_{12}, \cdots, \sum_{j=2}^{S+1} w_j^* Y_{jT_0} = Y_{1T_0}, \sum_{j=2}^{S+1} w_j^* Z_j = Z_1$$

$$(11-5)$$

若 $\sum_{t=1}^{T_0}$ 为非奇异矩阵，则 $Y_{1t}(0)$ 和 $\sum_{j=2}^{S+1} w_j^* Y_{jt}$ 两者之差无限趋近于 0，从而 $Y_{1t}(0)$ 可以估计，由此可得政策效果的估计值为：

$$\Delta_{1t} = Y_{1t}(1) - \sum_{j=2}^{S+1} w_j^* Y_{jt} \ (T_0 \leqslant t \leqslant T) \qquad (11-6)$$

为了提高合成控制对象的拟合效果，提高实验结果的稳健型，参照刘甲炎和范子英（2013）的预测控制变量设置思路，将影响绿色全要素生产率的产业结构、科技创新、经济发展水平、污染排放水平设为控制变量，具体包括第三产业增加值与第二产业增加值比例、人均 GDP、专利授权数、单位 GDP 能源消费、单位 GDP 的二氧化硫、化学需氧量排放等。其中，第三产业产值占第二产业产值比重代表产业结构，人均 GDP 代表经济发展水平，专利授权数代表科技创新水平，单位 GDP 能源消费、单位 GDP 的二氧化硫、化学需氧量排放等代表污染物排放水平。变量原始数据来源于 2003～2020 年的《中国统计年鉴》《中国能源统计年鉴》《中国劳动统计年鉴》《中国环境统计年鉴》及 Wind 数据库等。

二、"十一五"黄河流域生态保护政策效应评估

"十一五"时期黄河流域生态保护相关政策重点关注水污染防治、水土保持和总量减排等工作，国家层面编制了《青海三江源自然保护区生态保护和建设总体规划》（2005）、《黄河流域城镇污水处理工程建设"十一五"规划》（2006）、《黄河三角洲高效生态经济区发展规划》（2009），地

方层面包括陕西省设立黄河湿地省级自然保护区（2005）、《黄河三角洲高效生态经济区发展规划》（2008）、《陕西黄河中上游能源化工区重点产业发展战略环境评价工作实施方案》（2009）、《山西省海河黄河流域水污染防治专项规划实施情况考核暂行办法》（2009）、《三江源生态补偿机制试行办法》（2010）、《四川省"十一五"生态建设和环境保护规划》（2007）等。该阶段生态保护政策主要集中在上游地区，以《青海三江源自然保护区生态保护和建设总体规划》为代表。

以 2006 年作为"十一五"时期黄河流域相关政策的起点，不同区域及其对应合成控制省份的绿色全要素生产率演变过程如图 11 - 3 所示。其中，黄河流域全域合成比例超过 5% 的控制省份包括浙江 54.9%、广西 15.2%、贵州 29.9%，上游地区合成比例超过 5% 的控制省份包括黑龙江 9.1%、江苏 29.1%、广西 15.3%、海南 14.2%、贵州 24.2%，中游地区合成比例超过 5% 的控制省份包括浙江 21.3%、湖南 16.7%、广西 32.8%、贵州 29.2%，下游地区合成比例超过 5% 的控制省份包括河北 66.9%、贵州 17.5%、云南 15.7%。

由图 11 - 3 可见，"十一五"期间（2006～2010 年），黄河流域全域绿色全要素生产率指数变动大致呈现倒"U"型，且较 2005 年及之前有

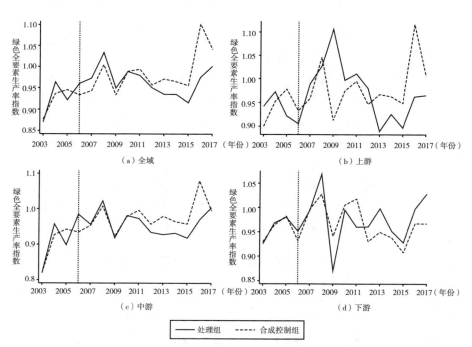

图 11 - 3 "十一五"期间黄河流域生态保护政策效应评估

较大幅度地提升，且实验组总体情况显著高于合成控制组。其中，2006～
2008 年，黄河流域各区域绿色全要素均大致呈现上升态势，但受全球金
融危机影响，2009 年绿色全要素生产率指数大幅下降。从上游、中游、
下游情况来看，上游地区绿色全要素生产率在 2006 年后大幅上升，至
2009 年到达顶点后一路下降，表现出与控制组迥异的演化态势；中游地
区实验组与控制组演化趋势基本类似，且在"十一五"期间与控制组省份
差异不明显；下游地区绿色全要素生产率演化趋势也基本与控制组相似，
但上升和下降幅度均大于控制组省份。

　　借鉴苏治和胡迪（2015）的合成控制稳健性检验办法，验证实证分析
中预测变量的差异是否确实是由于特定政策的影响而非其他未观测到的外
在因素。为此，假设控制组地区同样在 2006 年开始实施生态保护相关政
策，运用合成控制法构造相应地区的合成控制对象，估计其在该假设下的
政策效应，比较实验组政策效应与控制组假设情况下的政策效应，如果两
者差距足够大，则可以认为政策效应是稳健显著的。对黄河流域政策效应
进行稳健性检验，各区域政策效应的稳健型检验结果如图 11 - 4 所示。

　　由图 11 - 4 可见，黄河流域全域生态保护政策的影响效应在 2006 ～
2008 年高于全部控制组地区，说明相关政策显著提升了黄河流域的绿色

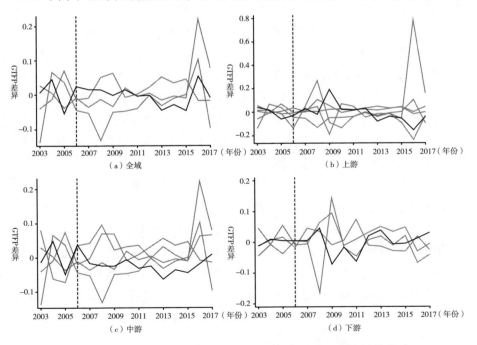

图 11 - 4 "十一五"期间黄河流域生态保护政策效应稳健性检验

全要素生产率。其中，上游地区 2006 ~ 2007 年增长幅度显著高于控制组地区，2009 年绿色全要素生产率指数远高于控制组地区，而"十一五"期间相关政策对中游地区的影响并不显著，下游地区 2008 ~ 2009 年绿色全要素生产率指数的下降幅度远高于控制组地区，显示了黄河流域实施差异化政策的必要性和紧迫性，以及根据针对区域经济特点，构建保障经济安全、有效应对外部冲击的政策体系的重要性。

三、"十二五"黄河流域生态保护政策效应评估

党的十八大以来，党和国家高度重视生态文明建设，为黄河流域可持续发展创造了前所未有的机遇。"十二五"时期黄河流域生态保护相关政策除继续"十一五"时期的水土流失治理、污水综合排放治理外，重点关注生态修复、天然林资源保护等，包括中上游地区公益林建设、下游地区高效生态经济区建设、沿黄地区旅游发展等，并围绕黄河文明与可持续发展的关系展开论证。在国家层面，2013 年 3 月，国务院批复了《黄河流域综合规划（2012－2030 年）》，谋求黄河长治久安和流域可持续发展，制定了《黄河中上游流域水污染防治"十二五"规划编制大纲》《黄河流域（片）水利发展"十二五"规划》《水利部关于开展全国水生态文明建设试点工作的通知》等，批准了《晋陕豫黄河金三角区域合作规划》（2014）。在地方层面，青海实施了一大批水土保持生态建设重点项目，出台了《青海省人民政府办公厅关于深入推进生态畜牧业建设的实施意见》（2014）、《科技部青海省人民政府关于批准建设省部共建三江源生态与高原农牧业国家重点实验室的通知》（2015）等；四川省人民政府办公厅《关于印发四川省"十二五"生态建设和环境保护规划的通知》（2011），四川省人民政府办公厅《关于印发四川省 2011 年草原生态保护补助奖励机制政策实施意见的通知》（2011）；甘肃以坡耕地整治为重点推进水土保持生态文明建设，出台了《天然林资源保护工程二期长江上游黄河上中游地区公益林建设管理办法》（2011）；宁夏先后启动实施了 146 项坡耕地综合治理、示范小流域、淤地坝等水土保持重点项目建设，较"十一五"期间增长了 54%；山东省文化厅印发《山东半岛蓝色经济区文化产业发展规划》《黄河三角洲高效生态经济区文化产业发展规划》（2012）等。该阶段生态保护政策更加注重与经济可持续发展的关系，以发展生态农牧业，推动水土流失治理、改善生态环境、发展地方经济、促进脱贫致富等制度措施协同发力为政策核心目标。

以 2011 年作为"十二五"时期黄河流域相关政策的起点，不同区

域及其对应合成控制省份的绿色全要素生产率演变过程如图 11 – 5 所示。其中，黄河流域全域合成比例超过 5% 的控制省份包括浙江 40.9%、贵州 30.6%、河北 16.7%、重庆 8.5%，上游地区合成比例超过 5% 的控制省份包括江苏 47.2%、江西 28.9%、贵州 17%、海南 6.7%，中游地区合成比例超过 5% 的控制省份包括广西 28.8%、新疆 24.7%、贵州 19.5%、辽宁 19.1%、福建 7.8%，下游地区合成比例超过 5% 的控制省份包括河北 71.5%、天津 10.3%、浙江 10.0%、江西 8.2%。

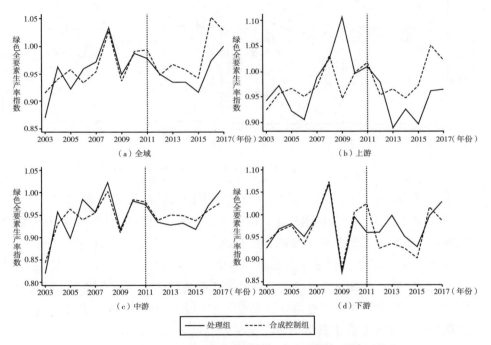

图 11 – 5　"十二五"期间黄河流域生态保护政策效应评估

由图 11 – 5 可见，"十二五"期间（2011 ~ 2015 年），黄河流域全域绿色全要素生产率指数呈明显下降趋势，且实验组下降幅度高于合成控制组。从上游、中游、下游分化情况来看，上游地区下降幅度远高于合成控制组地区及中下游地区，中游地区与其合成控制组演化趋势基本相同，而下游地区在 2012 ~ 2015 年的绿色全要素生产率指数高于合成控制组，且在 2012 ~ 2013 年有较大幅度上涨。

对黄河流域"十二五"期间的生态保护政策效应进行稳健性检验，各区域政策效应检验结果如图 11 – 6 所示。

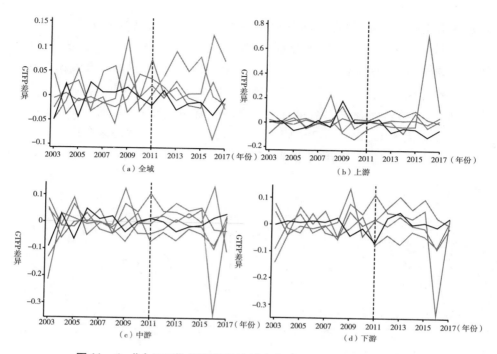

图 11-6　"十二五"期间黄河流域生态保护政策效应稳健性检验

由图 11-6 可见，黄河流域全域生态保护政策的影响效应在 2011~ 2015 年基本低于全部控制组地区，说明"十二五"期间黄河流域绿色经济发展水平落后于发展条件相当的其他地区。其中，上游、中游地区 2012~ 2014 年政策效应落后明显，而下游地区 2011~2013 年虽有较快追赶，但"十二五"期间政策效应对绿色全要素生产率指数的影响并不显著。可见，"十二五"期间，全国各地均更加重视绿色、生态经济发展，黄河流域在此期间反而逐步落后于其他地区。

四、"十三五"黄河流域生态保护政策效应评估

"十三五"期间，黄河流域生态保护和高质量发展上升为重大国家战略，沿黄各省份扎实推进生态环境保护、水利现代化进程，注重空间规划、区域协同，推动经济高质量发展。国家层面，党的十九大报告提出，以"一带一路"建设为重点，推动"东西双向互济，陆海内外联动"，深入实施《"十三五"国家科技创新规划》；国家发展改革委、水利部、住房城乡建设部联合印发了《水利改革发展"十三五"规划》，水利部办公厅印发《全国水生态文明城市建设试点验收办法》，提出《加快推进新时代水利现代化的指导意见》，黄河水利委员会制定了《黄河流域（片）水

利规划体系框架意见》，制定了《黄河流域（片）水资源保护规划》，黄河七条跨省（区）支流综合规划通过水利部审查。地方层面，相关政策涉及生态保护、经济高质量发展、生态经济、民生领域等，包括《青海省"十三五"节能减排综合工作方案》《四川省"十三五"环境保护规划》《宁夏回族自治区新型城镇化"十三五"规划》《宁夏回族自治区"十三五"节能减排综合工作方案》《宁夏回族自治区能源发展"十三五"规划》《甘肃省"十三五"西部大开发实施意见》《青海省"十三五"基本公共服务均等化规划》《甘肃省"十三五"脱贫攻坚规划》《山西省"十三五"综合能源发展规划》《山东新旧动能转换综合试验区建设总体方案》《山西省"十三五"战略性新兴产业发展规划》《山东省"十三五"战略性新兴产业发展规划》《河南省"十三五"战略性新兴产业发展规划》等。该阶段黄河流域生态保护政策更加注重创新发展、区际协同、产业生态化和生态产业化，加快新旧动能转换，培育高新技术产业，黄河经济带六大国家级城市群已崭露头角，黄河流域生态保护和高质量发展上升为重大国家战略。

　　以 2016 年作为"十三五"时期黄河流域相关政策的起点，不同区域及其对应合成控制省份的绿色全要素生产率演变过程如图 11-7 所示。其中，黄河流域全域合成比例超过 5% 的控制省份包括浙江 21.2%、重庆

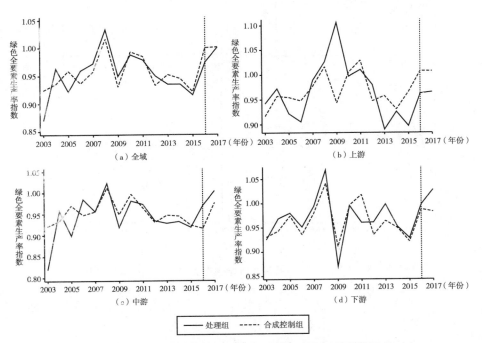

图 11-7 "十三五"期间黄河流域生态保护政策效应评估

19.2%、贵州19.0%、新疆18.7%、河北17.9%，上游地区合成比例超过5%的控制省份包括江西37.5%、江苏28.2%、广东14.8%、河北13.6%、贵州5.9%，中游地区合成比例超过5%的控制省份包括新疆40.3%、贵州28.2%、重庆22.0%、辽宁9.2%，下游地区合成比例超过5%的控制省份包括河北41.2%、重庆34.8%、江苏22.6%。

由图11-7可见，"十三五"期间（2016~2020年，由于统计资料延迟，仅采集到截至2017年的完整数据），黄河流域全域绿色全要素生产率指数在开局阶段呈现上升态势，且实验组与合成控制组的差距明显缩小。从上游、中游、下游分化情况来看，"十三五"开局阶段，上游地区绿色全要素生产率落后于合成控制组地区，而中下游地区高于合成控制组地区，且下游地区上涨幅度也明显高于其合成控制组。

对黄河流域"十三五"期间的生态保护政策效应进行稳健性检验，各区域政策效应检验结果如图11-8所示。

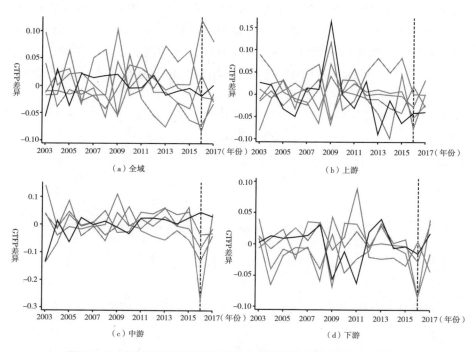

图11-8 "十三五"期间黄河流域生态保护政策效应稳健性检验

由图11-8可见，从全域视角来看，黄河流域生态保护政策的影响效应与全部合成控制组地区无显著差异，但从上、中、下游的分化情况来看，上游地区的政策效应在2016年后几乎落后于合成控制地区，而中下游地区政策效应高于其合成控制地区。可见，黄河流域"十三五"期间的创新发展、生态经济带建设、高新技术产业发展等政策效应逐步显现，在日益严格的环境约束下，中下游地区通过绿色转型，推动了高水平生态保护和高质量经济发展，但尚需加大区际间协同，进一步推动黄河流域上中下游的统筹协作，以畅通流域资源，充分发挥黄河流域文化、生态、产业优势，实现全流域整体高质量发展。

五、不同时期黄河流域生态保护政策的影响机理

生态保护相关政策通过日益严厉的环境约束，推动经济实体开展科技创新、调整产业结构、降低污染物排放。为深入解析不同时期黄河流域生态保护政策对绿色全要素生产率指数产生影响的机理，进一步采用双重差分法（difference-in-differences，DID）探索黄河流域产业结构调整、经济发展水平、科技创新活力、污染物排放水平对其绿色全要素生产率指数的影响机制，构建模型（11-7）：

$$GTFP_{it} = \alpha_0 + \alpha_1(Treatment_{it} \times Time_{it}) + \beta X_{it} + \varepsilon_{it} \quad (11-7)$$

其中，i 为样本编号，t 表示时间，$GTFP_{it}$ 表示绿色全要素生产率指数，$Treatment_{it} = 1$ 表示实验组样本，$Treatment_{it} = 0$ 表示控制组样本；$Time_{it}$ 为时间变量，政策实施前取 0，政策实施后取 1。X 为控制变量，ε 为随机扰动项，不同时期双重差分检验结果如表 11-1 所示。

表 11-1　不同时期黄河流域全域绿色全要素生产率各变量的双重差分检验

变量	时期	(1) GTFP	(2) GTFP	(3) GTFP	(4) GTFP	(5) GTFP
Treatment × Time	一	0.039 *** (3.813)	0.039 *** (3.802)	0.023 * (1.947)	0.004 (0.394)	0.041 *** (2.991)
	二	0.017 ** (2.345)	0.017 ** (2.556)	-0.033 *** (-2.710)	0.015 (-1.562)	-0.005 (-0.232)
	三	0.060 *** (3.933)	0.080 *** (5.847)	0.051 *** (3.034)	0.052 *** (3.425)	0.006 (0.277)
第三产业比重	一		0.000 (0.013)			
	二		-0.002 (-0.094)			
	三		-0.054 ** (-2.542)			

变量	时期	(1) GTFP	(2) GTFP	(3) GTFP	(4) GTFP	(5) GTFP
ln 专利	一			0.011 ** (2.323)		
	二			0.032 ** (4.711)		
	三			0.007 * (1.746)		
ln 人均 GDP	一				0.168 *** (4.520)	
	二				0.199 *** (4.978)	
	三				0.138 *** (4.873)	
ln 单位能耗	一					−0.076 * (−2.301)
	二					−0.009 (−0.350)
	三					−0.015 (−0.631)
lnCOD	一					−0.028 ** (−2.011)
	二					−0.028 (−1.003)
	三					−0.030 ** (−2.265)
lnSO$_2$	一					−0.042 *** (−3.900)
	二					−0.047 ** (−1.984)
	三					−0.041 *** (−2.765)

变量	时期	(1) GTFP	(2) GTFP	(3) GTFP	(4) GTFP	(5) GTFP
_cons	一	− 0. 031 *** (− 2. 664)	− 0. 032 (− 0. 453)	− 0. 161 *** (− 2. 768)	− 1. 351 *** (− 4. 570)	− 0. 125 (− 1. 315)
	二	0. 992 *** (119. 622)	1. 000 *** (12. 216)	0. 604 *** (7. 264)	− 0. 590 * (− 1. 857)	− 0. 726 *** (9. 101)
	三	0. 992 *** (126. 643)	1. 165 *** (16. 516)	0. 919 *** (19. 212)	− 0. 118 (− 0. 516)	− 0. 759 *** (9. 148)
N		450	450	450	450	450

注：*、**、*** 分别表示在 10%、5%、1% 水平上显著；括号内数值为 t 统计量。

表 11 - 1 中，模型（1）是不加控制变量的基准模型，模型（2）~模型（5）分别表示产业结构效应、科技创新效应、经济发展效应和能耗降低与污染减排效应，表中的"一""二""三"分别代表"十一五"时期、"十二五"时期和"十三五"时期。由表 11 - 1 可见，生态保护政策效应在不同阶段对绿色全要素生产率指数产生影响的路径并不相同，其中，"十一五"时期的政策效应主要通过科技创新活力提升、单位能耗降低与污染减排手段提高绿色全要素生产率指数；"十二五"时期，能耗降低与污染减排的作用效应不显著，仅科技创新活动发挥显著作用；"十三五"时期，产业结构调整、科技创新活力、人均 GDP 水平发挥了显著效应。

从黄河流域生态保护政策在不同时期对绿色全要素生产率产生作用的机理可见，黄河流域生态保护相关政策已逐步由单一的污染防治向科技创新、生态经济、区际协同等多元化政策体系转化，政策效应的作用路径日趋复杂，政策组合的叠加效应日益显现。黄河流域绿色发展仅靠环境污染防治和节能减排不具有可持续性，"十三五"时期统筹规划生态经济布局，激励科技创新，畅通区际资源要素流动，重视跨区生态保护与经济发展协作等，对于发展服务业，加快产业结构调整，推动生态保护与经济发展的有机统一发挥了重要效应，是推动黄河流域高质量发展的科学举措。由于科技创新始终在黄河流域绿色全要素生产率的提升中发挥重要作用，是黄河流域绿色发展的根本保障和驱动黄河流域生态保护和高质量发展的长效机制，政策方面应更加关注激活主体的创新动力和活力。

第三节　黄河流域生态保护与高质量发展政策策略

黄河流域是我国重要的生态屏障和重要的经济地带，在我国经济社会发展和生态安全方面具有十分重要的地位。然而，与长江经济带相比较，黄河流域经济社会发展相对滞后、贫困人口相对集中与防洪安全、水资源短缺、生态安全等问题交互叠加，推动生态保护和高质量发展的形势比长江流域更加复杂，亟须构建一套生态保护、环境治理、绿色发展协同推进的有效机制，畅通上中下游资源要素流动，完善行之有效、成熟稳定、覆盖全面、工具多元的优势互补、协同发展政策体系，通过强化要素、优化机制、集聚区域、完善环境、防范风险，系统化推进体制机制和政策创新，为黄河流域生态保护和高质量发展提供坚实保障。

一、黄河流域生态保护与高质量发展的政策需求

与长江流域相比，黄河流域现有政策供给发文量偏少、数量波动较大、缺乏政策供给的长效机制，发文缺少规范性与影响力。流域内各省份的政策基本参考国家政策，以规划类、意见类政策为主，实际落地性有待提高。"十三五"以来，参与政策发文主体多层次、多部门、跨区域趋势显著提高，但在广度和深度上还需进一步加强。

黄河流域生态保护和高质量发展上升为国家战略以来，中央、地方各级政府围绕"十四五"展开大量规划工作，首先从思想层面统一了对黄河流域系统化协同治理的认识，为制定黄河流域生态保护和高质量发展协同推进政策体系提供了有力保障。然而，现有政策供给较少考虑生态保护和高质量发展的耦合关系及交互作用，也较少从跨地区协同的视角出发，将黄河流域生态保护和高质量发展融入新发展格局，以推动形成资源要素优化配置、高效利用、优势互补、合理分工的一体化大保护与大发展格局为导向，从强化要素、增强主体、优化机制、协调区域、扩大开放、形成反馈的系统化、精准化治理需求出发，重构央地协同、区际协同、生态保护和高质量发展协同的政策供给体系。

"共同抓好大保护、协同推进大治理"，亟须打破传统地方政府的属地治理"碎片化"困境。目前，黄河流域沿线地区生态管理体制机制存在壁垒，缺乏协同治理的机制与政策法规。首先，流域府际间治理目标、标准、能力、政策以及绩效考核存在较大差异，协同应对跨区域环境污染的

能力较弱。其次，虽然黄河流域河湖管理责任体系基本形成，协调联动机制初步建立，但由于黄河流域支流较多，地形地貌复杂多变，尚需进一步完善"一河（湖）一策"，在河湖健康评价、智慧河湖建设、流域信息共享平台等方面建立长效机制，加强法规制度建设。最后，黄河流域在区域产业发展、数字经济、服务业、新基建建设等方面缺乏协同，生态经济、绿色经济发展缺乏有效的政策支撑，尤其是地区之间、行业之间的生态补偿、环境治理利益协调机制与政策有待进一步完善。

"治理黄河，重在保护，要在治理"，"坚持生态优先、绿色发展"。黄河流域是自然生态系统和经济社会系统相互耦合的复合系统，以河流为主线开展自然要素物质循环和能量转化，以经济、社会、政治等人文要素为依托统筹流域经济社会协调发展。各种自然要素与人文要素联系密切，自然生态系统与经济社会系统相互制约，使得黄河流域形成了系统性极强、整体性极高、协同性密切的区域。为此，黄河流域生态保护和高质量发展必然要求从系统性和整体性治理出发，推动流域内府际、社会组织、公众等的协同合作，通过建立与完善多元主体协同治理机制，促进跨域性公共事务治理目标的一致性、治理行动的协作性和治理过程的有序性，促进流域自然生态系统和经济社会系统良性循环，实现流域生态保护和高质量发展，增进流域整体利益和共同福祉。

从系统构建黄河流域生态保护和高质量发展治理共同体的现实需求出发，政策供给应统筹保护与发展的关系，从保障政府主导与企业主体的协同效应、强化基层社会组织在多元治理结构中的纽带效应、有效发挥居民在生态环境治理中的载体效应、加强政策层面的引导效应四个层面出发，建立健全黄河流域生态保护和高质量发展的市场化机制，使资源、组织、政策、制度、产业协同发力。

2020年4月9日，中共中央、国务院印发《关于构建更加完善的要素市场化配置体制机制的意见》，对土地、资本、劳动力、技术、数据等要素市场化配置给出具体指导意见。2020年5月18日，中共中央、国务院印发《关于新时代加快完善社会主义市场经济体制的意见》，强调要"构建更加完善的要素市场化配置体制机制，进一步激发全社会创造力和市场活力"。要素市场化配置改革已成为新时代经济高质量发展的重要着力点，是深化供给侧结构性改革的必然选择，为协同黄河流域生态保护与高质量发展的关系提供了重要依据，也对政府、市场、社会协同推动黄河流域生态保护和高质量发展的政策保障体系建设提出了更高要求。

二、流域生态保护与高质量发展的国内外经验

黄河流域存在的水资源短缺、环境污染、经济发展水平低、产业结构不合理等问题，表面是开发与保护的问题，实质是治理问题。流域具有系统性、整体性、外部性和准公共物品属性等显著特性，区际间的利益冲突既容易引发流域生态环境问题，又容易引发经济社会发展问题。一方面，流域治理的非竞争性和非排他性，容易造成"公地悲剧"现象；另一方面，流域治理具有外部性，治理绩效将影响流域沿线各地，容易产生"搭便车"现象。通过多年的理论与实践探索，国内外流域生态保护与高质量发展的成功经验主要体现在以下四个方面：

第一，拓展生态资源转化路径，优化绿色生产要素流动和产业布局，实现生态资源开发与保护协同。许多发达国家在统筹流域生态保护和资源高效利用方面具有相对成熟的实践经验。譬如，澳大利亚墨累—达令河推行水权交易制度，通过高效灵活的流域水权市场交易机制，有效协调水权利益需求，实现水资源的高效利用。欧盟推行生态标签制度（又名"花朵标志""欧洲之花"），通过加大推荐力度、举办"生态绿色周"或"环保奖大会"等活动，向消费者积极宣传生态产品。欧洲莱茵河流域通过促进绿色要素整体流动和优化产业布局，有效协调生态保护与经济发展，流域各国因地制宜，依据自身的主体功能发展特色产业，以"生态优先"为原则，形成了科学的产业布局。日本北九州实施以环境产业发展、环境技术开发、实现循环型社会为主要内容的生态城与静脉产业园建设。我国长江流域部分地方在生态产品价值实现机制方面也开展了大量实验试点，其中，浙江丽水制定了山区城市畅通产品价值核算技术办法，建立生态信用体系建设；江西乐安金竹畲族乡以山林资源入股，与社会资本合作开发生态旅游等形式。

第二，完善流域协调机制，推动区际协同治理。发达国家往往采用流域管理与区域管理结合的模式进行协商治理，美国田纳西河流域、英国泰晤士河流域、法国塞纳河流域、加拿大圣劳伦斯河流域等均设立了功能强大的流域管理机构，统一对流域内资源开发、利用和保护进行规划与协调；莱茵河流域以莱茵河国际委员会为核心治理组织结构，协调成员国计划，评估成员国行动绩效，积极协调可持续发展规划、防洪工作、微污染物防治项目等，以制定和实施莱茵河全流域的行动协议为重要抓手，从法律层面约束成员行为，为成员国治理实践提供行动指南和执行准则；长江上下游政府及组织之间建立了河道污染联动机制，落实区域环境治理边界

与相关责任，避免污染转移。

第三，健全公众、企业、社会组织参与机制，构建多元治理格局。欧洲莱茵河流域居民环保意识较强，公民陪审团是民众参与流域治理的重要途径之一；同时莱茵河流域拥有较为完善的监督机制，流域内国家之间和各州之间共享环境监测信息并相互监督，并将其与经济利益和社会形象、声誉建立密切关联。莱茵河流域的非政府社会组织通过各种形式对政府部门和相关企业施加压力和影响，并通过新闻报道、公益广告等宣传形式吸引广大民众的关注，启发公众的环保意识。日本北九州市政府注重通过教育培养居民良好的环境素养与环保意识，编制了从幼儿园到大学不同阶段的环境教育辅导读本，生态文明教育覆盖青少年学习的各个阶段。

第四，建立稳定有序的生态保护修复市场，完善流域市场化治理机制。西方国家在生态保护修复市场体系建设方面，普遍采取"小政府、大市场"的自由经济发展模式，包括德国"生态价值分"交易和美国湿地"抵消信用"交易为代表的生态补偿市场化模式，英国泰晤士河"水务特许经营权"流域水环境治理市场化模式，美国"生态旅游特许经营权"的国家公园保护修复市场化模式，瑞士"绿色水电"认证的市场化模式等。上述市场化生态保护修复模式通常以政府许可审批、投资、建设和运营权转移、国家公园的所有权、管理权、经营权分离等法律法规制定为依据，明晰市场交易规则、完善激励约束措施、加强市场监管，吸引社会资本加入流域生态保护修复。

三、推进黄河流域生态保护与高质量发展的政策策略

在对黄河流域现有政策进行评估的基础上，针对黄河流域发展不平衡、不协调、不充分问题，以及区域间产业同质、分工协作关系弱、市场化发育程度低、对内对外开放水平低、产业布局亟待完善等突出问题，充分借鉴国内外理论与实践经验，切实加大央地协同、区际协同、政府、市场、社会多元主体协同力度，统筹流域协调、协商、合作机制，扎实推进黄河流域生态保护和高质量发展国家战略落实。

第一，推进区际协作，构建黄河流域一体化政策体系。区际协作是破解流域治理"碎片化"的根本途径，近年来，各种层级的区域合作已卓有成效，为有效化解区际产业同构、恶性竞争问题，协调区际产业布局提供了新思路。黄河流域跨区域合作应立足其自身的文化基础、情感共识、社会资本和独特的地理位置，充分利用资源互补或资源相同、政策差异、社会联系密切等有利于共同发展的条件，寻求优势互补或者共享、叠加的可

能性，借助国家区域政策，不断放大"一区一策"的比较优势，从区际合作的成效和机制设计出发，在基础设施建设、生态环境保护、重要产业、公共服务等生产和生活的主要领域统一规划、统一标准、共同行动，实现互联互通。同时，应破除阻碍市场要素流动的地方保护主义，避免降低经济效率的重复建设，统一建设并组建社会中介服务组织，包括各种行业协会、担保企业、政策咨询服务企业等，在环境治理和监管方面通力合作，统筹规划资源配置，提升环境的资源承载力，实现全流域的可持续发展，并通过跨省公共服务一体化政策体系建设，完善社会福利共享机制，保障流域人民共享发展成果。

第二，协商治理嵌入黄河流域政策体系，构建多元共治新格局。中央政府是宏观指导性政策的决策者，各级政府及职能部门的决策权集中于细则指导性政策的细化权，同时也控制着政策参与权的分配和组织。基层政策体系政策参与权的再分配应走出部门局限，进一步推动政治协商、政策协商和社会协商三个层次政策参与权分配的整合对接，并通过逐步完善的协商制度释放给社会协商更多的行动空间，使协商参与有机地嵌入政策体系的制定与完善过程中，形成良性互动关系。协商治理破解政策执行困境的根本抓手和逻辑起点在于协商式参与，落脚点是协商式回应。这一方面破解了基层多元主体间互动共治中信任缺失导致的动员性困境，另一方面通过协商参与吸纳民情、民意、民智，化解政策落地难题。

第三，以生态产业化、文化产业化和产业生态化为核心，构建"文化+生态+产业"融合发展的全域文化生态产业体系。生态产业化是生态产品服务的价值实现过程，文化产业化是黄河文化资源优势转化为文化产业优势的过程，而产业生态化是产业实现资源节约、环境友好、生态保育的过程，三者需要有效发挥各类政策工具（工具箱）的集合效能。为此，一方面，应完善资源节约的法律法规、评价考核、标准规范、信息公开等政策工具，促进产业节约资源；另一方面，应建立产业项目生态影响与风险评估、产业政策环境影响评估、产业项目环境准入、产业污染费差异化规定等法律法规和体系建设，促进产业与生态和谐共生。法律工具应为维系生态系统服务功能提供必要的监测、预警和规制；行政工具应为生态产品价值实现提供必要的行政许可、管理规范、政策指引；市场工具应重在理顺生态产品和服务的价格形成机制、投融资和利益共享机制，建立健全生态产品和服务公平交易平台；信息工具应关注生态产品技术、生态产品需求与供给等，健全生态产业信息系统。

第四，推进要素市场化配置改革，构建黄河流域一体化要素市场。打破要素流动壁垒，是实现黄河流域优势互补、一体化、高质量发展的物质基础，也是生态保护与高质量发展有机协同的必要条件。传统要素市场主要包括土地市场、劳动力市场、资本市场等，而现代要素市场主要包括数据要素市场等。劳动力要素方面，重在推动全流域人力资源服务业从业资格互认互通、人力资源服务业从业人员资质一体化等；土地要素方面，主要包括信息发布、项目共享、人才培养、技术支持等多个方面，并在农村土地改革试点的基础上，建设完善土地产权交易平台；资本要素方面，着重在信息联合披露、业务交流和学习、重点项目推介等方面展开密切合作，建立流域统一的要素市场平台，并通过设立协同票据交易中心，促进区域商业信用体系的形成和完善；技术要素方面，通过黄河流域上中下游创新链、产业链、资金链、政策链的深度融合，建立健全流域创新体系，推动形成黄河流域协同创新共同体；数据要素方面，设立黄河流域大数据综合试验区，以政府数据开放为切入点，以新基建建设为契机，推动黄河流域公共数据共享和开放平台建设，实现全方位、多领域的大数据协同。由于黄河流域不同地区基本公共服务的巨大落差严重阻碍了要素市场化的进程，探索流域公共服务体系一体化构建的新思路，应成为要素市场化改革的着力点与突破口。

附录　黄河流域生态保护与高质量发展数据库模块

数据库表名称	所属字段	类型及长度	样本区间	记录数	备注
YRB system	YRB_id（序列号）	Integer（10）	1978～2019 年	3240	包括 4 个字段；地区样本 1994～2019 年
	YRB_area（地区）	Varchar（20）			
	YRB_city（城市）	Varchar（20）			
	YRB_time（时间）	Year（4）			
基础数据	Basic_id	Integer（10）			顺序号
	YRB_id	Integer（10）			索引－外键
	消费者价格指数（上年＝100）	Float（20，2）	1994～2019 年	234	
	人口总量（万人）	Float（20，2）	1978～2019 年	378	全国和黄河沿线 9 个省份
	地区 GDP（亿元）	Float（20，2）	1978～2019 年	378	
	黄河流域固定资产投资（亿元）	Float（20，2）	1980～2019 年	360	
	黄河流域年末财务一般性预算收入（亿元）	Float（20，2）	1978～2019 年	369	
	黄河流域年末财政一般性预算支出（亿元）	Float（20，2）	1978～2019 年	378	
	黄河流域地区实际利用外资额（亿元）	Float（20，2）	1983～2019 年	333	
	黄河流域地区金融机构年末储蓄存款总额（亿元）	Float（20，2）	1994～2019 年	234	
	黄河流域金融机构存款总金额（亿元）	Float（20，2）	1994～2019 年	234	

数据库表名称	所属字段	类型及长度	样本区间	记录数	备注
基础数据	黄河流域地区教育经费总额（万元）	Float（20，2）	1994～2019 年	234	
	黄河流域地区 R&D 经费总额（万元）	Float（20，2）	1994～2019 年	234	
	黄河流域地区就业人数（万人）	Float（20，2）	1994～2019 年	234	
	黄河流域城镇登记失业人数（万人）	Float（20，2）	1994～2019 年	234	
	黄河流域城镇就业人员总数（万人）	Float（20，2）	1994～2019 年	234	
居民生活数据	Residentliving_id	Integer（10）			顺序号
	YRB_id	Integer（10）			索引 – 外键
	黄河流域地区人均收入（元）	Float（20，2）	2003～2019 年	153	
	黄河流域人均社会消费品零售总额（万元）	Float（20，2）	2003～2019 年	153	
	黄河流域人均可支配收入（元）	Float（20，2）	2003～2019 年	153	
	黄河流域城镇家庭年末可支配收入（元）	Float（20，2）	2003～2019 年	153	
	黄河流域城镇家庭消费性支出（元）	Float（20，2）	2003～2019 年	153	
	黄河流域城镇居民年食品消费支出金额（元）	Float（20，2）	2003～2019 年	153	
	黄河流域地区参加养老保险总人数（万人）	Float（20，2）	2003～2019 年	153	
	黄河流域地区参加失业保险总人数（万人）	Float（20，2）	2003～2019 年	153	
	黄河流域参加医疗保险总人数（万人）	Float（20，2）	2003～2019 年	153	
	黄河流域地区高等教育在校人数（人）	Float（20，2）	2003～2019 年	153	
	黄河流域人均受教育年限（年）	Float（20，2）	2003～2019 年	153	

数据库表名称	所属字段	类型及长度	样本区间	记录数	备注
产业发展数据	Industry_id	Integer（10）			顺序号
	YRB_id	Integer（10）			索引－外键
	黄河流域各产业从业人数（万人）	Float（20，2）	2003～2019年	153	
	黄河流域各产业总产值（亿元）	Float（20，2）	2003～2019年	153	
	黄河流域各产业成本费用总额（亿元）	Float（20，2）	2003～2019年	153	
	黄河流域各产业利息支出（亿元）	Float（20，2）	2003～2019年	153	
	黄河流域各产业固定资产平均总值（亿元）	Float（20，2）	2003～2019年	153	
	黄河流域各产业利润总额（亿元）	Float（20，2）	2003～2019年	153	
	黄河流域各产业税金总额（亿元）	Float（20，2）	2003～2019年	153	
	黄河流域各产业利税总额（亿元）	Float（20，2）	2003～2019年	153	
其他数据	Other_id	Integer（10）			顺序号
	YRB_id	Integer（10）			索引－外键
	黄河流域地区私家车拥有量（万辆）	Float（20，2）	2003～2019年	153	
	黄河流域地区移动电话拥有量（部）	Float（20，2）	2003～2019年	153	
	黄河流域互联网用户数（万人）	Float（20，2）	2003～2019年	153	
	黄河流域信息产业产值（亿元）	Float（20，2）	2003～2019年	153	
	黄河流域能源消耗量（万吨标准煤）	Float（20，2）	2003～2019年	153	
	黄河流域企业家信心景气指数（%）	Float（20，2）	2003～2019年	153	

数据库表名称	所属字段	类型及长度	样本区间	记录数	备注
其他数据	黄河流域企业创新能力景气指数（%）	Float（20, 2）	2003～2019 年	153	
	黄河流域产业国际化景气指数（%）	Float（20, 2）	2003～2019 年	153	
	黄河流域产业发展环境景气指数（%）	Float（20, 2）	2003～2019 年	153	
创新能力数据	Other_id	Integer（10）			顺序号
	YRB_id	Integer（10）			索引－外键
	博士/硕士在校生（人）	Float（20, 2）	2003～2019 年	153	
	R&D 人员全时当量（人年）	Float（20, 2）	2003～2019 年	153	
	科研机构经费投入（万元）	Float（20, 2）	2003～2019 年	153	
	R&D 经费内部支出（万元）	Float（20, 2）	2003～2019 年	153	
	高技术产业固定资产投资额（亿元）	Float（20, 2）	2003～2019 年	153	
	高技术产业投资额占固定资产投资额比重（%）	Float（20, 2）	2003～2019 年	153	
	专利申请受理数（件）	Float（20, 2）	2003～2019 年	153	
	专利授权数（件）	Float（20, 2）	2003～2019 年	153	
	高等院校数（所）	Float（20, 2）	2003～2019 年	153	
	有 R&D 活动的规模以上企业数（个）	Float（20, 2）	2003～2019 年	153	
	研究与开发机构数（个）	Float（20, 2）	2003～2019 年	153	
	万人高等学校在校学生数（人）	Float（20, 2）	2003～2019 年	153	
	霍夫曼系数（%）	Float（20, 2）	2003～2019 年	153	

数据库表名称	所属字段	类型及长度	样本区间	记录数	备注
对外开放数据	Outside_id	Integer（10）			顺序号
	YRB_id	Integer（10）			索引 – 外键
	外商投资额占地区生产总值比重（％）	Float（20，2）	2003～2019 年	153	
	实际利用外资占地区生产总值比重（％）	Float（20，2）	2003～2019 年	153	
	进口总额占地区生产总值的比重（％）	Float（20，2）	2003～2019 年	153	
	出口总额占地区生产总值的比重（％）	Float（20，2）	2003～2019 年	153	
	技术市场成交额（万元）	Float（20，2）	2003～2019 年	153	
经济发展数据	Development_id	Integer（10）			顺序号
	YRB_id	Integer（10）			索引 – 外键
	地区生产总值（亿元）	Float（20，2）	2003～2019 年	153	
	第二产业增加值（亿元）	Float（20，2）	2003～2019 年	153	
	第三产业增加值（亿元）	Float（20，2）	2003～2019 年	153	
	人均地区生产总值（元）	Float（20，2）	2003～2019 年	153	
	规模以上工业企业收入利润率（％）	Float（20，2）	2003～2019 年	153	
	第三产业增加值占地区生产总值比重（％）	Float（20，2）	2003～2019 年	153	
	高技术产业固定资产投资额（亿元）	Float（20，2）	2003～2019 年	153	
	人均教育财政支出（元）	Float（20，2）	2003～2019 年	153	
	社会消费品零售总额（万元）	Float（20，2）	2003～2019 年	153	

数据库表名称	所属字段	类型及长度	样本区间	记录数	备注
经济发展数据	全要素生产率（%）	Float（20，2）	2003～2019 年	153	
	基尼系数（%）	Float（20，2）	2003～2019 年	153	
	泰尔指数（%）	Float（20，2）	2003～2019 年	153	
民生改善数据	People_id	Integer（10）			顺序号
	YRB_id	Integer（10）			索引－外键
	城乡居民人均可支配收入比值（%）	Float（20，2）	2003～2019 年	153	
	人均可支配收入与人均 GDP 之比（%）	Float（20，2）	2003～2019 年	153	
	人均教育文化娱乐支出占消费支出的比重（%）	Float（20，2）	2003～2019 年	153	
	居民恩格尔系数（%）	Float（20，2）	2003～2019 年	153	
	城镇登记失业率（%）	Float（20，2）	2003～2019 年	153	
	常住人口城镇化率（%）	Float（20，2）	2003～2019 年	153	
	人均教育财政支出（元）	Float（20，2）	2003～2019 年	153	
	万人高等学校在校学生数（人）	Float（20，2）	2003～2019 年	153	
	养老保险参保比例（%）	Float（20，2）	2003～2019 年	153	
	每万人公共图书馆图书资源量（册）	Float（20，2）	2003～2019 年	153	
	每千人口医疗机构床位（张）	Float（20，2）	2003～2019 年	153	

数据库表名称	所属字段	类型及长度	样本区间	记录数	备注
	Environmental_id	Integer（10）			顺序号
	YRB_id	Integer（10）			索引-外键
	环境污染治理投资占GDP比重（%）	Float（20，2）	2003～2019年	153	
	每万元GDP废水排放总量（吨）	Float（20，2）	2003～2019年	153	
	每万元GDP工业固体废物产生量（吨）	Float（20，2）	2003～2019年	153	
环境保护数据	化肥施用量（万吨）	Float（20，2）	2003～2019年	153	
	单位地区生产总值能耗（吨标准煤/万元）	Float（20，2）	2003～2019年	153	
	每万元GDP电耗总量（吨标准煤/万元）	Float（20，2）	2003～2019年	153	
	废气中二氧化硫排放量（万吨）	Float（20，2）	2003～2019年	153	
	废水排放总量（万吨）	Float（20，2）	2003～2019年	153	
	工业固体废物产生量（万吨）	Float（20，2）	2003～2019年	153	
	Ecology_id	Integer（10）			顺序号
	YRB_id	Integer（10）			索引-外键
	保护区面积占辖区面积比重（%）	Float（20，2）	2003～2019年	153	
	本年新增水土治理面积（千公顷）	Float（20，2）	2003～2019年	153	
生态保护数据	湿地面积占辖区面积比重（%）	Float（20，2）	2003～2019年	153	
	人均水资源量（立方米/人）	Float（20，2）	2003～2019年	153	
	造林面积（万公顷）	Float（20，2）	2003～2019年	153	
	城市人均公园绿地面积（平方米）	Float（20，2）	2003～2019年	153	

参 考 文 献

[1] 安树伟，李瑞鹏. 黄河流域高质量发展的内涵与推进方略 [J].
改革，2020 (1)：76 - 86.

[2] 蔡俊煌. 国内外生态安全研究进程与展望——基于国家总体安全观
与生态文明建设背景 [J]. 中共福建省委党校学报，2015 (2)：104 - 110.

[3] 蔡玲，王昕. 中国跨国投资、生态环境优势和经济发展——基于
"一带一路" 国家空间相关性 [J]. 经济问题探索，2020 (2)：94 - 104.

[4] 柴盈，曾云敏. 应对劳动力转移冲击的 "小农水" 适应性治理
研究——基于广东的调查 [J]. 公共管理学报，2020，17 (2)：152 -
163，176.

[5] 常承明，邢杰. 一带一路背景下黄河旅游发展的战略思考——评
《 "一带一路" 与黄河旅游》[J]. 水利水电技术，2020，51 (6)：200.

[6] 陈利顶，孙然好，汲玉河. 海河流域水生态功能分区研究 [M].
北京：科学出版社，2013：1 - 237.

[7] 陈明艺，李娜. 中国经济高质量发展绿色检验——基于省级面板
数据 [J]. 上海经济研究，2020 (5)：49 - 59，72.

[8] 陈晓东，金碚. 黄河流域高质量发展的着力点 [J]. 改革，
2019，(11)：25 - 32.

[9] 陈星，周成虎. 生态安全：国内外研究综述 [J]. 地理科学进
展，2005 (6).

[10] 陈雨枫. 系统生态学视野下的居住建筑可持续设计研究 [D].
开封：河南大学，2019.

[11] 刁秀华，李宇. 基于循环经济的区域工业生态化测度与比较
[J]. 中国软科学，2019 (5)：185 - 192.

[12] 董哲仁. 莱茵河——治理保护与国际合作 [M]. 郑州：黄河出
版社，2005.

[13] 都阳，蔡昉，屈小博，程杰. 延续中国奇迹：从户籍制度改革

中收获红利 [J]. 经济研究, 2014, 49 (8): 4-13, 78.

[14] 范如国. 复杂网络结构范性下的社会治理协同创新 [J]. 中国社会科学, 2014 (4): 98-120, 206.

[15] 范兆轶, 刘莉. 国外流域水环境综合治理经验及启示 [J]. 环境与可持续发展, 2013 (1): 81-84.

[16] 冯俏彬. 我国经济高质量发展的五大特征与五大途径 [J]. 中国党政干部论坛, 2018 (1): 59-61.

[17] 傅春. 中外湖区开发利用模式研究——兼论鄱阳湖开发战略 [M]. 北京: 社会科学文献出版社, 2009: 81-82.

[18] 高静, 于建平, 武彤, 刘玮. 我国农业生态经济系统耦合协调发展研究 [J]. 中国农业资源与区划, 2020, 41 (1): 1-7.

[19] 高明秀, 吴姝璇. 资源环境约束下黄河三角洲盐碱地农业绿色发展对策 [J]. 中国人口·资源与环境, 2018, 28 (S1): 60-63.

[20] 高培勇. 理解、把握和推动经济高质量发展 [J]. 经济学动态, 2019 (8): 3-9.

[21] 高培勇, 袁富华, 胡怀国, 刘霞辉. 高质量发展的动力、机制与治理 [J]. 经济研究, 2020, 55 (4): 4-19.

[22] 郭晗. 黄河流域高质量发展中的可持续发展与生态环境保护 [J]. 人文杂志, 2020 (1): 17-21.

[23] 郭晗, 任保平. 黄河流域高质量发展的空间治理: 机理诠释与现实策略 [J]. 改革, 2020 (4): 74-85.

[24] 郭焕庭. 国外流域水污染治理经验及对我们的启示 [J]. 环境保护, 2001 (8): 39-40.

[25] 哈肯. 高等协同学 (郭治安译) [M]. 北京: 科学出版社, 1989 年.

[26] 韩增林, 孙嘉泽, 刘天宝, 彭飞, 钟敬秋. 东北三省创新全要素生产率增长的时空特征及其发展趋势预测 [J]. 地理科学, 2017, 37 (2): 161-171.

[27] 何好俊, 彭冲. 城市产业结构与土地利用效率的时空演变及交互影响 [J]. 地理研究, 2017, 36 (7): 1271-1282.

[28] 洪银兴. 改革开放以来发展理念和相应的经济发展理论的演进——兼论高质量发展的理论渊源 [J]. 经济学动态, 2019 (8): 10-20.

[29] 黄翅勤, 彭惠军, 梅佳. 基于系统生态学的城市河流岛屿游憩生态安全评价研究——以湖南省衡阳市东洲岛为例 [J]. 科技管理研究,

2014, 34 (19): 241 -244, 250.

[30] 黄庆华, 胡江峰, 陈习定. 环境规制与绿色全要素生产率: 两难还是双赢? [J]. 中国人口·资源与环境, 2018, 28 (11): 140 -149.

[31] 姬翠梅. 生态—经济—社会系统视角下的山西省农业生态安全评价 [J]. 中国农业资源与区划, 2019, 40 (5): 174 -179.

[32] 姜安印, 胡前. 黄河流域经济带高质量发展的适宜性路径研究 [J]. 经济论坛, 2020 (5): 48 -55.

[33] [苏] 卡马耶夫著, 陈华山, 何剑, 等译, 经济增长的速度和质量 [M]. 武汉: 湖北人民出版社, 1983.

[34] 莱斯特·R. 布朗, 祝友三, 译. 建设一个持续发展的社会 [M]. 北京: 科学技术文献出版社, 1984: 289.

[35] 李斌, 彭星, 欧阳铭珂. 环境规制、绿色全要素生产率与中国工业发展方式转变——基于 36 个工业行业数据的实证研究 [J]. 中国工业经济, 2013 (4): 56 -68.

[36] 李华, 高强. 科技进步、海洋经济发展与生态环境变化 [J]. 华东经济管理, 2017, 31 (12): 100 -107.

[37] 李兰冰. 中国区域协调发展的逻辑框架与理论解释 [J]. 经济学动态, 2020 (1): 69 -82.

[38] 李顺毅. 绿色发展与居民幸福感——基于中国综合社会调查数据的实证分析 [J]. 财贸研究, 2017, 28 (1): 1 -12.

[39] 李万, 常静, 王敏杰, 朱学彦, 金爱民. 创新 3.0 与创新生态系统 [J]. 科学学研究, 2014, 32 (12): 1761 -1770.

[40] 李义稳. 黄河流域绿色发展水平的测度及其区域差异分析研究 [D]. 长沙: 湖南大学, 2017.

[41] 李英姿. 简论循环经济与生态农业发展的关系 [J]. 经济问题, 2007 (6): 34 -36.

[42] 李勇进, 陈文江, 常跟应. 中国环境政策演变和循环经济发展对实现生态现代化的启示 [J]. 中国人口·资源与环境, 2008 (5): 12 -18.

[43] 李志伟. "生态 +" 视域下海洋经济绿色发展的转型路径 [J]. 经济与管理, 2020, 34 (1): 35 -41.

[44] 连煜. 坚持黄河高质量生态保护, 推进流域高质量绿色发展 [J]. 环境保护, 2020, 48 (Z1): 22 -27.

[45] 刘昌明. 对黄河流域生态保护和高质量发展的几点认识 [J]. 人民黄河, 2019, 41 (10): 158.

[46] 刘华军, 曲惠敏. 黄河流域绿色全要素生产率增长的空间格局及动态演进 [J]. 中国人口科学, 2019 (6): 59-70, 127.

[47] 刘甲炎, 范子英. 中国房产税试点的效果评估: 基于合成控制法的研究 [J]. 世界经济, 2013 (11): 117-135.

[48] 刘俊霞. 新时代我国生态安全维护问题研究 [D]. 长春: 东北师范大学, 2019.

[49] 刘兴坡, 李璟, 周亦昀, 陈子薇, 丁永生. 上海城市景观生态格局演变与生态网络结构优化分析 [J]. 长江流域资源与环境, 2019, 28 (10): 2340-2352.

[50] 刘亚雪, 田成诗, 程立燕. 世界经济高质量发展水平的测度及比较 [J]. 经济学家, 2020 (5): 69-78.

[51] 刘云慧, 张鑫, 张旭珠, 段美春. 生态农业景观与生物多样性保护及生态服务维持 [J]. 中国生态农业学报, 2012, 20 (7): 819-824.

[52] 鹿红, 王丹. 我国海洋生态文明建设主要问题分析及对策思考 [J]. 理论月刊, 2017 (6): 155-159.

[53] 马慧敏, 丁阳, 杨青. 区域生态-经济-社会协调发展评价模型及应用 [J]. 统计与决策, 2019, 35 (21): 75-79.

[54] 毛征兵, 范如国, 陈略. 新时代中国开放经济的系统性风险探究——基于复杂性系统科学视角 [J]. 经济问题探索, 2018 (10): 1-24.

[55] 逄锦聚, 林岗, 杨瑞龙, 黄泰岩. 促进经济高质量发展笔谈 [J]. 经济学动态, 2019 (7): 3-19.

[56] 彭月, 李昌晓, 李健. 2000-2012年宁夏黄河流域生态安全综合评价 [J]. 资源科学, 2015, 37 (12): 2480-2490.

[57] 秦琳贵, 沈体雁. 科技创新促进中国海洋经济高质量发展了吗——基于科技创新对海洋经济绿色全要素生产率影响的实证检验 [J]. 科技进步与对策, 2020, 37 (9): 105-112.

[58] 邱衍庆, 罗勇, 汪志雄. 供给侧结构性改革视角下流域空间治理的路径创新——以粤东练江流域为例 [J]. 城市发展研究, 2018, 25 (10): 112-117, 124, 157.

[59] 任保平. 黄河流域高质量发展的特殊性及其模式选择 [J]. 人文杂志, 2020 (1): 1-4.

[60] 任保平. 新时代中国经济从高速增长转向高质量发展: 理论阐释与实践取向 [J]. 学术月刊, 2018, 50 (3): 66-74, 86.

[61] 任保平, 张倩. 黄河流域高质量发展的战略设计及其支撑体系

构建 [J]. 改革, 2019 (10): 26 - 34.

[62] 任崇强. 中国经济适应性能力综合评价、协调机制及其调控措施 [J]. 经济问题探索, 2019 (4): 36 - 45.

[63] 任建兰, 徐成龙, 陈延斌, 张晓青, 程钰. 黄河三角洲高效生态经济区工业结构调整与碳减排对策研究 [J]. 中国人口·资源与环境, 2015, 25 (4): 35 - 42.

[64] 沈坤荣, 赵亮. 重构高效率金融市场推动经济高质量发展 [J]. 中国特色社会主义研究, 2018 (6): 35 - 41.

[65] 沈满洪. 生态经济学 [M]. 北京: 中国环境科学出版社, 2008.

[66] 沈清基. 论基于生态文明的新型城镇化 [J]. 城市规划学刊, 2013 (1): 29 - 36.

[67] 师博. 黄河流域中心城市高质量发展路径研究 [J]. 人文杂志, 2020 (1): 5 - 9.

[68] 宋明顺, 范馨怡. 经济发展质量评价指标体系的探索与试验 [J]. 改革与战略, 2019, 35 (4): 23 - 31.

[69] 宋豫秦, 曹明兰. 基于 RS 和 GIS 的北京市景观生态安全评价 [J]. 应用生态学报, 2010, 21 (11): 2889 - 2895.

[70] 苏治, 胡迪. 通货膨胀目标制是否有效? ——来自合成控制法的新证据 [J]. 经济研究, 2015 (6): 74 - 88.

[71] 孙才志, 曹强, 王泽宇. 环渤海地区海洋经济系统脆弱性评价 [J]. 经济地理, 2019, 39 (5): 37 - 46.

[72] 覃荔荔, 王道平, 周超. 综合生态位适宜度在区域创新系统可持续性评价中的应用 [J]. 系统工程理论与实践, 2011 (5): 927 - 935.

[73] 谭海波, 王英伟. 分享经济的监管困境及其治理 [J]. 中国行政管理, 2018 (7): 20 - 24.

[74] 涂正革, 周涛, 谌仁俊, 甘天琦. 环境规制改革与经济高质量发展——基于工业排污收费标准调整的证据 [J]. 经济与管理研究, 2019, 40 (12): 77 - 95.

[75] 汪爱华, 张树清, 张柏. 三江平原沼泽湿地景观空间格局变化 [J]. 生态学报, 2003 (2): 19 - 25.

[76] 汪发元, 郑军. 科技创新、金融发展与实体经济增长——基于长江经济带的动态空间模型分析 [J]. 经济经纬, 2019, 36 (4): 157 - 164.

[77] 王春益. 生态文明与美丽中国梦 [M]. 北京: 社会科学文献出版社, 2014: 74 - 75.

[78] 王金南. 黄河流域生态保护和高质量发展战略思考 [J]. 环境保护, 2020, 48 (Z1): 18-21.

[79] 王金营, 刘艳华. 经济发展中的人口回旋空间: 存在性和理论架构——基于人口负增长背景下对经济增长理论的反思和借鉴 [J]. 人口研究, 2020, 44 (1): 3-18.

[80] 王开荣. 黄河三角洲生态保护及高质量发展策略初探 [J]. 中国水利, 2020 (9): 26-28, 43.

[81] 王瑞, 吴晓飞, 范玉波. 国家区域发展战略对地区投资的影响——以黄河三角洲高效生态经济区为例 [J]. 经济地理, 2015, 35 (8): 19-23.

[82] 王维国, 刘丰, 胡春龙. 生育政策、人口年龄结构优化与经济增长 [J]. 经济研究, 2019, 54 (1): 116-131.

[83] 王文彬, 王延荣, 许冉. 水资源约束下黄河流域产业结构变迁规律及其影响因素 [J]. 工业技术经济, 2020, 39 (6): 138-145.

[84] 卫中旗. 我国经济高质量发展的背景、特征、动力与实现途径 [J]. 当代经济, 2019 (6): 22-27.

[85] 魏敏. 黄河流域生态保护和高质量发展思路及举措 [J]. 河南水利与南水北调, 2020, 49 (4): 11-12.

[86] 魏伟, 石培基, 魏晓旭, 周俊菊, 颉斌斌. 中国陆地经济与生态环境协调发展的空间演变 [J]. 生态学报, 2018, 38 (8): 2636-2648.

[87] 吴婷, 易明. 人才的资源匹配、技术效率与经济高质量发展 [J]. 科学学研究, 2019, 37 (11): 1955-1963.

[88] 习近平. 在黄河流域生态保护和高质量发展座谈会上的讲话 [J]. 求是, 2019 (20): 4-11.

[89] 肖文燕. 20世纪国外流域管理经验及对鄱阳湖流域管理的启示 [J]. 江西财经大学学报, 2010 (6): 83-88.

[90] 徐卫华, 杨琰瑛, 张路, 肖燚, 王效科, 欧阳志云. 区域生态承载力预警评估方法及案例研究 [J]. 地理科学进展, 2017, 36 (3): 306-312.

[91] 杨朝均, 杨文珂, 李宁. 中国区域对外开放度的差异分解及空间收敛性研究 [J]. 研究与发展管理, 2018, 30 (1): 115-125.

[92] 杨德伟, 陈治谏, 陈友军, 王贺一. 基于景观生态学基本理论的生物多样性研究 [J]. 地域研究与开发, 2006 (1): 111-115, 124.

[93] 杨红生, 邢丽丽, 张立斌. 黄河三角洲蓝色农业绿色发展模式

与途径的思考 [J]. 中国科学院院刊, 2020, 35 (2): 175-182.

[94] 杨丽, 孙之淳. 基于熵值法的西部新型城镇化发展水平测评 [J]. 经济问题, 2015 (3): 115-119.

[95] 易信, 刘凤良. 金融发展、技术创新与产业结构转型——多部门内生增长理论分析框架 [J]. 管理世界, 2015 (10): 24-39, 90.

[96] 游达明, 欧阳乐茜. 环境规制对工业企业绿色创新效率的影响——基于空间杜宾模型的实证分析 [J]. 改革, 2020 (5): 122-138.

[97] 曾贤刚, 刘纪新, 牛木川. 高质量发展条件下黄河流域环境效率分析 [J]. 生态经济, 2020, 36 (7): 29-36.

[98] 张福磊. 多层级治理框架下的区域空间与制度建构: 粤港澳大湾区治理体系研究 [J]. 行政论坛, 2019, 26 (3): 95-102.

[99] 张贡生. 黄河经济带建设: 意义、可行性及路径选择 [J]. 经济问题, 2019 (7): 123-129.

[100] 张江雪, 蔡宁, 杨陈. 环境规制对中国工业绿色增长指数的影响 [J]. 中国人口·资源与环境, 2015, 25 (1): 24-31.

[101] 张金良. 黄河流域生态保护和高质量发展水战略思考 [J]. 人民黄河, 2020, 42 (4): 1-6.

[102] 张静, 钱瑜, 张玉超. 基于 GIS 的景观生态功能指标分析 [J]. 长江流域资源与环境, 2010 (3).

[103] 张军扩, 侯永志, 刘培林, 何建武, 卓贤. 高质量发展的目标要求和战略路径 [J]. 管理世界, 2019, 35 (7): 1-7.

[104] 张磊, 钱畅, 黄佳贤, 张永勋. 合肥市生态环境与经济协调发展研究 [J]. 中国农业资源与区划, 2019, 40 (9): 192-198.

[105] 张林. 金融发展、科技创新与实体经济增长——基于空间计量的实证研究 [J]. 金融经济学研究, 2016, 31 (1): 14-25.

[106] 张兴奇, 秋吉康弘, 黄贤金. 日本琵琶湖的保护管理模式及对江苏省湖泊保护管理的启示 [J]. 资源科学, 2006, 28 (6): 39-45.

[107] 张智光. 面向生态文明的超循环经济: 理论、模型与实例 [J]. 生态学报, 2017, 37 (13): 4549-4561.

[108] 赵剑波, 史丹, 邓洲. 高质量发展的内涵研究 [J]. 经济与管理研究, 2019, 40 (11): 15-31.

[109] 赵明亮, 刘芳毅, 王欢, 孙威. FDI、环境规制与黄河流域城市绿色全要素生产率 [J]. 经济地理, 2020, 40 (4): 38-47.

[110] 周茂荣，张子杰. 对外开放度测度研究述评 [J]. 国际贸易问题，2009，35（8）：121-128.

[111] 周宗安，宿伟健. 生态经济区对农业生产效率的影响：由黄河三角洲引申 [J]. 改革，2017（2）：137-145.

[112] 朱建华，王虹吉，郑鹏. 贵州省循环经济与绿色金融耦合协调发展研究 [J]. 经济地理，2019，39（12）：119-128.

[113] 朱启贵. 建立推动高质量发展的指标体系 [N]. 文汇报，2018-02-06.

[114] 庄贵阳，薄凡. 从自然中来，到自然中去——生态文明建设与基于自然的解决方案 [N]. 2018-09-12：14.

[115] 邹巅，廖小平. 绿色发展概念认知的再认知——兼谈习近平的绿色发展思想 [J]. 湖南社会科学，2017（2）：115-123.

[116] Abadie A, Gardeazabal J. The economic costs of conflict: A case study of the basquecountry [J]. American Economic Review, 2003, 93 (1): 113-132.

[117] Acemoglu D, Johnson S, Robinson J A, et al. Income anddemocracy [J]. American Economic Review, 2008, 98 (3): 808-842.

[118] Armitage D R, Plummer R, Berkes F, Arthur R I, Charles A T, & Davidson-Hunt I J, et al. Adaptive co-management and the paradox of learning [J]. Global Environmental Change, 2009, 7 (2): 95-102.

[119] Bates R H, Fayad G, Hoeffler A. The state of democracy in Sub-Saharan Africa [J]. International Area Studies Review, 2012, 15 (4): 323-338.

[120] Biswas & Asit K. Sustainable water development for developingcountries [J]. Water Resources Development, 1988, 4 (4): 232-250.

[121] Blazy J M, Carpentier A, Thomas A. The willingness to adopt agro-ecological innovation: Application of choice modeling to Caribbean banana planters [J]. Ecological Economics, 2011, 72: 140-150.

[122] Bondavalli C, Bodini A, Rossetti G, et al. Detecting stress at the whole ecosystem level: The case of a mountain lake [J]. Ecosystems, 2006, 9 (5): 768-787.

[123] Boumedieneb. Design of object-oriented water quality soft-waresystem [J]. Journal of Water Resources Planning and Management, 1999, 7 (3): 11-117.

[124] Brundtlandg. Our common future: Report of the world commission on environment anddevelopment [M]. London: Oxford University Press, 1987.

[125] Chaffin B C, Gosnelland H, Cosens B A. A decade of adaptive governance scholarship: Synthesis and futuredirections [J]. Ecology and Society, 2014, 19 (3): 56.

[126] Chakrabarti A. Organizational adaptation in an economic shock: The role of growthreconfiguration [J]. John Wiley & Sons, Ltd, 2015, 36 (11).

[127] Chen T, Peng L, Liu S, et al. Spatio-temporal pattern of net primary productivity in hengduan mo-untains area, China: Impacts of climate change and human activities [J]. Chinese Geographical Science, 2017, 27 (6): 948 –962.

[128] Chen T, Peng L, Wang Q & Liu S. Measuring the coordinated development of ecological and economic systems in Hengduan Mountain area [J]. Sustainability, 2017, 9 (8): 1270.

[129] Claudia Pahl-Wostl. A conceptual framework for analysing adaptive capacity and multi-level learning processes in resource governance regimes [J]. Global Environmental Change, 2009, 19 (3): 354 –365.

[130] Colwell P F. Central place theory and the simple economic foundations of the gravity model [J]. Journal of Regional Science, 1982, 22 (4): 541 –546.

[131] Costanza R, d'Arge R, de Groot R, Farber S, Grasso M, Hannon B, Limburg K, Naeem S, O'Neill R V, Paruelo J, Raskin R G, Sutton P, vanden Belt M. The value of the world's ecosystem services and natural capital [J]. Ecological Economics, 1998, 25 (1): 3 –15.

[132] Deacon R. Deforestation and the rule of law in across-section of countries [J]. Land Economics. 1994 (4): 414 –430.

[133] Dietz S & Adger W N Economic growth, biodiversity loss and conservationeffort [J]. Journal of Environuental Management, 2003, 68 (1): 23 –35.

[134] Dressel S, Johansson M, Ericsson G, Sandström C. Perceived adaptive capacity within a multi-level governance setting: The role of bonding, bridging, and linking social capital [J]. Environmental Science & Policy, 2020, 104: 88 –97.

[135] Faith D P, Magallon S, Hendry A P, et al. Ecosystem Services: An Evolutionary Perspective on the Links Between Biodiversity and Human Well-Being [J]. Environmental Sustainability, 2010, 2 (1/2): 66 – 74.

[136] Finlayson M, Cruz R D, Davidson N, et al. Millennium ecosystem assessment: Ecosystems and human well-being: wetlands and water synthesis [J]. Data Fusion Concepts & Ideas, 2005, 656 (1): 87 – 98.

[137] Färe R, Grosskopf S, Linderdgren B, et al. Productivity changes in Swedish pharmacies 1980 – 1989: A nonparametric malmquist approach [J]. Journal of Productivity Analysis, 1992, 3 (1): 85 – 101.

[138] Fu B J, Wang S, Su C H, Forsius M. Linking ecosystem processes and ecosystemservices [J]. Current Opinion in Environmental Sustainability, 2013, 5 (1): 4 – 10.

[139] Galor O, Weil D N. Population, technology, and growth: From malthusian stagnation to the demographic transition andbeyond [J]. American Economic Review, 2000, 90 (4): 806 – 828.

[140] Giavazzi F, Tabellini G. Economic and politicalliberalizations [J]. Journal of Monetary Economics, 2005, 52 (7): 1297 – 1330.

[141] Grossman G. Krueger. Environmental impacts of a North American Free Trade Agreement [C]. National Bureau Economic Research Working Paper 3914, NBER, Cambridge MA. 1991.

[142] Gupta J & Vegelin C. Sustainable development goals and inclusive development [J]. International Environmental Agreements: Politics, Law and Economics, 2016, 16 (3): 433 – 448.

[143] Hardin G. The tragedy of thecommons [J]. Science, 1968, 162 (3859): 1243 – 1248.

[144] Holling C S. Resilience and stability of ecologicalsystems [J]. Annual Review of Ecology and Systematics, 1973 (4): 1 – 23.

[145] Holtz-Eakin D, Whitney, Newey, Harvey & S, et al. Estimating vector autoregressions with panel data [J]. Econometrica, 1988, 56 (6): 1371 – 1395.

[146] Kytzia S, Walz A, Wegmann M. How can tourism use land more efficiently? A model-based approach to land-use efficiency for touristdestinations [J]. Tourism Management, 2011, 32 (3): 629 – 640.

[147] Leopold A. A Sand County Almanac and Sketches Here and There

[M]. New York: Oxford University Press, 1949.

[148] Li W, Yi P, Zhang D & Zhou Y. Assessment of coordinated development between social economy and ecological environment: Case study of resource-based cities in Northeastern China [J]. Sustainable Cities and Society, 2020, https://doi. org/10. 1016/j. scs. 2020. /102208.

[149] Loiseau E, Saikku L, Antikainen R, Droste N, Hansjürgens B, Pitkänen K & Thomsen M. Green economy and related concepts: An overview [J]. Journal of Cleaner Production, 2016, 139: 361 −371.

[150] Macarthur, Brian. Lower mississippi river conservation committee. Restoring americ as greatest river: A habitat restoration plan for the Lower mississippi river [EB/OL]. The Penguin Book of Historic Speeches. Penguin, 1996.

[151] Malmquist S. Index numbers and indifference surfaces [J]. Trabajos De Estadistica, 1953, 4 (2): 209 −242.

[152] Malthus T R. Population: The Firstessay [M]. U. S. A: University of Michigan Press, 1959.

[153] Deakin M, Reid A. Sustainable urban development: Use of the environmental assessment methods [J]. Sustainable Cities and Society, 2014, 10: 39 −48.

[154] Martietta D E. Ethical holism and individuals [J]. Environmental Ethics [J]. 1988, 10 (3): 251 −258.

[155] Ostrom E. A general framework for analyzing sustainability of social-ecological systems [J]. Science, 2009, 325 (5939): 419 −422.

[156] O-Sung. Economic growth and the environment: the EKC curve and sustainable development, an endogenous growth model [D]. A Dissertation for PHD of University of Washington. 2001.

[157] Panayotou T. Empirical tests and policy analysis of environmental degradation at different stages of economic development [C]. Working Paper. 1993.

[158] Pavlikakis G E, Tsihrintzis V A. Ecosystem management: A review of a new concept and methodology [J]. Water Resources Management, 2000, 14 (4): 257 −283.

[159] Porfiryev B N. The green factor of economic growth in russia and the world [J]. Pleiades Publishing, 2018, 29 (5): 455 −461.

[160] Qian Y. How Reform Worked in China: The Transition from Plan Tomarket [M]. U. S. A: MIT Press, 2017.

[161] Ricardo D. The Works and Correspondence of David Ricardo: Volume 10, Biographical Miscellany [M]. U. K: Cambridge University Press, 1955.

[162] Saaty T L. A scaling method for priorities in hierarchical structures [J]. Journal of Mathematical Psychology, 1977, 15 (3): 234 – 281.

[163] Saavedra Y M, Iritani D R, Pavan, A L & Ometto A R. Theoretical contribution of industrial ecology to circular economy [J]. Journal of Cleaner Production, 2018, 170: 1514 – 1522.

[164] Sasaki T, Furukawa T, Iwasaki Y, Seto M, Mori A S. Perspectives for ecosystem management based on ecosystem resilience and ecological thresholds against multiple and stochastic disturbances [J]. Ecological Indicators, 2015, 57: 395 – 408.

[165] Sillitoe P, Folke C. Linking Social and Ecological Systems: Management Practices and Social Mechanisms for Building Resilience [M]. New York: Cambridge University Press, 1998.

[166] Sinha A & Bhattacharya J. Estimation of environmental kuznets curve for SO_2 emission: A case of Indian cities [J]. Ecological Indicators. 2017, 72 (1): 881 – 894.

[167] Smith A. An Inquiry into the Nature and Causes of the Wealth of Nations: Volume One [M]. London: printed for W. Strahan; and T. Cadell, 1776.

[168] Solow R M. Technical change and the aggregate productionfunction [J]. The Review of Economics and Sta-tistics, 1957, 39 (3): 312 – 320.

[169] Standish R J, Hobbs R J, Mayfield M M, Bestelmeyer B T, Suding K N, Battaglia L L, Eviner V, Hawkes C V, Temperton V M, Cramer V A, Harris J A, Funk J L, Thomas P A. Resilience in ecology: Abstraction, distraction, or where the action is? [J]. Biological Conservation, 2014, 177: 43 – 51.

[170] Stock T, Obenaus M, Kunz S & Kohl H. Industry 4. 0 as enabler for a sustainable development: A qualitative assessment of its ecological and social potential [J]. Process Safety and Environmental Protection, 2018, 118: 254 – 267.

[171] Surugiu C, Surugiu M R, Breda Z & Dinca A I. An input-output approach of CO_2 emissions in tourism sector in post-communist Romania [J].

Procedia Economics and Finance, 2012 (3): 987 – 992.

[172] Swan T W. Economic growth and capitalaccumulation [J]. Economic Record, 1956, 32 (2): 334 – 361.

[173] Tobler W. A computer movie simulating urban growth in the Detroit region [J]. Economic Geography, 1970, 46 (2): 234 – 240.

[174] Troll C. Landscape ecology (geoecology) and biogeocenology-A terminological study [J]. Geoforum, 1971, 2 (4): 43 – 46.

[175] Vayda A P. Environment and cultural behavior: Ecological studies in cultural anthropology [M]. New York: The Natural History Press, 1969.

[176] Ward F A & Lynch T P. Is dominant use management compatible with basin-wide economic efficiency? [J]. Water Resources Research, 1997, 33 (5): 1165 – 1170.

[177] Xie M, Wang J, Chen K. Coordinated development analysis of the "resources environment-ecology-economy-society" complex system in China [J]. Sustainability, 2016, 8 (6): 582.

[178] Yanosh Kearney. Shortage Economics [M]. Budapest: Pickering, 1980.

[179] Yu S M, Wang J, Wang J Q, Li l. A multi-criteria decision-making model for hotel selection with linguistic distribution assessments [J]. Applied Soft Computing, 2018, 67: 741 – 755.

图书在版编目（CIP）数据

黄河流域生态保护与高质量发展研究 / 赵爱武，关洪军，孙珍珍著 . —北京：经济科学出版社，2022.3

国家社科基金后期资助项目

ISBN 978 - 7 - 5218 - 3437 - 6

Ⅰ. ①黄…　Ⅱ. ①赵…　②关…　③孙…　Ⅲ. ①黄河流域 - 生态环境保护 - 经济发展 - 研究　Ⅳ. ①X321. 22

中国版本图书馆 CIP 数据核字（2022）第 028340 号

责任编辑：侯晓霞
责任校对：王肖楠
责任印制：张佳裕

黄河流域生态保护与高质量发展研究

赵爱武　关洪军　孙珍珍　著

经济科学出版社出版、发行　新华书店经销

社址：北京市海淀区阜成路甲 28 号　邮编：100142

教材分社电话：010 - 88191345　发行部电话：010 - 88191522

网址：www. esp. com. cn

电子邮箱：houxiaoxia@ esp. com. cn

天猫网店：经济科学出版社旗舰店

网址：http://jjkxcbs. tmall. com

北京季蜂印刷有限公司印装

710 × 1000　16 开　16.75 印张　310000 字

2022 年 6 月第 1 版　2022 年 6 月第 1 次印刷

ISBN 978 - 7 - 5218 - 3437 - 6　定价：68.00 元

（图书出现印装问题，本社负责调换。电话：010 - 88191510）

（版权所有　侵权必究　打击盗版　举报热线：010 - 88191661

QQ：2242791300　营销中心电话：010 - 88191537

电子邮箱：dbts@ esp. com. cn）